U0258496

王者归来

复活灭绝物种的
新科学

[英] 海伦·皮尔彻（Helen Pilcher）———— 著

高跃丹 ———— 译

中信出版集团 · 北京

图书在版编目（CIP）数据

王者归来：复活灭绝物种的新科学／（英）海伦·
皮尔彻著；高跃丹译 . -- 北京：中信出版社，2018.11
书名原文：Bring Back the King: The New Science
of De-extinction
ISBN 978-7-5086-9217-3

Ⅰ . ①王… Ⅱ . ①海… ②高… Ⅲ . ①动物—基因克
隆—基本知识 Ⅳ . ① Q953

中国版本图书馆 CIP 数据核字 (2018) 第 153578 号

王者归来：复活灭绝物种的新科学

著　　者：[英]海伦·皮尔彻
译　　者：高跃丹
出版发行：中信出版集团股份有限公司
　　　　　（北京市朝阳区惠新东街甲 4 号富盛大厦 2 座　邮编　100029）
承 印 者：北京盛通印刷股份有限公司

开　　本：880mm×1230mm　1/32　　　印　张：10.75　　字　数：238 千字
版　　次：2018 年 11 月第 1 版　　　　印　次：2018 年 11 月第 1 次印刷
京权图字：01-2018-6479　　　　　　　广告经营许可证：京朝工商广字第 8087 号
书　　号：ISBN 978-7-5086-9217-3
定　　价：52.00 元

版权所有·侵权必究
如有印刷、装订问题，本公司负责调换。
服务热线：400-600-8099
投稿邮箱：author@citicpub.com

致艾米、杰斯、山姆、乔、妈妈和希格斯——我的小狗

……我的敬意到了月亮，再绕回来……

……还要致我的父亲……

……他给予我对野生动植物和野生环境的热爱。

目 录

前言 ————

　　小的时候，我常和家人一起去位于英格兰南部的侏罗纪海岸（Jurassic Coast）度假。印象中深灰色的悬崖在卵石滩上投下不祥的黑影，空气阴冷潮湿，大风强劲有力。所以，我和我的兄弟总是不得不戴上羊毛毡帽，毛茸茸的令人发痒；还要穿上高腰喇叭裤和毫不起眼的连帽轻便长款防水衣。随行带着的保温瓶看起来轻薄易碎，我们喝着里面温乎乎的巧克力，坐在滑溜溜的岩石上大声嚼着饼干。我父母称这种体验为"性格塑造"，还说"比包价旅游还便宜"。我把这称作"快得肺炎的感觉"。我的童年假日从来都是阴云密布，但云层缝隙中总能透出阳光，总是有这样一种可能性：有一天，我们也许能意外地发现某些史前巨兽的遗骸！因为在英格兰西南部多塞特郡查茅斯村（Charmouth）的岩石缝隙间，藏有已成为化石的生物遗骸，这些生物包括翼龙、类似于"尼斯水怪"的蛇颈龙和一种叫作棱背龙（Scelidosaurus）的披甲恐龙。2亿年前，它们还在飞翔、游泳或爬行呢。我多么渴望能找到这些化石，我又多么期待能和它们相遇！

但假期来了又去，希望也生了又灭。我从没找到过一根棱背龙的骨头，或者类似的其他任何化石。但我从未放弃。我一直在回去寻找，而且现在，我又以看着我的三个孩子感受同样的海边成长经历为乐趣。他们似乎天生有种神秘的第六感能够探测到化石，这比我当年要成功好几个数量级。他们有着敏锐的眼光和执着的决心，在最冷的日子里也冒着严寒吃冰激凌，这种眼光和决心还使他们找到了成堆的化石。这些化石比任何在商店里买的纪念品都令人着迷，它们一直都是我们快乐和奇迹的来源。这些化石还是免费的，我的孩子们已经收集了数以百计的化石，但不知为什么，史前世界谜一般的存在还是吸引着我们不断回去寻找下一个化石来满足自己的渴望。同时，这个不解之谜还使我们产生许多疑问，比如："这些生物到底是什么样子的？""在掰手腕比赛中，人类能赢过霸王龙（*Tyrannosaurus rex*）吗？"还有"我们能让它们复活吗？"

这本书不是关于掰手腕的，而是关于我们是否真的可以让已灭绝的物种复活。书中写的是科学家们的故事，这些科学家正在尝试复活已灭绝的物种。这是一本关于他们的创造才能和顽强意志的书。怀疑论者和批判者声称反灭绝复育工作既不可能也不应该做。令人欣慰的是，科学家们是能够经得住批评的。书中还写了科学家们设法复活的动物们的故事。这些已灭绝的物种曾经出现在地球上，但人们推测它们已经永远消失了。这本书的目的不是对现有的反灭绝复育工程做长篇累牍的综述。相反，我很坦然地将自己最感兴趣的物种和工程作为重点。所以对不起世上丑陋的动物和所有植物，你们在本书中没有得到关注。本书以 6 500 万年前的白垩纪（Cretaceous Period）为开端，因为人们对于恐龙骨头中是否存在古生物分子的争论是从白垩纪开始提出的。本书结束于未来时代，那时反灭绝复育技术有助于增加生物多样性。在书的开始和结束之间辗转谈到上个冰川期的西伯利亚（Siberia）、17 世纪的毛里求斯（Mauritius）和 20 世纪 70 年代已故流行歌手猫王所住的公寓"雅园"（Graceland）。

我这一生中从事过科学家、独角喜剧演员和严肃科学杂志记者的工作。我一生都热爱着化石和奇异的小动物们。我本人对于在培养皿中培养细胞和拨弄这些细胞的 DNA 很在行，是这方面的专家。几年前当我第一次读到反灭绝复育技术，我感到很不安。不是因为我觉得科学的发展已经失去了控制，而是因为我在想，假如我当时朝着科学家的职业道路前进，我现在本来可以有一只宠物渡渡鸟了。正是因为这些兴趣使我看到，复育技术的前景是多么令人着迷。我觉得自己现在正在实验室的外面向内看，关注着杰出的科学家们拓展人类知识的边界，重新定义科学的可能。我希望让你信服，我们不应该害怕或抵制反灭绝复育技术。这是一股向上的力量，而不是人性黑暗面的工具。

哦，我是否提到了本书还有一章是关于复育美国摇滚音乐家埃尔维斯·普雷斯利（猫王）的？读者中反应快一点的肯定会毫不犹豫地指出：严格地说，埃尔维斯并没有灭绝。我对此的回答是："严格地说"，您是正确的。但是埃尔维斯知道"灭绝"和"死亡"的区别吗？我们很幸运，人类并没有灭绝，但是你难道不想知道，正在用来复育原始毛猛犸象（*Mammuthus primigenius*）的技术是否可能被用来上演一出普雷斯利最著名的"回归特辑"？正如您所知道的，没有人一本正经地计划着克隆摇滚乐之王，所以埃尔维斯的那一章很荒唐，但它成就了一场有趣的思维实验，让人不禁要问："今晚你想要克隆吗？"[1]

1　埃尔维斯有一首歌叫作《今晚你感到寂寞吗？》。——译者注

引言

重回世界

孤独的山羊在那高高的山岗上哦，

咧咿喔嘚咧咿喔嘚咧咿哦。

依靠着大山，遥远的大山哦，

咧哦嘚咧哦嘚哦。

每时每刻都自由而幸福，

咧咿喔嘚咧咿喔嘚咧咿哦。

在大树倒下那一刻她随风而去，

咧哦嘚咧哦嘚哦。

　　这是一首关于最后一只布卡多的野山羊的歌，这只野山羊叫作

西莉亚，她出生并死于西班牙比利牛斯山的悬崖上，悬崖高得令人眩

晕。当时正是 2000 年 1 月 6 日，人们正在卸下上一年圣诞节布置的装饰，还处于千禧年宿醉过后的恢复期。这只壮实的小东西咩咩叫着，像所有山羊最擅长做的一样，从一块大石头蹦到另一块大石头上，无忧无虑，远离尘世的烦恼。西莉亚是只成年的雌性山羊，正值壮年，形态可爱。她有着又大又弯的羊角和少不了的山羊胡子；长在头两侧的眼睛总是透出充满惊奇的眼神。西莉亚比普通的山羊体形大一些，体重跟一台洗衣机差不多，但敏捷得多。细高的松树几乎贴着陡峭的崖壁，西莉亚整日便在这些松树中飞奔，偶尔停下啃啃叶片，或是在万里无云的晴空下投下一抹壮丽的背影。但是，当林中的树倒下时，西莉亚听到了吗？似乎不太可能。但即使她听到了，也已经太迟了。大树轰然倒下，毫无预警，而不幸的西莉亚就站在大树倒下的位置，她永远没有逃生的机会。沉重的树干压扁了西莉亚的头颅，她再也没有咩咩叫过，这真是一个令人伤心的日子。西莉亚是最后一只布卡多野山羊（*Capra pyrenaica pyrenaica*），这个物种灭绝了。

事情到这里本该结束了。毕竟，灭绝意味着永远消失，游戏结束，无路可走，画上句号。但一个欧洲研究团队却不这么想，他们有着另外的打算。

10 个月以前，西班牙萨拉戈萨市（Zaragoza）的"阿拉贡食品技术和研究中心"（Centre of Food Technology and Research of Aragón）的何塞·福尔奇（José Folch）和他的同事们酝酿了一个计划来防止布卡多野山羊的灭绝。他们深知西莉亚时日有限，所以做出了这样的推论：如果他们可以在西莉亚活着的时候采集到它的组织样本，他们便可以用它的细胞创造出一只克隆羊来。这样即使西莉亚最终免不了一死，她活着时的基因复制品也可以被创造出来，布卡多野山羊就可以复活了。

这个计划很富有探索精神。对于布卡多野山羊来说，这可能意味着一次新的机会；但对于整个世界来说，这意味着一件意义更为重大的事情。如果福尔奇的计划可行，布卡多野山羊重生了，这将标志着地球历史的一个决定性时刻，即人类可以扭转物种灭绝的定局。

首先，研究者们必须捕捉到西莉亚，那只充满活力的雌性布卡多野山羊。所以，他们在西莉亚居住的悬崖上设置了很多捕捉装置，然后退后观察情节的展开。这只是一个时间问题，那只好奇的小生命终会跑进大铁盒子，然后捕捉装置在她身后突然关闭。准备好后这个研究团队便等待时机，攀上高山。他们朝铁盒子里看去，发现了西莉亚。她想知道发生了什么，谁把灯给关了。其实她并没有受伤，只是被稍稍捉弄了一下。接着，在全身麻醉的情况下[1]，科学家们取下了两块极小的皮肤样本，一块来自西莉亚的左耳，一块来自她的肋腹。他们还给她安了一个无线跟踪颈圈，这样在她被放生后，科学家们也可以了解她的动向。然后，这只小动物苏醒了，科学家们很满意，因为西莉亚仍然警觉，状态很好，于是他们放了她。

同时，西莉亚的细胞经过活组织切片检查，要经历长达一生的旅行了。两块样本被小心翼翼地存放在两支小型试管当中，从悬崖上用车运走。悬崖很陡峭，站在上面感觉马上要掉下来似的。我联系了西班牙兽医兼研究员阿尔伯托·费尔南德斯-阿里亚斯

1　是布卡多野山羊，不是科学家们。——原注

（Alberto Fernández-Arias）[1]，他参与协调了这次令人兴奋的探索行动。他告诉我："这些细胞太珍贵了，我们不能有一丝闪失，所以我们把样本分别放在两辆不同的车上，并让两辆车开往两个不同的实验室。这样即使一辆车出了事故，也还是有细胞可以保存下来。"幸运的是，无论是对于细胞还是司机们来说，整个旅途都相安无事。在实验室里，生物学家们通过在皮氏培养皿中培养布卡多野山羊的细胞来增加其数量；然后小心翼翼地把它们放在具有保护作用的小玻璃瓶中冷冻起来，这样日后它们就能恢复活性并为科学家所用。布卡多野山羊的命运就这样被封存在一罐液态氮中。

2002 年，也就是西莉亚丧命于其裹着树皮的宿敌之下两年后，研究人员们拆开了一些小玻璃瓶并对其进行解冻，他们继续进行着与1996 年创造出多莉（Dolly）类似的实验。多莉恐怕是世界上最著名的绵羊了，因为她是第一头用成年动物细胞克隆出来的哺乳动物。带有西莉亚 DNA 的细胞被注射入普通山羊的卵细胞，这些卵细胞本身的遗传物质已经被剥离。经过微电流刺激，融合在一起的新卵细胞就开始分裂了。一个细胞分裂成两个，两个又分裂成四个，这个过程一直持续，直到几天后，肉眼可见的分裂细胞集结成的细胞束漂浮在皮氏培养皿中。这个团队已经创造出多个布卡多野山羊的活胚胎，每一个都是西莉亚的克隆体。

为了让胚胎继续生长，最优质的几个胚胎被植入在一边待命的

1　正是费尔南德斯－阿里亚斯给最后一只布卡多野山羊取名为西莉亚。他以他女朋友的名字给这只野山羊命名，此后他和女朋友结婚了。这对夫妇现在有了"自己的孩子"。——原注

代孕山羊妈妈们的子宫。这些山羊妈妈们接下来努力地怀着这些生长着的小动物们，坚强隐忍，毫无怨言。大多数孕程都没有结果，但一只代孕山羊却排除万难成功怀孕直到破水分娩之际。2003 年 7 月 30 日，费尔南德斯 – 阿里亚斯和他的同事们接生了克隆西莉亚。他们都达成了一致：顺产是不可能的了。并不是因为代孕山羊太优雅了所以尽不上力，而是因为她和她所怀的克隆体太珍贵了，研究者们不能让她们冒一丝风险。所以，研究团队决定通过剖宫产来接生这个小西莉亚。一屋子的研究人员都穿着手术服，戴着医用口罩，就在费尔南德斯 – 阿里亚斯轻柔地从代孕母羊的肚子中取出小西莉亚的时候，他们听到了小西莉亚急促的呼吸声。费尔南德斯 – 阿里亚斯将小西莉亚托在怀中，他可以看到小西莉亚是多么的美丽。这只新生的小羊有着太妃糖色的毛发，乱乱地贴在身上；眼睛大大的，呈棕色；四肢摇动着，令人着迷。她的生命体征还不错，心脏有力地跳动着。这个克隆小生命看起来很完美。

但是很快，情况开始变糟。"我几乎是一抱上她就知道有什么地方出了问题，"费尔南德斯 – 阿里亚斯说到。这只小家伙开始呼吸困难，变得越来越痛苦。尽管研究者们使出浑身解数抢救她，这只克隆小生命还是在她出生 7 分钟后断气了。之后的尸检显示她的肺部有严重畸形，这只可怜的小家伙完全没有生还的可能。

布卡多野山羊，在短暂地重回这个世界后，又一次彻底灭绝了。值得纪念的是，这是第一种在灭绝后重回世界的动物。而令人难堪的是，这也是第一种灭绝了两次的动物。

这是一个甜蜜而悲伤的故事，但却标志着激动人心的时代开始了。让一种动物不再灭绝、重回世界是一件令人难以置信的事情。虽破旧立新令人兴奋，但离现实很遥远。纵观地球上自有生命以来的历史，从没有发生过类似的事件。这一事件具有划时代的意义，甚至被赋予了新的专属名称。当人类真的让一种灭绝了的物种复活时，我们说这个物种"反灭绝复育"了。这是一个拗口的词语，准确地说它不符合我们的语感，但这个词放在这里还是比较合适的。人们还考虑了一些替代词比如"不再灭绝"或是"不死之躯"，但是前者太累赘，后者又太像"僵尸启示录"。所以"反灭绝复育"这个术语就被保留下来。

　　2009 年，研究人员最终在一本学术期刊上发表了这场克隆创造的始末，这篇文章被同行评阅。外界都小心谨慎，对这件事没有太多感情渲染，也没有太多评论。英国《独立报》(Independent)网络版以头条版面刊登着《科学家通过克隆技术试图复活的已灭绝动物布卡多野山羊未存活》的新闻。媒体报道似乎都聚焦于这个研究团队是怎样与他们的目标擦肩而过，而不是去庆贺一次非凡的科学之旅。尽管这只小布卡多野山羊的生命很短暂，但她出生这个事实本身就是一项巨大的成就，反映着她的创造者——这些科学家们的辛勤工作、科学成就以及卓越远见。当然，她没有活下来，这令研究者们很失望，但当时，克隆还不是一门精密科学，克隆已灭绝物种，更是史无前例的。费尔南德斯 – 阿里亚斯说："我们所做的是使科学迈出了非常重要的一步。"而费尔南德斯 – 阿里亚斯与一只健康的布卡多克隆体之间唯一的障碍，便是资金和时间。他还说："如果有充裕的资金和时间，我相信复活布卡多野山羊是完全可能的。"

几年后，似乎再没有人听到过关于克隆西莉亚的事情，也再没有人知道那只从死亡线上被短暂拉回来的布卡多野山羊。但是到目前为止，布卡多野山羊并不是科学家复活的唯一已灭绝动物。2012 年，澳大利亚研究者使一只两栖动物短暂复育，他们都叫它"拉撒路蛙"（*Rheobatrachus silus*）[1]。这种动物不同寻常，一肚子鬼主意（想知道是什么鬼主意吗？请见第五章）。时光流逝，科技日新月异，还会有更多动物紧随其后被克隆出来。科学家们的目标是让这些复活了的生物健康地延续生命，正常地繁殖后代，生活在野外，最终能够孕育出曾经消亡的各种动物种群。一些科学家想让我们相信，灭绝了的动物可以再一次在今天这个世界上安家。

目前全球有六七个正在进行着的项目，都在试图反灭绝复育不同的动物。在澳大利亚，致力于复活拉撒路蛙的工作继续着。在美国，科学家们正在努力复活旅鸽（*Ectopistes migratorius*），这种有着健壮体格和玫瑰色胸脯的鸟曾经数以亿计；还有琴鸡（*Tympanuchus cupido cupido*），这种矮胖的鸟类像是舞会上作壁上观的落单者，曾生活在北美低矮石南丛生的荒野。在英国，科学家们在考虑是否要复活那种被叫作"北极大企鹅"的大海雀（*Pinguinus impennis*）。而在南非，研究者们正在试图反灭绝复育斑驴（*Equus quagga quagga*），这种有着奇怪条纹的马科动物可以让你在拼字游戏中得到 17 分的高分。[2] 在欧洲，科学家们正在试图让现代牛的祖先重获新生，现代牛

---

1   拉撒路是《圣经》中的人物，死后复活。——译者注
2   斑驴为斑马（zebra）的亚种。拼字游戏中每个字母都对应一定分值，相加高者最终获胜。因英文中 z 字母开头的单词很少，z 所对应的分值较高，为 10 分。所以 zebra 每个字母的分值相加比普通单词高。——译者注

的祖先也叫原牛（*Bos primigenius*），有着令人生畏的大牛角。同时，在韩国、日本和美国，三个不同的研究团队正试图反灭绝复育那种最具代表性的物种——原始毛猛犸象。

　　事实上，研究者们如何决定复活"这种"或是"那种"物种取决于所讨论的物种本身及其后代的情况。有些工程的相似之处便是与此工程密切相关的物种仍然幸存着，这些工程都将研究聚焦于观赏性育种。比如，荷兰的"金牛项目"（The TaurOs Project）正在杂交繁育现存的各种不同的牛类来创造出某种看起来很像原牛的动物。还有些工程，比如那些意图复活布卡多野山羊和拉撒路蛙的工程，正在利用克隆技术。其他工程，如旅鸽工程，还用到了一些高精尖的遗传学知识。但其实，所有工程最终都归结到一种相同的要素上，这种要素天然而神奇，就是三个小小的字母——DNA。

基因意大利面

　　DNA，专业名称为脱氧核糖核酸，是一种独特的螺旋形分子。1953 年，剑桥大学的两位生物学家弗朗西斯·克里克（Francis Crick）和詹姆斯·沃森（James Watson）确定了 DNA 的螺旋结构。在他们获得这个重大发现之后，他们做了所有英国人在结束一天愉快的工作后都会做的事——去了酒馆。酒馆谈笑间，克里克说了一句可以算是人们在酒馆里能说的最诙谐的话。不是朋友间的"轮到你买酒了"，也不是对服务生说的"可以给我一碟花生米下酒吗？"。相反，克里克说他们"发现了生命的奥秘"。这句话朴实无华，却生动感人，是对这门革新了我们旧观念的伟大科学的完美总结。DNA 就是生命的奥秘，因为它包含有创造生命所需要的指令。而且，这一整套指令可以在我们体内几乎任何一个细胞中找到，就在细胞膜包裹的胶状团块——细胞核当中。这套好比生物学上《机修指南》（*Haynes Manual*）[1]的指令叫作基因组。你的基因组对你来说是独一无二的。在你父母的卵子和精子相遇、相融并开始分裂时，你便得到了自己的基因组。渡渡鸟的基因组就是一整套指令，可以用来创造出渡渡鸟（*Raphus cucullatus*）；而三角龙（*Triceratops*）的基因组是一套可以用来创造出三角龙的指令。你已经能想到，每个物种都有自己独一无二的基因编码，这个编码帮助决定了每种生物生长和发育的方式。我们的基因组影响着我们的长相、衰老速度，甚至有时还影响着导致我们死亡的疾病。但是，虽然基因组很重要，我们还是失望地注意到，在上亿种所有曾生活在地球上的物种中，绝大多数物种对破译创造出它们自己的基因指令这件事，不是缺乏远见，就是不胜其烦。特别是一些濒危物种，例如熊猫和穿山甲，它们大概更应该去了解，却都对此漠不关心。人类仍然是史上唯一解码了自己基因组的物种。

　　幸运的是对于反灭绝复育这项事业来说，我们人类非常善于从其他动物身上获取 DNA。我们无私地解码了很多其他物种的基因组，然后我们发现：虽然 DNA 的编码极具复杂性，但 DNA 本身却是一

1　《机修指南》或译为《海恩斯手册》，海恩斯制造了美国早期的第一辆汽车。——译者注

种非常基础的分子，形状像一条长长的小型螺旋梯。梯子的梯级是由成对的化学基团构成的，这些化学基团叫作核苷酸。一共有四种不同的核苷酸：胞嘧啶（C）、鸟嘌呤（G）、腺嘌呤（A）和胸腺嘧啶（T）。在这本书中，我有时称这些核苷酸为"字母"。这些字母总是以一种特定的方式成对出现。C总是和G在一起，A总是和T在一起。听起来很简单，但是一般来说基因组的梯级有好几百万层，C、G、A和T的数量和排列顺序都不同。比如说人类基因组，又大又精巧，可是包含着多达32亿对核苷酸。

　　一罐普通的400克字母意大利面包含230个字母。[1]制造商告诉我，他们装字母面的时候要使字母表中26个字母当中的每个字母在每罐面中都能达到一定的数量。但假设他们制造一些只装有字母C、G、A和T的面罐，然后把这种面罐叫作基因意大利面[2]。只制作一份人类基因组他们就得制造出1 400万罐。如果把所有这些面罐都打开，将里面字母形的意大利面摆成一条直线，这条线可以从英国伦敦一直延伸到澳大利亚的悉尼……然后再回来。字母排列的顺序被称为一个"序列"，解读序列的行为叫作"序列测定"。两者都是我在本书中用到的术语，所以别被专有名词吓倒了，想想意大利面。

　　真正的DNA字母当然远比它们蘸了调味酱的替代品要小得多并且不能填饱我们的肚子。如果你仅把自己一个细胞中找到的所有核苷酸摆开，这次这条线不会横跨世界，却大概恰好能横跨一条小溪。正

1　我知道是因为我是付费让我的孩子们数出来的。——原注
2　我问了他们是否可以做这样一种面，失望的是没有结果。而且他们对我丈夫的想法"烤基因"也不感兴趣。——原注

如意大利面要打包装入罐中才能更好地保存，我们细胞中的 DNA 也被束成独立的单元，这个单元就叫作染色体。我们每人都有 23 对染色体。沿着这些染色体布满了序列，这些序列被称作基因。基因很重要，因为它们携带着形成蛋白质的指令，而蛋白质也很重要，因为它们是生物所必不可少的。我会再一次提到基因，但是不要惊慌，想想意大利面。

只要 DNA 以任何有意义的数量存在着，我们就可以及时地追溯过去直到揭示它的各种奥秘。也就是说科学家们不仅可以从活着的或是新近死亡的动物身上提取并研究 DNA，他们还可以对死了很久的生物做这件事情。我们现在意识到，博物馆是一个宝库，因为里面不仅仅有剥制标本，还有可以从标本上提取出来并用做研究的 DNA。无论是瓶中的浸制标本还是架子上的剥制标本，他们都仍然包含着各自的遗传信息，都可以开采出来。有时甚至化石都是可以利用的对象。古 DNA 曾成功地在骨骼、牙齿和脚指甲的化石中被重新获得；也曾从有了年头的蛋壳、羽毛以及相当令人欣喜的粪便化石中提取出来。如今，对于古 DNA 的研究非常有助于我们清楚地解释各种事情，从狗的驯化到我们遥远祖先的性取向。

大多数情况下，科学家之所以研究古 DNA 不是因为他们想反灭绝复育什么动物，而是因为他们想搞清楚生命是怎样进化和变化的。一些人认为，反灭绝复育技术是一种娱乐活动，一种媒体驱动下的偏执，不应该在体面庄重的古 DNA 实验室里占有一席之地。但时代在变化，体面庄重的科学家们现在对反灭绝复育有了兴趣。如今，通过跨学科研究，完全可以把古 DNA 的奥秘和尖端的遗传技术相融合。事实上，科学家们已经完全可以把古 DNA 从消亡已久的动物身上剪切粘贴到仍然和我们一起生存的现代生物的 DNA 上。包括我自己在内的记者们似乎也不妨持执念于反灭绝复育，但我们是有正当理由的：如果能从一头活着的、呼吸着的原始毛猛犸象那里获得灵感的话，谁会不想享受那样的奇景呢？

侏罗纪的灵感火花

　　跟许多人一样，我与反灭绝复育的第一次邂逅是在我去电影院观看电影《侏罗纪公园》（Jurassic Park）的时候。我记得自己坐在一片黑暗中，紧张地嚼着爆米花，担心那些工业光魔创造的恐龙们已经在某个观光岛的隐秘之地出现了。突然间，我童年时代习以为常的雨水浸泡的英国暑假似乎别具吸引力，虽然平淡无奇，却令人安心，并且远离伶盗龙（Velociraptor）的威胁。"那部电影"要负很大的责任。如果你正因为使已灭绝生物获得新生的想法而感到不安，那你的偏见（我希望之后你能暂时放下）多半是因为那场灾难的盛典——《侏罗纪公园》而产生。

　　由史蒂芬·斯皮尔伯格（Steven Spielberg）执导的这部电影改编自迈克尔·克莱顿（Michael Crichton）的同名小说，他设想了一个野生动物公园，里面挤满了经反灭绝复育的恐龙。但它们都是机智的、懂规矩的野兽。它们天生知道应该只吃那些错误百出的电脑程序员和庸俗的律师，而放过那些无辜的孩子们。当至关重要的安全系统被关闭时，恐龙们张牙舞爪地乱窜，将吉普车尽数摧毁，伏击洗手间，制造大混乱。这是一部精彩且极受欢迎的电影，拍了一部又一部续集，全球票房数以亿计。但它却没有激发起人们对反灭绝复育这个概念的信心，或者说对科学本身的信心。

在电影里，电脑程序员丹尼斯·纳德利（Dennis Nedry）企图将恐龙胚胎偷卖给公司竞争对手；而公园的创始人约翰·哈蒙德（John Hammond）一方面是一个眉飞色舞的祖父，另一方面也是个有权有势的财阀，秘密地进行着自己的科学研究，只在他的主题公园建立起来并置满商品后才公开了他的发现。科学不是以这样的方式来运作，而且科学家们，当然是那些品质优良、诚实高尚的科学家，他们的研究是透明的，受到公众监督的，并且受最严格的道德标准规范。他们自《侏罗纪公园》之前很长时间以来一直在思考着关于反灭绝复育的问题。

1980 年，加州大学伯克利分校（University of California at Berkeley）的昆虫学家乔治·波因纳尔（George Poinar）首次看到一块不同寻常的波罗的海琥珀，他非常震惊。在研究生涯当中，为了研究昆虫和它们的寄生虫，波因纳尔曾环游世界，收集那些因困在古树渗出的黏液中而过早结束生命的生物。随着时间的推移，树脂硬化成为琥珀，倒霉的动物们被禁锢在里面。然后，令人惊奇的是，几百万年后，这些包含着史前生命的金色矿块被找到了，每一块都是历史镀了金的窗口。在波因纳尔的一生中，他遇到过一些非凡的标本——工蚁搬运食物，蜜蜂窒息于花粉中，还有飞虫在交配现场垂死挣扎，所有这些看上去都完好地保存在它们的琥珀坟墓当中。琥珀被切成显微镜下的薄片，以供波因纳尔近距离观察他葬身琥珀中的昆虫们，然而此时，昆虫的身体组织形态总是欠完整。从外部看去完好的形态内里却是一团糟，零零碎碎，令人失望。不过后来，他遇到一个出乎意料的飞虫标本。第一眼瞥去，这只小飞虫与一般飞虫没什么两样。它到死都一直没什么特别的、与众不同的或是限制级的举动。但是当波因纳尔的同事、显微镜学家罗伯塔·赫斯（Roberta Hess）在显微镜下观察这只小飞虫时，她看到了在这只小飞虫那个时代的生物身上从来没出现过的一个细节。没想到，在被琥珀束缚了 4 000 万年后，一些飞虫的细胞仍然完好无损。在这些细胞里面，赫斯甚至可以辨认出极小的专门结构，这些结构在过去可以帮助活细胞运转。有产生能量的结构叫作线粒体，也有制造蛋白质的工厂叫作核酸糖小体。但最棒的是，有细胞核，它是包含着 DNA 的细胞控制中心。赫斯在波因纳尔的办公室门上留下了一张只有一个词的留言条——"成功！"两年后，他们在《科学》（Science）杂志上发表了他们的成果。

我们值得停下片刻来体会一下这两位科学家的兴奋之情。到那一刻为止，没有人曾看到过一个几百万岁完好无损的生物细胞内部结构。各种细节都那么精致，但真正让大家兴奋的还是细胞核的存在。赫斯和波因纳尔的发现引发了一个富有争议性的问题：如果这只飞虫的细胞仍然包含细胞核，也许科学家就能够从里面刮下 DNA 碎片，从而了解关于古基因、进化过程和地球生命史的课题。

但一些科学家倾向于思考得更"长远"些。波因纳尔的论文引来了一小撮在美国蒙大拿州博兹曼市（Bozeman）秘密结社的科学家和临床医生警惕的目光。他们以"已灭绝物种 DNA 研究小组"的名义工作，是一个秘密的智囊团，对打破常规的思考方式一点儿也不畏惧。他们邀请波因纳尔加入，波因纳尔也默许了。

在他们的专刊《已灭绝物种 DNA 通讯》（*Extinct DNA Newsletter*）第二期中，研究小组创始人约翰·特卡奇（John Tkach）勾勒了一场引人入胜的思维实验。万一在数百万年前，曾有一只饥饿的蚊子在一只恐龙身上用餐，然后让琥珀困住了，蚊子最后的晚餐仍然在它肚子里，那会怎样呢？如果某个科学家能将恐龙血细胞从那只蚊子身体中复原，然后将血细胞植入一个已经移除了自身 DNA 的卵细胞里，在培养的过程中恐龙细胞就有可能生长，或者也许，当然只是也许，一只恐龙就有可能生长出来。

"这是一个相当耸人听闻的想法。"来自弗吉尼亚－马里兰兽医医药学院（Virginia-Maryland College of Veterinary Medicine）的病毒学家罗杰·艾弗里（Roger Avery）早在 20 世纪 80 年代曾是"已灭绝物种 DNA 研究小组"的成员。他说，"这种想法我们没有人当真"。尽管科学家在一只 4 万岁的原始毛猛犸象细胞中找到过 DNA 碎片，提取、分析和复制 DNA 所需的技术仍然不成熟。早在 80 年代，大多数人都认为从化石和琥珀里的昆虫中复原古 DNA 是一项白费力气的工作。科学家们对这个想法嗤之以鼻，所以"已灭绝物种 DNA 研究小组"的成员们就最大限度地保密，不透露他们的想法。

这个小组从来没有认真计划过复活恐龙，但是其成员却十分热衷于推测事态的可能性。由于担心恐龙 DNA 可能受到其他来源遗传物质的污染，他们甚至给美国国家航空航天局（NASA）写信询问，假如有人愿意尝试复活恐龙这项实验，是否可以提供一间清洁的房间。如果 NASA 真的给过他们回复的话，这个回复也在接下来的几十年中遗失了。"已灭绝物种 DNA 研究小组"小心翼翼地解散了，就像它成立时那样悄无声息。但它的成员还在，据我所知，他们是最先推测复活恐龙可能性的一批人。如果他们关于恐龙复苏的想法听起来有那么一点儿熟悉，那么就是因为他们……

　　大概就在"已灭绝物种 DNA 研究小组"梦想着复活恐龙的时候，乔治·波因纳尔接待了一位去他伯克利实验室参观的客人。那是位高高瘦瘦的男士，对波因纳尔琥珀墓中的小虫子十分感兴趣。波因纳尔说："他非常友好，问了许多关于让琥珀中的生命体重回世界的问题。"当客人离开后，波因纳尔便不再想着他了。短短几年后，他接到了一通来自洛杉矶环球影城的电话，告诉他一本书的封底致谢里面提到了他的名字，而这本书马上要拍成电影了。原来如此。那位访客是个名叫迈克尔·克莱顿的年轻人，他对波因纳尔所做工作能够成为现实深信不疑，并把它用作科学依据来支撑自己的小说——《侏罗纪公园》。

世界末日，正如我们所知

　　科学现在已经推进到新的高度，反灭绝复育不再是幻想，它已成为一种非常真实的可能性。但复育谁？复育什么？从哪儿开始？曾居住在地球上的所有物种，超过 99% 都已不再存活。也就是说，我们一开始，就有一份超过 40 亿的竞争者名单。这种丰饶真是令人尴尬，但现实是，物种是有生有灭的，灭绝现象是地球生命史不可分割的一部分。

如今，大家普遍能接受关于灭绝的想法，但过去并不总是这样。在 17 世纪，北爱尔兰阿马郡（Armagh）的大主教詹姆斯·厄谢尔（James Ussher）利用《圣经》计算出地球还不到 6 000 岁。他还计算出上帝在公元前 4004 年 10 月 23 日创造出了这个世界，那是一个星期天，本来他应该休息的……或者去做礼拜。经常去做礼拜的人声称，地球这么年轻，不会经历灭绝事件的；而且上帝也永远不会让他曾辛苦创造的生命体都毁于一旦，那样就背离当初的目标了……就好比烤了一盘饼干然后又让你的孩子们浪费掉。

然而接下来化石的发现使得人们开始以一种不同的方式来看待世界。1796 年，法国自然科学家乔治斯·居维叶（Georges Cuvier）向法兰西学院（Institut de France）提交了一篇论文，论述了一种变成化石的下颌骨，这种骨头来自一种形如大象的生物，他将这种生物叫作乳齿象。批评家们认为这种骨头肯定属于一种活着的物种，在这个地球上的某处，这种巨型的厚皮类动物仍然在游荡。但居维叶另有一种更富争议性的解释。他说，这种骨头属于一种已不存在的生物。它与地球上很多物种一样已经灭绝，在某个大型灾难性的事件中被消灭干净。他认为，地球历经了很多个突发变化的时期，很多不同的物种因此而同时消失，我们现在知道这个概念叫作"大规模灭绝"。

到维多利亚时期时，科学家们已经接受了灭绝的观点，但他们认为居维叶有点儿小题大做了。他们大多数都不接受这个法国人的灾难片剧情，而都偏向于一种更不易察觉的灭绝方式：物种们慢慢地消失，一次一种。他们认为，关于大规模灭绝一点儿证据也没有。但时代变化了。我们现在意识到灭绝现象多多少少在持续发生着。新的物种一直在进化，而老一些的如果被淘汰掉了或是不能适应变化，就逐渐灭绝了。灭绝现象在正常时期有一个"背景"灭绝速率，但也有灭绝速率图上出现尖峰的时期，正常的安逸状态被一些大型的突发灾难粗暴地打断，生命尽数湮灭。在大规模灭绝发生的时候，超过一半的物种都会消失。生命的乐章从粗腔横调的轰鸣渐弱至声如细丝的啜泣。生物多样性大规模丧失，却是在从地质学角度看微不足道的历史时期。来自英格兰西南部布里斯托尔大学（University of Bristol）的古生物学家迈克尔·本顿（Michael Benton）把大灭绝比作一个手持巨斧的神经病对生命之树发动疯狂攻击，把它砍得所剩无几、奄奄一息。

我们从化石记录中得知，自从 5 亿年前复杂生命出现以来，有过至少 5 次大规模灭绝。第一次大灭绝发生在约 4.5 亿年前，酷寒的冰川期和海平面的急剧下降扫除了所有物种中的约 80%。第三次也是最具毁灭性的一次大灭绝发生在大约 2.5 亿年前，地球的温室效应和最大规模的一次火山爆发导致了 95% 的物种消亡。第五次也是最著名的一次大灭绝发生在 6 500 万年前，一颗小行星撞上了墨西哥的尤卡坦半岛，葬送了恐龙和当时所有物种的 3/4。大规模的灭绝现象是会发生的。

那么我们就面临着选择。我们可以接受灭绝现象，把它看作生命的一部分和必然现象，也是所有物种最终都会经历的事件。也就是说，毕竟，自生命开始时，就已注定消亡的结局。或者，我们可以改革创新，另辟蹊径。那只布卡多野山羊的克隆体西莉亚已经向我们展示，灭绝现象不必是永恒存在的，物种可能获得新生。我们不再需要坐下来被动地接受灭绝现象。事实上，我们根本不需要再接受这个现实。

生命之火，奄奄一息

事实上，复活技术的到来可能正逢其时，因为现在正是我们最需要它的时候。如今，在我们的周围，物种的消失比快艇上印的跳羚商标跳得还快。《科学》杂志 2014 年的一项研究发现，在过去的 500 年间，已经有 322 种陆生的脊椎动物永远消失了，剩下的物种现存数量也经历了 25% 的下降。无脊椎动物也不好过，尽管数量众多，这些没有脊椎的奇珍异兽还是有 2/3 表现出数量上 45% 的减少。传说蟑螂有所谓的挨过核灾难的能力，即便如此，连它们都在灭绝现象前苦苦挣扎。英国伦敦大学学院（University College London）的生物多样性研究员本·科伦（Ben Collen）是这项研究的作者之一。他说："这些数字都高得令人震惊。"而且这些物种仅仅是我们熟知的。如果不太具有代表性的种群也加进来，据估计在过去的 40 年中，地球上的野生动物数量已经减半。

这并不是正常时期的背景灭绝速率。这种速率要大得多，也致命得多。我们要么处在第六次大灭绝的边缘，要么已经在痛苦的深渊中了，说法不同取决于你听取谁的观点。我们周围的物种，包括昆虫，都在大量地减少，并且还有更多可能会紧随其后。而且你知道最糟糕的是什么吗？最糟糕的是这都是我们的错。大规模灭绝以前发生过很多次，但没有一次是我们咎由自取的。科伦的研究显示出，当前的灭绝速率比前人类时期高了大约 1 000 倍；将来这个数字可能还会继续增加至整整一个数量级。

这都肇始于大约 200 万年前的非洲。在那之前，非洲大陆满是巨型的食肉动物：大型"熊水獭"、剑齿虎，还有巨大的熊狗。然而，早期人类随后而至。拉尔斯·维尔德林（Lars Werdelin）来自位于瑞典首都斯德哥尔摩的瑞典自然历史博物馆（Swedish Museum of Natural History in Stockholm），他表示，化石证据说明，这么多大型肉食动物的消失与人科（*Homo*）动物的成员，也就是我们的早期祖先，从主要食素转变为开始吃更多的肉，在时间上完全一致。与人类争夺猎物的竞赛可能是导致大型食肉动物灭绝的因素。

这种模式不断地重复：动物们快乐地生活；人类出现；动物们开始灭绝。地质时代的更新世（Pleistocene）始于 2 500 万年前，延续至 12 000 年前。在更新世，所有大洲都充斥着当地独有的大型动物种群，稀奇古怪，令人惊叹。北美洲有大树懒和大秃鹫；亚欧大陆有洞熊、披毛犀和原始毛猛犸象；而澳大利亚有重达两吨的袋熊、袋狮和已知最大的袋鼠。

然后我们人类就到达现场，大型哺乳动物的游戏结束。6 万年前的澳大利亚、3 万年前的欧洲和 1 万年前的美洲如出一辙。这个观点是美国地球学家保罗·马丁（Paul Martin）提出来的，在 20 世纪晚期曾很盛行。马丁称这种现象为"闪电战模式"。甚至连小岛也未能幸免。大约 1 万年前，在大陆上的亲戚们都被扫灭后，几处孤立的猛犸象种群还徘徊在北冰洋的弗兰格尔岛（Wrangel）和圣保罗岛（St Paul）上。但短短几千年后，人类出现了，最后的猛犸象也消失了。丹麦哥本哈根自然历史博物馆的罗斯·巴尼特（Ross Barnett）说："时间的偶合是我们最有力的证据，证明人类的到达对更新世大型动物种群的灭绝产生了影响。"化石记录说明了一切。

在更近一些的历史上，还有人类制造的记录来证明我们所造成的灾难。17 世纪，那种在漫画家笔下有着笨笨的、大屁股形象的渡渡鸟，其灭绝的命运由我们一手造成。我们捣毁了它们的栖息之所，煮了它们的骨头煲汤，虽然汤的味道不好难以下咽（见第四章）。100 年后，我们又送别了斯特勒海牛（*Hydrodamalis gigas*），它们是一种 9 米长的海洋哺乳动物，与儒艮是近亲，喜欢栖息在浅海水域里，吃水生植物。这种温和的庞然大兽于 1741 年由德意志自然科学家乔治·威廉·斯特勒（Georg Wilhelm Steller）在俄罗斯远东地区探险时发现。当时他的远征船队搁浅在偏僻的科曼多尔群岛（Commander Islands）。饥饿难耐的水手们用鱼叉上的钩刀捕获浅海水域正在吃海藻的大海牛们，然后在海滩上将它们屠杀。据斯特勒所说，大海牛的肉和油脂尝起来像是"最优质的荷兰黄油"。当被困的水手们最终获救，关于这种口感的消息不胫而走。后来去往阿拉斯加的探险队都会中途停留，尝一尝这种海牛目哺乳动物的鲜味。直到 1768 年，在大海牛首次被发现后短短 27 年，人们再也不能杀害它们了，因为它们灭绝了。

19 世纪，大海雀，一种不会飞的大型鸟类，看起来像是做了鼻子整形术的企鹅，在北大西洋的岛屿上被人类无情地捕杀，只为了它们的羽毛、肉和油脂。芬克岛（Funk Island），听起来像是一个举行音乐盛典的绝佳场地，但其实不是。在那里，大海雀们不仅被活生生地拔毛，还被活生生地放在火上煮，而煮海雀的火……是将含油多且易燃的大海雀直接点着生起来的。最后一只英国大海雀，于 1844 年在英国苏格兰的圣基尔塔群岛（St Kilda）被抓住，匪夷所思地被人们诬为女巫的化身，然后被打死了。而在冰岛的埃尔德岩（Eldey），最后一批殖民者还住在岛上时，最后的两只大海雀被勒死，尸体卖给了收藏者。至此，大海雀的历史结束了。

几千年来，布卡多野山羊无忧无虑地生活在比利牛斯山上。然而，19 世纪，捕猎者看中了它们富有曲线美的威武羊角，觉得布卡多野山羊角挂在墙上比长在优雅的动物们自己身上看起来更好。所以，西莉亚的同伴们遭到无休止的捕杀。到 1900 年为止，山野里还剩下不到 100 只布卡多野山羊。尽管后来人们开始保护布卡多野山羊，但为时已晚，已无法挽回局面。1996 年，活着的布卡多野山羊只剩下 3 只；1999 年，就只剩下西莉亚了。虽然我们愿意相信，我们已经从自己祖先的错误中吸取了教训，但旧事直到今天还在不断重演。

在中国台湾岛，森林的大量采伐意味着台湾云豹（*Neofelis nebulosa brachyura*）生命的终结；在大西洋的佛得角群岛，当地原住民对蜥蜴油脂和蜥蜴肉的渴望决定了佛得角蜥蜴（*Macroscincus coctei*）悲剧的命运。这两种动物都于 2013 年宣告灭绝。一年前，全球物种保护的象征——"孤独的乔治"（Lonesome George），信步走完一生中一百多个春秋，以相当高的龟龄离开了世界。它可算是加拉帕戈斯群岛（Galápagos Islands）的超级巨星，是最后一只平塔岛（Pinta Island）象龟。但是它的同伴们却命运多舛。在 18 世纪和 19 世纪，路过加拉帕戈斯群岛的捕鲸队将超过 10 万只平塔岛象龟从群岛上带走，把它们储藏在船舱里，作为原汁原味的方便食品。象龟不需食物和水就能熬过一年甚至更久。它们的身体是肉食的来源，它们的颈袋可以装水，它们的小便可用作饮用水 [1]。

我们也许有个轰轰烈烈的开端，扫平了相当多的古代大型动物种群，但今天，因为我们的行为，我们要为这么多大大小小物种的灭绝负责。美国康涅狄格大学（University of Connecticut）的生态学家马克·厄本（Mark Urban）在 2015 年的一份研究中指出，如果地球温室效应继续保持当前的升温势头，就可能会导致地球上 1/6 的物种面临灭绝的处境。而且，生物多样性的丧失不只是随着气候的升高而增加，事实上，生物多样性的丧失随着地球温度每一度的升高而加速。这就意味着如果我们依然我行我素，气候变化随时会加速世界范围内的灭绝现象。

在位于加拉帕戈斯国家公园（Galápagos National Park）的达尔文研究站，孤独的乔治故居围栏外的告示牌上题有以下这些话：

1　他们真的饮用过象龟尿，只不过不是纯尿。他们不是野蛮人。象龟尿被稀释了，以便喝起来味道更好。——原注

无论这只孤单的动物遭遇了什么，让它永远提醒我们：地球上所有生物的命运掌握在人类手中。

我们生活在由人类带动导致生物多样性丧失的全球浪潮之中。据保守估计，目前地球上生活着的物种数量介于 500 万到 900 万之间，但是这些物种中每天都有 30～150 种会离开我们。我们通常认为自己是不受影响的，但是我们的日子总有一天也会到头。因为只要人类继续使海洋酸化，向大气中释放二氧化碳，让地球升温，我们的世界和生活在其中所有居民的命运，就会处在极度危险之中。

现在，下一步，未来——何去何从？

接下来将会怎样，取决于我们。当然，我们应该保护、保存我们现有的一切，但如果灭绝现象是地球上生命图景的一部分，那么也许反灭绝复育现象也可以说是这幅图景的一部分。2013 年，美国著名保育人士斯图尔特·布兰德（Stewart Brand）和基因组学实业家赖安·费伦（Ryan Phelan）组织了一场关于反灭绝复育的 TEDx[1] 活动，获得了巨大的成功。如果你当时错过了这个活动，力荐你在 YouTube（优兔）网站上观看。在世界媒体警觉的关注中，这对夫妇组合将细

1　美国 TED 大会正式授权开展的非营利性活动。——译者注

胞生物学研究者、遗传学研究者、保育人士和伦理学研究者召集在一起，讨论反灭绝复育的可能性、实用性和潜在的危险及困难。研究者们各抒己见，不同观点如同已灭绝动物本身一般各式各样。一些研究者热情洋溢地支持反灭绝复育，而另一些热血沸腾地反对这项技术。"举办这次 TEDx 活动的初衷，"费伦说，"就是让公众参与进来，这样他们就能在关于反灭绝复育的争论中发声，决定其方向。"我正是出于同样的目的写了这本书。

反灭绝复育有着深刻改变我们看待世界方式的潜力。它因其所带来的可能性而引人入迷。当我告诉朋友们我正在写关于这个主题的书，他们无一例外都以不同的方式问我一个相同的问题，即，"你可以让一只霸王龙……或是一头猛犸象……或是一只渡渡鸟……或是一个尼安德特人……或是一_____（填入你选择的已死亡生物）重回世界吗？"在接下来的几章，我将尝试回答这些问题，并探索另一个问题：只是因为我们可以通过反灭绝复育让一只动物重回世界，就意味着我们应该这样做吗？好了，请把任何成见偏见都先放在一边，然后想一想……如果你仅可以让一个过去的生物重回世界，你会选择谁或是什么呢？它可以是任何人，任何动物，从恐龙之王霸王龙，到摇滚乐之王埃尔维斯·普雷斯利，甚至更多。但对你所期待的一切一定要深思熟虑……

第一章

恐龙之王

　　大约 6 500 万年前，在连日的恶劣天气后，这天总算是云开日出。霸王龙史丹早上醒来，并不知道一块跟珠穆朗玛峰一样大小的巨石正在以每小时 11 万千米的速度向地球飞来。不一会儿这只火球撞上了地球，威力如同 60 亿颗广岛原子弹同时爆炸，引发了强烈的冲击波和一场天崩地裂的地震，地震引起的海啸席卷了整个世界。

　　站在数千千米远的地方，史丹感觉到地面的震动，天地笼罩在一片凶险之中。如果史丹朝尤卡坦半岛望去，他会看到一团不祥的尘云蹿上天空，遮蔽了太阳。气温开始下降，白天变成黑夜，刺骨阴冷的冬天蔓延了整个地球。

　　到此刻之前，史丹都没有什么可忧虑的事情。他是一只 20 岁的霸王龙，重达 7 吨的身体浑身上下都透着一股丑陋。他皮肉厚实，身子长如一辆铰链式拖车。作为北美地区的老大，史丹和他的家族不在任何动物的菜单上——他们选择着菜单；作为全世界顶级的食肉动物，他们可以享用这个世界所提供的各种各样美味的恐龙拼盘，全都是史丹打牙祭时的美餐。霸王龙是名副其实的恐龙之王。

但当小行星袭来时，一切都变了。所有热爱阳光的植物和藻类都枯萎而死，陷于无尽的黑暗之中；那些以植物和藻类为食的生物很快步其后尘；食草恐龙、哺乳动物和其他生物也日渐衰弱；然后是食肉动物，包括史丹和他的同类，都在饥饿乏力中屈从于命运的安排。这是一场缓慢而彻底的全球性整体灭绝。在接下来的几十万年里，地球上 3/4 的动植物灭绝了，恐龙不幸也在其中。史丹的生命终结了，事实上，一个时代终结了。

那以后很久，在人类进化并发明了语言之后，那颗小行星希克苏鲁伯陨石（Chicxulub asteroid）才为人们所知，它让地球告别了遍地恐龙的白垩纪，稳稳地进入了白垩纪之后的第三纪（Tertiary）。对于恐龙来说这是坏消息，但对于满地疾跑的小型哺乳动物，却是好消息，它们抓住了时机，迎难而上。这正是我们最遥远的祖先需要的机会，在机遇面前，他们把毛茸茸的脚牢牢地卡在了生命之门的门缝里。恐龙的牺牲为美好的事物铺平了道路：人类的进化，你、我，还有埃尔维斯·普雷斯利的出生。但是，让我们稍等片刻，再考虑一下史丹。在行星撞地球之前，恐龙统治了地球 1.35 亿年。人类，只有区区 20 万年的历史，却厚颜无耻、自以为是。宇宙巨石赐予了哺乳动物们幸运的喘息机会，同时也消灭了一些最为庞大、最能带来灵感，也最不可思议的生物，它们曾是地球的过客。

燃烧的爱

从记事以来我就一直爱着霸王龙。小时候，我想在我长大后成为一只霸王龙。不过生物学和几亿年的进化史让我放弃了这个梦想。其实我童年记忆中的霸王龙和我们现在所知的霸王龙非常不同。早在70年代，霸王龙在人们的印象中还是一种超大的、满身绿色鳞片的恐龙，有着吓人巨齿。他（在我脑海中所有恐龙都属于雄性）笔直地立着，好像屁股支着一根笤帚杆，可怜的尾巴被拖着扫过地面。他冷血、无情，头脑简单四肢发达。他在沼泽地中闲逛，除了咆哮之外无所事事。他杀生，并总是为自己可怜的小胳膊长不长而懊恼不已。但那些都无关紧要，霸王龙是我唯一感兴趣的恐龙。他是我满是恐龙快要装不下了的玩具盒子里唯一拿得出手的重要角色，因为对于我来说，他是王者。我多么渴望能同他相遇。

但当我长大一点后，情况开始发生变化。霸王龙仍然大名鼎鼎，但如同70年代的很多其他明星一样，他的旧名声受到一系列破旧立新的新发现的打击。因为有了新化石的出现，研究者们开始猜想，霸王龙也许并不是蠢笨、迟钝或是冷血的。他事实上是一种才智非凡、相当成功的食肉动物，他更常见的体位是卧着的，而不是立着的。别管那根支着臀部的杆子了吧，这种动物可以在脊背上使一托盘的量酒杯保持平衡。但更糟糕的还在后面，霸王龙化石证明霸王龙全身不是披着鳞片，而是突变出了一层轻软的细毛，没有人可以确定霸王龙是绿色的、蓝色的、粉色的、紫色的还是任何其他颜色，这就完全毁了我童年时代对霸王龙的印象。取而代之的是一副长着羽毛的杀手形象，更像是鸟类，而与哥斯拉的感觉格格不入。

问题是，尽管我们从化石记录上了解了关于霸王龙的海量信息，还是有许多问题没有答案。曾经确实有一只霸王龙叫作史丹，现在也有他的化石。跟许多恐龙一样，他以其发现者的名字而命名。这位业余化石搜寻者名叫史丹·萨克理森（Stan Sacrison）。1987 年，他注意到美国南达科他州的一处悬崖崖面上伸出了一根盆骨[1]。整个团队的专家花了超过 2.5 万个小时才挖掘出并准备好那根盆骨和另外 198 根骨头，拼成了史上最完整的霸王龙标本之一。霸王龙史丹，现在在位于南达科他州希尔城的黑山地质研究所（Black Hills Institute of Geological Research）供人参观。[2] 他的完整度已经达到 70%，但尽管他的骨骼能让人了解许多东西，包括他的年龄、大小、移动方式和食物，我们还是有许多未知的事情。

首先，史丹也许是从一只漂亮的恐龙蛋中孵化出来的，但我们无从辨认。从没有人发现过霸王龙蛋。他也许是一个喜欢玩耍的青年，也可能是一个不善社交的十几岁少年。他也许会引得女士小姐们众口交赞，也可能是个登徒浪子，还有可能是个独行侠、优秀的父亲或是缺席孩子成长的父亲，我们不得而知。我们对恐龙怎样行动或是怎样

1　霸王龙史丹被发现几年后，萨克理森的双胞胎兄弟史蒂夫（Steve）也发现了一具霸王龙化石，被他命名为……史蒂夫。在一条相似的岩脉上，还有几具霸王龙化石，分别叫作苏（Sue）、塞莱斯特（Celeste）、布基（Bucky）、格雷格（Greg）和旺克尔（Wankel）。旺克尔来自与它同名的凯西·旺克尔（Kathy Wankel），她是一名蒙大拿州的牧场工人。——原注

2　如果你无法去希尔城，你只需花 10 万美元，再加上装箱和打包费，便可以从黑山研究所买到实物大小的史丹复制品。运输再花上 6 个月，"一位经验丰富的博物馆工作人员只需不到一小时就可以组装起来"。——原注

与另一只恐龙互动都一无所知。我们不清楚他们长什么颜色，也必然不知道如何解答那个最古老的关于霸王龙的问题：它们的小胳膊为什么那么短？我们只有尽己所能，根据我们已有的化石证据，做出综合性、科学性的猜测。但如果我们有一只真实活着的恐龙来研究，那就完全不同了。

如果我们想要选择一只恐龙来复活，它不可能是某个 19 世纪发现的从没听说过的无名小不点儿，只有一块趾骨。它必须广为人知，不同凡响，引爆秀场。论这些，还有谁比得过霸王龙——这个恐龙中的好莱坞人气巨星？它主演过数不清的电影，包括《侏罗纪公园》《遗失的世界》(*The Lost World*) 还有《被时间遗忘的土地》(*The Land that Time Forgot?*)。还有谁曾与金刚肉搏，与神秘博士短兵相接，与辛普森一家大打出手，还和澳大利亚最著名的儿童音乐唱游组合[1]一起旅行？霸王龙世界闻名、老少皆知，有着其他恐龙无可比拟的影响力。

那么如果我告诉你一只现代活恐龙不只生活在我们的想象中，会怎样呢？创造一只恐龙已经不再是天方夜谭。只是这个任务不适合新手来干，也不是你应该关起门来在家尝试的。这个任务需要全神贯注和专业技术。想想你所处理过的最棘手的事情：参加考试，学习外语，心平气和地组装一件平板家具……然后给这件事情乘以你所能想到最大的难度系数，加上无穷大，再去学骑独轮车。这才有点儿像复活恐龙的难度，只是复活恐龙更加关乎科学。这将会是个困难的任

1　黛西恐龙是一只与活恐龙一般大小的霸王龙玩偶，由人穿着卡通恐龙服扮演，喜欢踮着脚尖转圈跳舞，戴着一顶活泼的阳帽，遮住布缝的、无生命的双眼。她与澳大利亚最著名的儿童音乐唱游组合"缤纷扭扭四人组"一起旅行。当然她吃的是玫瑰，不是孩子们。——原注

务，因为会有很多现实的、智力上的和伦理上的困难要深思熟虑，同时还会遇到很多次失败。但还是有可敬的科学家认为这可以实现，并深信他们可以制造或是"设计"出一只恐龙……有可能吧，但只是因为这可能实现，就意味着我们应该去实现它吗？

会出什么问题？

问问别人他们是否想看一看重回世界的霸王龙，他们肯定不会无动于衷。除非你是在一个叫人提不起劲儿的阴天问一个对你爱答不理的青少年，你绝不会听到"你知道吗，我真的不在乎"，或是"随便"这样的答复。这是一件让人爱憎分明的事情，你对此要么热爱，要么憎恶。我个人是很热衷的。我突然间很想要一只宠物霸王龙，只要我可以训练他，不让他吃我的孩子们或是在厨房的地板上留下白垩纪的粪便。但有些人认为这是一个可怕的想法，他们的论证过程一般是这样的：

> 你疯了吗？如果我们让恐龙重回世界，他们会把我们都吃掉的！人类的末日将要到来。快逃吧！逃命吧！

一些人会这样想也许并不令人惊讶。毕竟，1905 年，当古生物学家亨利·费尔费尔德·奥斯本（Henry Fairfield Osborn）第一次描述和命名霸王龙时，就把它列为曾光临过地球的最强悍猎手。那年的后半年，《纽约时报》（New York Times）进一步夸大其词，把霸王龙描述为"丛林中的王者食人兽"、"地球绝对的军事领袖"以及"有记录以来最强大的攻击性动物"。当时肯定是还处于"前娜奥米·坎贝尔"（pre-Naomi Campbell）时代[1]，但是公众舆论的改变似乎是个缓慢的过程。不过，恐龙真的会吃我们吗？

　　研究者可以通过研究恐龙的化石牙齿来推断他们的食物。食草恐龙的牙齿与那些食肉恐龙和杂食恐龙是不同的。比如，长颈蜥脚类恐龙有着小小的钉状齿，用来啃食树叶；而三角龙的牙齿又宽又密，是为了咀嚼植株；另一方面，霸王龙的粗大牙齿则被人描述得五花八门："锯齿状的牛排刀"，还有"致命的香蕉"，因为它们长达30厘米，深深地嵌在头骨里，是撕扯和切割的利器。对于史丹头颅的分析揭示出，当霸王龙的下巴猛地一下合上时，可以产生的最大咬合力大约为5 800千克，相当于50个超重的猫王同时压在身体上的感觉。很显然摆弄这些颌骨的时候一定得小心谨慎。

　　所以霸王龙爱吃肉，但为了找出是哪种肉，研究者们又盯上了其他的证据线索。他们在三角龙的骨头上发现了霸王龙的齿痕，而在霸王龙的腹中和粪便里发现了类似三角龙的骨头。[2]这充分证明霸王龙喜欢吃其他恐龙。所以如果霸王龙可以吞得下一只三角龙的话，它可

1　娜奥米·坎贝尔是全球最著名的模特，也是多宗伤害案的主角。——译者注
2　令全世界孩子们非常开心的是，恐龙的粪便也可以成为化石。这种化石的正式名称叫作粪化石，有时可以在死亡的恐龙附近，或是在它们的直肠中找到。粪化石不臭也不脏，但轻易也冲不走。一些粪化石很大。1998年，在加拿大的萨斯喀彻温省曾发现过一块霸王龙的粪便，长度超过了30厘米。——原注

能几乎不会想着去吃你我。一般认为，霸王龙是很喜欢投机取巧的。跟今天的大型猫科动物和其他食物链顶端的肉食动物一样，这种恐龙也许在必要时才是猎手，当食物唾手可得时他们就是安于现状的食腐动物。无论他是什么，他都不是需要遵守社交礼仪的社会成员。2010年，美国耶鲁大学的尼克·朗瑞希（Nick Longrich）和他的同事们注意到在几块霸王龙的骨头上有几处深深的弧口槽，这只可能是另一只霸王龙在进餐时留下的。所以，他们猜测霸王龙是一种同类相食的动物。现在如果汉尼拔·莱科特（Hannibal Lecter）博士[1]教导了我们什么事情，那就是基安蒂红葡萄酒和人肝、蚕豆是绝配……还有，不应该信任食同类者，所以得和活霸王龙保持相当大的安全距离。简单地说吧，霸王龙吃起东西来不挑食。作为一个母亲，我喜欢这一点。而如果是作为霸王龙潜在的美餐，我就无法稳坐泰山了。

从理论上讲，霸王龙有可能吃人。但他会吃吗？如果我们不让他吃，他是不会的。尽管霸王龙的脑部相对较大，但他的大脑是无法与我们布满深沟、敏于学习和理解的大脑皮层相媲美的。借助科学，我们可以设计出各种方式确保自己不会被吃掉。

最常见的解决方法就是把他锁起来。因为体形比大象还大，所以一只成年的霸王龙需要的场地至少要和它的大小成比例。在野外，大象们可以在很大的范围里安家，大小可以有数百平方米。虽然圈着的大象或是动物园的动物在比他们野外理想之地范围小的有限空间内也能存活，但邦尼兔[2]这一关肯定过不了。如果我们复活霸王龙的想法

1　美剧《沉默的羔羊》主角，是一个食人魔。——译者注
2　邦尼兔是美国一个卡通形象，总是诚恳地表达否定的观点。——译者注

是认真的，我们决不能舍不得给他空间，他生存的地方应该越大、越安全越好，这样他才会对任何遵守规矩的骑手言听计从。据英国南安普敦大学的恐龙专家德恩·奈许（Darren Naish）估计，一只成年霸王龙每周会吃两次肉，每次大约100千克。那相当于每餐进食1 000个四分之一磅的汉堡。但奈许还建议时不时地扔给他一两头牛，让霸王龙可以准备自己的汉堡。与奈许纯肉食的说法相反，霸王龙也许应该荤素搭配，少量吃一些水果和蔬菜。非洲野生猫科动物有时也吃水果，所以有充分的理由认为霸王龙，另一种顶级肉食动物，也许会有相同的口味。恐龙的住所还应该多一些趣味，因为动物们在动物园里很无聊的话，可能会变得情绪低落、体弱多病。理想状态中，恐龙的住所应该有可供他们打盹儿的清凉森林地，也有可供他们追逐晚餐猎物的开阔地带，多余的地方可以随意地改造成多功能场地：有许多可供追逐戏耍的玩具球；恐龙们可以在桩子或石块上抓擦以使爪子尖利；还可以为了磨牙咀嚼玩具和骨头。但最棒的消遣对象还得是另一只霸王龙。奈许说："如果你只有一只恐龙，你就有可能创造了一只永远孤独的动物。"他还告诫说，这有可能导致极端行为。这也许会促使恐龙去发声，去奔走吁求，对邻居来说这很困扰，但还不是致命的。这也许还会进一步引发恐龙的攻击性和逃跑的欲望。一只愤怒的霸王龙到处乱窜，伤害人类，会成为一个严重的问题。没有了牛肉的定期供应，人类也许开始看起来像一餐美味。

　　所以假设你发现一只饥饿的霸王龙在追你，你能跑过他吗？好消息是，是的，技术上讲任何人都可以跑过霸王龙，因为技术上说霸王龙事实上不能跑。但这很迂腐，而且如果一只6吨重的恐龙正在你脚跟后流口水，你肯定会提心吊胆。但是，真正意义上"跑"起来，它的两条腿应该会短时间同时离开地面，而它做不到。英国伦敦皇家兽医学院的生物动力学专家约翰·哈钦森（John Hutchinson）已经计算出，成年恐龙因其体形缘故，如果想腾空，它的后腿肌肉质量要占到整个身体质量的 80% 多。恐龙腿短得跟鸡腿似的，而且分隔也不够远。所以霸王龙表面上是不会跑的。

然而，它可以负重行走，好比人类竞走运动员。霸王龙有着坚实的臀部肌肉，但踝骨却小得出奇。德国柏林自然历史博物馆的古生物学家海因里希·马利森（Heinrich Mallison）研制的一个计算机模型预测出，霸王龙迈出的步子小而快，这样的步伐是它的速度巅峰。一只正在冲刺的霸王龙可能真的很可怕，但一只迈着小碎步的恐龙呢？我是不怕的。

刚才说，它可以非常快速地碎步走。目前基于解剖学的判断，霸王龙所能达到的速度峰值大约为每小时 40 千米，这是大多数人奔跑速度的两倍。所以在百米短跑中，尤塞恩·博尔特（Usain Bolt）也许还胸有成竹，而我们其余的凡人是不可能成功地活着到达终点的。

哈钦森有以下建议。较大的动物比起较小的动物更难跑上坡，因为他们的体形和重力都不允许。所以朝山的方向跑吧，到了后就以之字形路线朝山上跑。霸王龙巨大的身躯和突出的头部及尾部，会使它在拐弯时慢下来。哈钦森的模型模拟出恐龙的惯性，即它用来控制身体转动幅度的力，显示出霸王龙也许要花足足一秒钟的时间来转 45°～90°。听起来似乎不长，但这一秒影响了你的生命和它的午餐之间的关系。接下来，如果可以，你要朝障碍物较大的地方跑。一只受惊的大象追人的时候如果穿过稀疏的灌木丛，它所过之处的一切都会被踩平，但它不太可能穿过一片树木繁茂的森林或是某个星期一银行假日[1]的宜家停车场去追逐。最后，如果其他措施都失败了，试着使恐龙被绊倒。当一只动物摔倒在地，它的质量和身高决定了冲击力的大小。一只 6 吨重的霸王龙，肚子离地面 1.5 米，这样它摔在地上时的减速度就有 6 个重力常数，比你坐在世界最高的云霄飞车上向下俯冲时所体验的要大得多。重力常数达到 4 ~ 6，人类便会昏厥倒地，但对于霸王龙来说，这种重力常数的效果是灾难性的。因为它的小胳膊太脆弱，无法终止跌倒的过程，这个冲击力能粉碎霸王龙的肋骨，冲击他的内脏。一只成年的霸王龙如果在碎步跑的时候被绊倒，极有可能就断气了。

从骨头到石头

言归正传，我们怎样复活恐龙之王呢？正如前文所提到的，要复活一种动物，你需要这种动物的 DNA 源。但是我们只有恐龙的化石化残骸。

化石是动物、植物和其他生物所保存下来的残骸和遗迹，它们

1　过去英国的公休假适逢周末会在星期一补休，后来也许是为使周末更长方便人们旅游出行，无论公休假是否在周末都会调到星期一休息，因为这一天银行也放假，这样的假日统称为银行假日。——译者注

来自黑暗遥远的过去。据研究者们估计，通过化石推算的已知物种数量，远远少于所有曾生存过的物种数量的百分之一。也就是说，化石只能在非常特殊的情形下形成。要成为一具化石，动物当然首先要断气，世界上并没有活化石[1]。然后尸体必须被快速覆盖，并保持原样。如果被食腐动物吃了，或是被挖出来，那就糟了；而如果掉进了泥潭、河流或是海洋，然后沉至底部的泥沼，那就好办了。因为接下来泥沼里的沉积物会把残骸密封起来，这样就使得矿物质渗透进尸体里，并且开始取代各种各样的生物有机分子，生命体就是由这些分子构成的。经过时间的沉淀和压力的淬炼，这些生物的遗骸慢慢地变成了石头。教科书知识认为当生物变成化石后，任何遗迹都会消失。我们一直被灌输这样的观念：化石是由无生命的无机矿物质构成的。一代又一代的学生们从小到大都认为如此。他们直到今天仍然在学习这些陈旧的知识。所以，既然没有可以让我们继续这项事业的生物信息，大家就会原谅你的那种想法，认为让恐龙重回世界是不可能成功的。本章结束，大家坐下来喝杯茶吧。

但情况并不总是那样的。1828 年，一位名叫玛丽·安宁（Mary Anning）的女士在英格兰多塞特郡查茅斯村的海岸上散步，这里也是我最喜欢的地方之一。随着海潮拍过，新的化石从富含生物遗骸的岩石和泥流中显露出来，在海岸线上可以随手捡到。安宁对发现神奇的事物有着一种不可思议的直觉。她发现过牙齿奇多的海洋爬行动物，长着翅膀的飞行爬虫类翼龙，还有稀奇古怪的贝类生物。那个时代的

---

1 除了滚石乐队——摇滚史上最成功和最长寿的乐队之一。——原注

女人还无所事事，整天穿着惹眼的连衣裙，花枝乱颤地咯咯笑。安宁却扛起她的锤子，甩开她的短裙，奔赴海滩，去搜寻这些古董。然后把搜集到的古董卖给有识之士，或者是上流社会的维多利亚旅行家[1]。尽管当时鲜有人知她所卖的古董有多少年头，但是玛丽意识到，这些生物非常古老，而且已经灭绝。她的发现一直在一些今天最具有影响力的理论形成方面发挥作用，包括达尔文的自然选择进化论。玛丽·安宁是一位科学家，偶尔是女权主义者，粗野男性世界中的女人。简单说，她是一个类似于女英雄的角色。

　　1828年的一天，她正沿着海岸线散步，突然发现了一块毫不起眼的灰色岩石。对于其他任何人来说，这块岩石看起来都微不足道。它很光滑，圆溜溜的，上面既没有水晶状的裂缝，也没有水晶状的斑点。而经验告诉她，正是这样一种石头，可能藏着某些极有价值的东西。所以她用锤子劈开石头，发现了一滴深黑色的小圆点。当她用手指头往下抠时，这个小圆点在她的皮肤上留下了一个黑色印记。她意识到，这不是某种生物，而是生物留下的东西。安宁发现的是古代乌贼喷出的墨汁。大约在2亿年前，侏罗纪温暖的英国海洋满是形如乌贼的生物。活着的时候，乌贼会在水里喷射出一股墨汁，迷惑迫近的捕食者；但是死了以后，墨迹成了玛丽陈列柜中一个有用的收藏品。她把墨迹带回自己位于多塞特郡莱姆里杰斯（Lyme Regis）家中的工作室里，然后给紫色的粉末中加了一点水，把墨迹转变成一种优质的、乌贼墨色的墨汁。这样她就可以用墨汁

1　据说那首"她在海岸卖贝壳"（she sells sea shells on the sea shore）的绕口令写的不是别人，正是玛丽·安宁。

来画画，画那些被她找到的化石。安宁所意识到的领先于她的时代，那就是：她用来书写的化石墨实际上与好几百万年前淘气的乌贼背部喷出的墨汁是一样的。这种来自侏罗纪海岸的有机分子似乎和它被喷出来那天一样新鲜。

今天我们知道，乌贼墨汁是由一种叫作黑色素（melanin）的分子构成的。就是这种色素，赋予了我们皮肤和头发的颜色。来自布里斯托尔大学的古生物学家迈克尔·本顿就是研究这种物质的，他说，这是一种极其顽强的分子。对于今天的古生物学家来说，很显然，黑色素可以存活很长一段时期。正是这个观点确定了当代的研究方法。几年前，美国科学家们证明，侏罗纪乌贼墨的化学构成在化学成分上与现代墨鱼的墨汁没有区别。安宁用的乌贼墨化学成分并没有改变，也没有被地质作用破坏，更不是已经成为化石的版本，她在用真正的乌贼墨写字。黑色素是一种由活体生物制造出的有机分子，可以安然无恙地度过几千年。我们当然不能通过黑色素来创造恐龙，但它引出了这样的一个问题：如果黑色素可以在变成化石的过程中幸存，还有什么物质可以呢？软体组织可以吗？蛋白质、DNA，它们也可以幸存吗？为了研究这个问题，另外一位名叫玛丽的女士，终其大部分学术生涯致力于此。

"圆不溜秋的红色小玩意儿"

　　这一切都始于那天，玛丽·施薇兹（Mary Schweitzer）开始看到星星块块的斑点。看到斑点可不是什么好事情，这可能是你过度劳累的表现，也可能是你的孩子出了水痘，或者更糟的是，你十几岁的孩子，满脸青春痘，开始飞快地进入叛逆期。斑点的出现，总的来说都意味着麻烦的到来。所以早在 1992 年，当施薇兹开始看到斑点时，她感到很紧张。其实她正在隔着显微镜盯着一块恐龙骨化石薄片，但她所看到的东西十分令人难以置信。因为在恐龙骨上曾经容纳过静脉血管的通道之间，有密密麻麻的小红点。小红点的中心部位是深红色的，很像细胞核。无论怎么看，它们都像是很多在今天仍活着的生物体内发现的红细胞[1]。但是它们怎么会存在呢？这块组织切片是一只新近发现的霸王龙身上取下的。它名叫旺克尔·雷克斯（Wankel Rex），已经死了约 6 700 万年了。众所周知，化石内是不会有红细胞细胞核或者 DNA 的。

　　然而它们就在那里，颜色鲜艳，看起来像是有机结构。我们需要一个合理的解释。施薇兹认为，也许那种圆不溜秋的红色小玩意儿，或者用她的说法叫作 LRRT[2]，是经由某种未知的化学反应，或者其他一些人们还未认识到的现象留下的。施薇兹当时还是一个古生物学研究界的新手，刚开始在蒙大拿州立大学（Montana State

---

1　哺乳动物的红细胞内没有细胞核，但是爬行动物、鸟类和所有其他的脊椎动物都有。——原注
2　LRRT 是英文"圆不溜秋的红色小玩意儿"的首字母缩略词。——译者注

University）攻读博士学位。所以她并不着急告诉她的导师，也就是著名的恐龙学专家兼洛基山博物馆（Museum of the Rockies）古生物学部主任杰克·霍纳（Jack Horner）。她告诉我说："我对杰克怕死了。"但消息不胫而走。不一会儿，施薇兹发现她自己站在一边，霍纳则在亲自查看这些样本。在尴尬地沉默了很久之后，霍纳抬起头问施薇兹她认为这些是什么。"我告诉他我不知道，"施薇兹说道，"但我还说那些物体跟血细胞的大小、形状、颜色都是一样的，而且也出现在同一个地方。""好了，"霍纳回答道，"向我证明它们不是血细胞。"

　　这个难题成了施薇兹博士论文的主题，也成就了她的整个学术生涯。施薇兹进一步证明了 LRRT 包含着可以在红细胞内找到的分子，如血红素，这是一种很小的化合物，里面包含铁元素，它使得红细胞呈红色，并且使得比红细胞大很多的血红蛋白可以在全身运输氧气。当研究者把这些带有"斑点"的骨化石提取物注射入小白鼠体内时，小白鼠的免疫系统产生了抗体以与这些异体组织相结合，进而消灭它们。这些抗体只能认出鸟类的血红蛋白分子形式，而无法认出哺乳动物和爬行动物的。考虑到鸟类是从恐龙进化来的，这个结果显示，恐龙的血红蛋白或血红蛋白的分解物在骨化石中仍然存在。这就使施薇兹陷入了困境。此时此刻，她不能直截了当地证明 LRRT 就是红细胞，但她也不能证明它们不是。她只能肯定地说，在恐龙化石内可以找到某种生物分子，黑色素有伴儿了。很明显，它的伴儿指的是另一种有机分子，也就是血红素。它可以历经好几个地质世而一直存在。

　　与旺克尔一样的还有鲍勃（Bob），他也是一只霸王龙，化石保存得很好。他的骨头有 6 800 万年的历史，从蒙大拿州巴德兰兹地区（Badlands）的一处砂岩悬崖裸露出来，被洛基山博物馆的首席实地考察员鲍勃·哈蒙（Bob Harmon）发现。2003 年，大概就在施薇兹拿到她博士学位的那一年，鲍勃发现的骨头经过三年艰苦卓绝的挖掘，最终也从崖面上来到世人面前。但因为发现的地点太偏僻了，所以这些骨头只能以空运的形式由直升机运回基地，其中一根巨型的 1 米长大腿骨因为太大了不得不截成两半分开运输。但是，对于化石记录来说的这个坏消息却成了施薇兹的好消息。回到基地后，霍纳将所有因断裂而产生的骨头碎片都用盒子装起来，交给施薇兹来分析。

　　只瞥了一眼，施薇兹就隐隐隐约约地意识到，她要有特别的发现了。因为她注意到一层薄薄的组织夹在骨头的内表面中间，看起来非常明显，不同寻常。这种组织是纤维状的，布满了静脉血管通道；在颜色和纹理上都与构成大部分骨架的骨皮质截然不同。事实上，这种组织看上去非常像一种生殖组织，人们在现代鸟类怀着种蛋时，曾在其体内发现过这种生殖组织。"这对于我来说显而易见，"施薇兹说，"我告诉我的助手，这只恐龙是雌性的，而且她怀孕了！"

　　鲍勃就是罗伯塔，他就是她！这就有点儿像奇想乐队（Kinks）歌里唱的。这也是史上第一次有人能够确定恐龙的性别，而且有十足的把握。髓骨——大家都这么叫——是一种生命周期短暂的组织，这种组织给雌性鸟类提供了一种便捷的钙源，以供她们发育蛋壳。但这是第一次有人在恐龙体内发现这种物质。

决定性酸性检验

对于施薇兹来说，下一步要做什么是显而易见的。骨头是一种由矿物质和纤维状的胶原蛋白构成的化合物。在髓骨中，胶原蛋白纤维以典型的随机性排布为特征，所以当骨头中的矿物成分被酸溶解时，我们就能看到胶原蛋白纤维。这个实验，施薇兹曾用鸟类组织做过很多遍，但从未想过用恐龙化石来试一试。毕竟，她何必要去尝试呢？常识告诉我们，如果化石像教科书上写的那样只由矿物质构成，那么当酸发挥作用的时候，什么物质也不会剩下。但她还是决定将一小块霸王龙的大腿骨扔进弱酸性溶液中，她只是想看看会发生什么。而且她还提醒她的助手詹妮弗·维特迈尔（Jennifer Wittmeyer），不要让实验超过限度，否则整个样本将会溶解掉。

但第二天早晨，维特迈尔去取回样本的时候，发生了一些奇怪的事情。她本来想着会找到一大块固体的骨头，但是她用镊子取回的结构却根本不是那样。矿物质倒是去掉了，留下的是一团纤维状的充满弹性的东西，这肯定是有机物。施薇兹说："它看上去就像一块嚼过的泡泡糖。"这就有了证据证明某种柔韧的组织可以在化石化过程中存活。这个证据还证明了，有机物，很有可能是胶原蛋白，自恐龙踏上地球以来，就一直埋藏在恐龙骨头之中。"但这不太可能，"施薇兹说，"有很多人比我聪明得多，他们也一直在做古生物研究，而且比我做的时间要长得多。他们说，这是不可能的。我感到很恐慌。"所以她让她的助手将这个实验重复了好几遍，结果总是一样，这种有弹性的组织可以经得住酸的侵蚀。而且在酸的侵蚀结束后，它看起来就像是现代鸟类骨头经过同样实验所留下来的髓质。

施薇兹推想，也许这种现象是髓质的一个例外。所以她用鲍勃的骨皮质碎片将这个酸性实验重复了一遍，这次，结果甚至更令人惊讶。当酸被冲洗干净的时候，在显微镜下可以看到漂浮着的空心小管。这些小空心管很柔韧，有分叉，并且是透明的，看起来就像血管一样，而且在小空心管里面有圆不溜秋的红色小玩意儿，看起来跟上次一样，很像红细胞。玛丽又一次看到了斑点，但这些还不是她所看到的唯一一类似细胞的结构。在骨基质的纤维之间，还有另一种细胞清晰的轮廓。这种细胞叫作骨细胞。它们在骨头的内部支架中生产出来，并且被困在里面。所以它们便伸出长长的卷须状结构，来和其他的细胞相连。当施薇兹低下头看显微镜时，她所看到的正是这些小五角星似的隆起。看起来，鲍勃体内的有机物水平似乎达到一种新的高度，这在以前的在化石中从未见到过。鲍勃白垩纪的骨头保存水平如此完好，让人叹为观止。施薇兹观察显微镜时所看到的结构，如果不仔细加以区分，很容易被错误地归为属于一只刚刚死亡几星期的动物，而不是几千万年前死亡的。她写的研究报告措辞谨慎，并发表于2005年的《科学》杂志上。结论是，她所看到的恐龙样本保存得极为完好，完好到可以进行细胞层面甚至更深层面的研究。

更深层面，这是个关键词。施薇兹向大家证明了，软体组织和类细胞结构可能在恐龙的骨头里存活数百万年。但比这更深的层面呢？构成细胞、蛋白质、DNA和类似物质的分子，能存活数百万年吗？这些分子也能经得住化石化的过程吗？

施薇兹打算去寻找胶原蛋白，那是一种最常见的动物蛋白，也是施薇兹认为她在那根去掉矿物质的霸王龙骨头中所看到的线索。胶原蛋白是一种结构蛋白质，可以在骨头、肌肉、皮肤和其他组织中找到。它以耐久性而著称，所以寻找胶原蛋白是一个明智的优先选择。

施薇兹深知，恐龙胶原蛋白的发现将会是一个极具争议性的话题。为了发现胶原蛋白，她决定尽可能多地对霸王龙的骨头进行各种不同的实验。在高倍率的显微效果下，可以发现这种物质带有条纹，每一条和另一条之间都精确到 67 纳米宽（1 纳米等于一百万分之一毫米），这种纹路是一种在当今时代胶原蛋白中才能看到的特征。当小鸡胶原蛋白的抗体冲刷过样本表面时，这些物质黏住了。因为鸟类是由恐龙进化来的，所以过去普遍认为，二者的胶原蛋白分子会很类似。所以这个研究显示出，在恐龙骨头中，有一种类似胶原蛋白的物质存在，这种物质可以认出并与现代鸟类的抗体结合。

还有一个锦上添花的发现。在美国哈佛医学院贝斯以色列女执事医疗中心（Beth Israel Deaconess Medical Center）的同事约翰·阿萨拉（John Asara）的帮助下，施薇兹用一台质谱分析器扫描了这些样本。质谱分析器是一种看起来很神奇的黑色盒子，这种机器可以被用来确定构成蛋白质的分子有哪些。他们一共观测了 7 块不同的胶原蛋白碎片，通过将霸王龙的基因序列与一套现代动物蛋白质的数据库进行比较，这些来自白垩纪的碎片上的胶原蛋白被证明与鸟类的非常相似，其次是鳄鱼的。这两种动物群体都是与恐龙血缘关系最近的亲属，而且还存活着。这个观测结果是第一个分子层面的证据，证明了一个人们长久以来一直持有的猜想，那就是鸟类是恐龙在今天的后代。而且更具争议性的是，这次观测即第一次研究显示，恐龙蛋白质可以在化石中存活数千万年。英国《卫报》（*The Guardian*）还发表猜想：这次观测显示出了一个引人入胜的前景，科学家们有一天也许可以效法《侏罗纪公园》克隆出一只恐龙。让恐龙重回世界，现在只是离目标更进了一步，或者只是看起来是这样。

但大家的兴奋情绪很快就陷入了激烈的争论中。研究结果几乎是一出版，就遭到科学家们排队打击。在这队伍的最前面，是来自加利福尼亚大学圣地亚哥分校的计算生物学专家帕维·帕夫纳（Pavel Pevzner），他于 2008 年写的一篇评论堪称以科学的名义所写的最严厉、最让人如坐针毡的批评之一。他把约翰·阿萨拉比作一个小男孩，观察着一只猴子，这只猴子正在执着地摆弄一台打字机；男孩最终看到猴子打出了几个零星的单词；然后，男孩儿写了一篇论文叫作《我的猴子会拼字》。帕夫纳总结说："所谓的蛋白质碎片，不过是一些人为统计出来的结果。"别的地方其他的科学家则表示，施薇兹发现的不过是细菌的浮渣，而不是恐龙蛋白质；或者表示这些结果是由于施薇兹在她的实验室里处理那些现代鸟类样本所产生的污染而虚造的。也许那些胶原蛋白的抗体结合的不是某种古代生物分子，而是一些非有机的替代品；这些结果只是原始蛋白质一种非常精巧复杂的印记或是痕迹，很早以前，在腐蚀过程发生之前，就已经在矿物质中形成了。这一下惹出了乱子，犹如向粪化石里丢砖头，激起众愤。正如 10 年前施薇兹看到斑点时一样，她又一次因为自己的成果百口莫辩。

救星终于来了，它是一只名叫"短短"（Brachy）的鸭嘴龙。这只生活在 8 000 万年前的食草鸭嘴龙（*Brachylophosaurus canadensis*）是新近在蒙大拿州朱迪斯河组（Judith River Formation）发现的。相比起处理鲍勃那三年挖掘中的挥汗如雨，徒手劳作，给骨头表面涂清漆以进行保护，"短短"受到了整套犯罪现场调查般的待遇。考虑到人类细胞可能会污染现场，古代生物分子在重见天日后可能会很快腐蚀，再考虑到防腐剂也许会永久地改变化石的化学构成，穿着防护服的施薇兹和她的同事们提着手提钻，只花了三个星期的时间，就从附近的岩石中把这只恐龙挖了出来。刚挖出来，他们就将这些没有上清漆的遗骸飞快地运往实地建立起来的一间定制的移动实验室。通过层层化验，胶原蛋白又一次显露出它的踪迹。施薇兹认为，这证明了蛋白质或是其碎片确实可以在某种非常特殊的环境中存活 8 000 万年。

当时是 2009 年。今天，施薇兹的发现仍然颇具争议性，仍有很多怀疑论者在怀疑她的成果。但是其他人开始复制她的研究结果。从那以后，胶原蛋白的迹象和红细胞在其他的化石中也找到过。施薇兹还认为她已经在她的样本中发现了隐藏着的其他结构性蛋白质。聚沙成塔，这些研究结果显示，化石中有机物质的保存现象也许比原来想象的更常见。英国伦敦帝国理工学院（Imperial College London）的塞尔焦·贝尔塔佐（Sergio Bertazzo）说："我认为我们迎来了出头之日，人们现在不得不承认这种情况的存在。"贝尔塔佐是那些在恐龙骨头中发现有机物质证据的科学家之一。过去认为化石只是由岩石组成的教条，看起来快要土崩瓦解了。

科学家们可以从化石中重新提取到有机分子，这是一件令人叹为观止的事情。通过他们的工作，研究人员希望进一步探索生物学和已灭绝生物的进化过程。但尽管恐龙是由蛋白质构成的（还有很多其他分子），我们却不能用某种方法，通过几块细小的胶原蛋白碎片就重塑恐龙。这就像试图去建造一艘 5 195 块积木组成的乐高星球大战"千年隼号"（Millennium Falcon）模型，但却只有几小块乐高玩具和盒子上的图片。没有说明书，我们不可能知道其他的零件是什么样子的，或者怎样把它们组装起来。那台旋转激光炮最后可能会粘在那片可分离的驾驶员座舱盖上；而楚巴卡最后可能会顶着莱娅公主的头发。[1] 真是难以想象。所以即使现行的关于恐龙蛋白质的知识可以帮助我们走上正轨，如果没有完整的说明手册，我们也不可能重塑一只恐龙。我们仍然需要恐龙的 DNA。

恐龙 DNA 搜寻行动

然而我们能找到恐龙 DNA 的可能性微乎其微。问题在于，跟胶原蛋白不一样，DNA 是一种极其脆弱的分子，而且某种程度上，跟英国福斯桥有一拼。传说，这座苏格兰最著名的铁路桥庞大无比。等到工匠们把桥梁全部油漆一遍以后，之前刷的漆已经褪色，又得重新油漆了。"给福斯桥刷油漆"，或者如果你住在美国，"给金门大桥刷油漆"，成了一种口语表达，形容一件永远做不完的工作。我们的DNA 也是一样，它必须通过不断的修复来保持良好的工作状态。幸运的是，对于我们来说，这种修复工作是自动完成的。只要我们活

1　楚巴卡和莱娅公主都是电影《星球大战》中的角色。——编者注

着，我们的细胞就能够自动修复，将 DNA 链条中的断裂处修复完整，并将已改变或丢失的核苷酸替换掉。然而，随着我们自身的老化，我们的细胞在这项日常维护工作中再难以保持优势。因此而逐渐积累起来的错误被认为加速了老化的过程，并造成了一些老年病，如阿尔茨海默症。当我们死去的时候，这些翻新工作也彻底停止了。正如我们的细胞和组织开始分解一样，我们的 DNA 也开始分解，分裂成更小的碎片。因为分裂成了更小的碎片，死去生物的基因组变得更加细碎，也更加难以辨认，直到某个时间点，永远消失。

但这没有阻止人们探寻的脚步。1984 年，加州大学伯克利分校的拉塞尔·希古奇（Russell Higuchi）和艾伦·威尔逊（Allan Wilson）首次从已经死去很久的动物身上复原了 DNA。他们从一小块有 140 年历史的肌肉中提取出了分子。这块肌肉来自一种已灭绝的兽类，叫作斑驴。一年后，DNA 又从一具 4 000 岁的埃及木乃伊中被提取出来（详见第二章）。"古 DNA"这个研究领域由此开始崭露头角。在那之前古 DNA 研究者几乎都由上了年纪的遗传学者组成。然而现在，任何年龄段都有研究者对有了年头的 DNA 进行研究。此刻，没有人知道 DNA 可以存活多久。所以，拓展从更古老物种中提取 DNA 的疆界的比赛开始了。

20 世纪 90 年代早期，也就是施薇兹刚开始看到斑点的时候，研究者们声称已经从一整组大洪水前的遗骸中分离出了 DNA。他们有明显的证据显示，DNA 已从很多动植物中提取出来，包括 1 700 万年前的木兰属叶片，一只 3 000 万岁的白蚁，和一只 1.2 亿岁的琥珀象鼻虫。地质世的阻隔一下子倾覆了，像是被绊倒的学步儿童一样。锦上添花的是，在 1994 年，科学家们声称，他们从一根 8 000 万年前的恐龙骨头中提取出了 DNA。

所有这些看起来都太理想了，以至于让人觉得很不真实。如此卓绝的发现让很多学术研究者想破了脑袋。DNA 当然不可能存在那么久，对吧？最终，诺贝尔奖获得者、生物化学家托马斯·林达尔（Tomas Lindahl）指出，根据 DNA 分解的方式，它是不可能经历以上这些时间段的。2012 年，一份研究证实了他的观点。这份研究发现，DNA 只有 521 年的半衰期。尽管这听起来好像是很长一段时间，却意味着在 521 年以后，一个基因组内 DNA 字母两两之间一半的联系都将破坏。500 年后，剩下的那一半联系也将消失，依此类推。680 万年后，每一对字母间的联系都将破坏。这使得比这个时间久远的化石中的 DNA 被复原成为完全不可能办到的事情。20 世纪 90 年代早期科学家们精彩绝伦的断言不过是痴心妄想。他们的实验结果可能是由于少量不必要的污染导致的。化石中不存在 DNA，其实当时所用的放大 DNA 碎片的技术，也就是聚合酶链式反应（PCR），碰巧放大了来自周遭环境的当代 DNA 碎片。

在那些自以为是的断言做出后 20 年，科学家们现在有了近在手边的新技术（见第二章）。他们已经修炼了他们的研究方法，并且可以自信地表示，如果他们真的在古代样本中发现了 DNA，那可是货真价实的，而不是某些恼人的人造品。林达尔的预言经受住了时间的考验。在本书写作之时，世界上最古老的 DNA 属于一匹 70 万岁的马，它被发现在加拿大永久冻土地区；科学家们所抢救出的最古老的人类 DNA，来自一根历经 40 万年的人族[1]股骨。它发现于一个地下岩洞，这个洞叫作胡瑟裂谷（Sima de los Huesos），也被称为西班牙骨坑，位于西班牙的阿塔普埃尔山（Atapuerca Mountains）。我们现在有证据显示，在特殊的环境当中（寒冷干燥地区，如北极地带或是洞穴中），DNA 的碎片有时可以保存数十万年。哥本哈根大学的古 DNA 研究者汤姆·吉尔伯特（Tom Gilbert）说："如果在你待的地方冰激凌不会化，那么你的 DNA 也不会消失。"但除此之外呢？大多数古 DNA 研究人员都认为，分子不可能在数百万年历史的化石中存活。那些冒着风险仍然在恐龙骨头中探寻 DNA 的人都勇气可嘉。

　　但施薇兹没有丧失热忱。"如果你可以从一块 70 万年前的化石中得到 DNA，为什么 100 万年前的不行呢？"她告诉我说，"而且如果你可以从一块 100 万年前的化石中得到 DNA，为什么 700 万或是 7 000 万年前的化石不行呢？"我欣赏施薇兹这种誓不罢休的精神。她有一种直觉可以帮助解释有机分子为何有时能够在化石中存活上百万年。更妙的是，这种直觉还可以帮助她发现把这些分子冲刷出来的方法。

　　施薇兹认为，铁元素是关键。铁元素是一种非常活跃的分子，所以我们活着的时候，它被牢牢地锁在我们的细胞当中。但当我们死后，我们的细胞就散开了。小小的铁纳米粒子被解放出来，生产出高度活跃的分子，叫作自由基。施薇兹认为，自由基有保存功能。它们使其附近的蛋白质团成一块，对腐蚀过程更加具有抵抗力。她

1　一个与我们的血缘关系比与黑猩猩的血缘关系更近的人类种群。我们是唯一现存的人类种群，也就是说所有其他人族都灭绝了。——原注

说："本质上说，自由基和福尔马林的作用差不多。"这种保存作用可以用来解释施薇兹怎样成功地在她的恐龙化石中发现了胶原蛋白的踪影。但这也让她想了解，同样的过程有时是否也可以保存其他的有机分子。万一自由基内保存了 DNA 呢？万一在某些化石内部真的能发现 DNA，这些 DNA 也已经变得无法探测，因为（1）没有人相信 DNA 会在那里，所以没有人会不厌其烦地去寻找，并且 / 或者（2）DNA 在一层铁纳米粒子中被遮掩着，所以成功地躲过了人们的观察呢？

为了验证她的观点，施薇兹使用了一种化学药品，将铁元素从它去除了矿物质的化石样本中移除，然后做了两个标准的 DNA 检测化验。着色剂与 DNA 接触时会发出荧光，当着色剂冲刷过样本时，施薇兹透过显微镜看去，可以看到在看起来很像细胞核的物质里面闪着小小的荧光点。这些荧光点看起来就像是当同样的实验在现代细胞上进行时发生的着色反应，只不过更微弱，着色剂的确和某种物质发生了反应。然后，当施薇兹用可以结合 DNA 的抗体检验样本时，也得出了同样积极的结果，这些古代细胞亮起来了。一年以后跟我在线下谈起这些，施薇兹仍然小心谨慎，不敢出错。毕竟，还没有人发现过哪怕是一点点真正的恐龙 DNA。施薇兹的实验不是设计来提取或解码分子的，她并没有得出任何惊世骇俗的结论。她的实验只是设计来看看分子的碎片是否仍然存在，这才是明智的第一步。施薇兹的实验揭示出，在她的恐龙细胞内部，的确有某些物质存在。但她能肯定的只有这种物质在化学成分上和结构上都与 DNA 相似。"我们发现了 DNA 的鲜明特征，"施薇兹说，"但是我们不能肯定地说这就是

DNA。"并且尽管这种物质在恐龙细胞内部被识别出来了，施薇兹还不能肯定地说这个微小颗粒来自恐龙。正如 20 世纪 90 年代的研究者们付出了代价才发现的那样，古代骨头样本实在是太容易被来自别处的 DNA 所污染了。

但假设这个研究结论可以被重复，假设有时，只是有时，DNA 确实超出大多数人所想象的可能性限制而被保存下来，那么下一步就是尝试提取出分子，并且解码它的化学构成，以此来解读或是测定基因序列。但那的确是个大难题。

想象我们打印出了已录制的埃尔维斯·普雷斯利每一首歌的歌词——关于流行艺术的七百多份零散资料，然后分多次把它们放入一台碎纸机。接下来，仓鼠的碎纸屑床铺完成！你仔细查看这些碎片，无数的小纸片划过你的手指，就像是五彩纸屑一般。你能得到词语或短语的碎片或暗示，但是没有办法把他们重新粘合起来。信息还在那里，但已是无法使用的形式。《谜思》（*Suspicious Minds*），以及较少人知道的音乐瑰宝如《跑车里没有伦巴的空间》（*There's No Room to Rumba in a Sports Car*），或者《瑜伽就是瑜伽给你的》（*Yoga Is as Yoga Does*），这些歌的歌词永远都找不回来了。同一个道理，施薇兹也许能探测到恐龙 DNA 碎片式的遗存，但是霸王龙数十亿字母那么长的基因组，只通过这些破碎的零料是无法重建的。我们不可能在化石中找到制造恐龙的配方。

不可能实现的梦想

很显然，研究者们如果想要让恐龙之王重回世界，需要采用一种不同的策略。非常古怪的是，这个答案也许竟然存在于《侏罗纪公园》的某个领域。不在于电影本身，也不在于电影中所使用的方法，而在于电影的主角所获得的灵感。施薇兹的导师杰克·霍纳，不但是《侏罗纪公园》系列电影的科学顾问，而且是带给这部电影主要演员之一——古生物学家艾伦·格兰特灵感的人。霍纳认为他可以不用古代恐龙DNA就在短短十年内制造一只恐龙。他所需要做的"所有事情"就是使得进化倒退。

想象一下，我们可以把时钟倒转，回到这样一个时代——相似的、有亲缘关系的生物都有着共同的祖先。比如曾生活于大约50万年前的智人（*Homo sapiens*）和穴居人的共同祖先。不过，让我们回退得再远一点儿，这些共同祖先也有共同的祖先，也就是大约700万年前人类和猿类的祖先。现在让我们继续时光穿梭，回到大约6 500万年前，我们也许会遇见灵长类动物和啮齿类动物的共同祖先。然后我们继续穿梭，在我们回退历史的过程当中，似乎毫不相干的动物种群开始通过他们共有的进化历史联系起来，直到我们遇见了地球上所有生命体全体共同的最终祖先——一个生活在38亿年前的单细胞生物。将时钟倒拨，你就会看见进化的倒退。那棵巨大复杂的生命之树，被修剪成一条极度简化的巴西飞机起落跑道。

霍纳的观点是，如果我们能带着一群恐龙的现代子孙，让进化史倒退，最终我们将得到一只恐龙。霍纳说："这听起来很疯狂，但是并不是不可能的。"

那么第一步就是去找到一只活着的恐龙后代。这是很简单的，在我的花园深处就有四只。它们定期出去放风，在遇到合适的对象时会产蛋，而且还会骚扰我的狗。但是它们宽容的天性却是从他们狂暴的过去进化来的，虽然二者看起来似乎毫无联系。它们就是小鸡。事实上，所有的鸟类，正如前文所提到的，都是恐龙的后代，尤其是两只脚的掠食族恐龙，也被称为兽脚类恐龙。在这个大家族中，包括了霸王龙和伶盗龙。分化大约开始于 1.8 亿年前和 1.6 亿年前之间，那时飞行类恐龙，或者说"鸟类"（后者是众所周知的叫法），从进化之树的一根树枝上掉下来，而兽脚类恐龙在另一根树枝上继续进化。化石记录详细地记载了这个进化过程。早期的鸟类正如你所想象的那样是介于不会飞的恐龙和现代鸟类之间的进化体。这之中最著名的要数渡鸦大小的始祖鸟（*Archaeopteryx*）了。始祖鸟有着鸟类的翅膀和羽毛，但它的牙齿、口鼻部、多骨的尾巴和尖牙利爪则属于恐龙。然后由于自然选择和时间的推移，牙齿和尾巴消失了，口鼻部变成了鸟喙，翅膀也成型了，而它们的祖先却死于希克苏鲁伯陨石带来的辐射性微尘。现代鸟类在天空翱翔，这些恐龙的后代在我们身边比比皆是。

因此第二步就是取一个现代鸟类的胚胎，然后促使它发育为某些类似其遥远恐龙祖先的动物。听起来很牵强，但确实存在这样一个事实：有时活着的现代生物会展示出独具特色的古代特征。食火鸡是一种不会飞的大型鸟类。他们的双腿和翅膀比起人类的手部更为强壮有力。但是看看食火鸡的胚胎你就会明白，它们曾一度进化出有三根爪趾的前肢而不是有一根趾的翅膀。在动物王国的其他地方，蛇类有时生来就有后腿，海豚有时生来就有后鳍，而人类有时生来就有尾巴。这种现象叫作返祖现象，这些特征是动物在共同进化史上遇到的祖型重现。所有生物都是同一个四肢动物的后代，大约 3.9 亿年前，它爬出水面，来到陆地上。有时这些特征确实存在，这种现象说明，用来形成这些生物的基因指令也仍然存在。霍纳需要做的就是找出这些指令是什么，然后找到一种激活它们的方式。

他在自己于 2009 年出版的一本名为《怎样打造一只恐龙》(*How to Build a Dinosaur*) 的书上勾勒出自己的想法，然后又在 2011 年的一场 TED 演说中重申了这些想法。这场 TED 演说已经获得了超过 200 万的点击量。通过参与小鸡胚胎的研发项目，他希望促使小鸡胚胎发育成为恐龙，发育出恐龙的特质，如牙齿和尾巴，因为它们与恐龙存有某种内在联系。他的计划建立在过去的几十年间形成的现实基础上。也就是说，即使生命以各种各样不同的形式存在，所有的动物，从果蝇到人类，到小鸡，再到恐龙，都拥有类似的基因机制。这种基因机制决定了他们身体的布局。比如说，用来形成果蝇复眼的基因就与另外一些基因非常相似。后者形成了——打个比方——你的眼睛，或是我忠诚的宠物狗深情的棕色双眼。大多数用来形成老鼠前爪的基因，与控制人类双手发展的基因也非常相似。不同的是基因活动的模式，也就是在发育中的胚胎里基因变化的方向、时间和持久度，而这又相应由一组复杂的控制机制来协调。如果你愿意的话，这组控制机制也可以叫作"基因切换开关"，其中最著名的要数同源盒基因(*Hox* genes) 了。这是一种为叫作转录因子的蛋白质编码的基因，这

种蛋白质附着在离基因很近的特定 DNA 序列上，这样就能将 DNA
来回切换。基因切换快速进行着，改变的是特定基因表达的方式，而
不是基因序列本身。这样你就可以创造出看起来与它们自己的天然
形态完全不同的动物。对这种事情，阿热哈特·阿布扎诺夫（Arkhat
Abzhanov）再熟悉不过了。

变形记

阿布扎诺夫跟霍纳不一样，他不想制造一只恐龙。作为一名哈佛
大学的进化生物学研究者，他对找出进化进行的原理，以及细胞层面
的变化怎样造就身体构造方面更为显著的变化等更感兴趣。所以他小
心翼翼地在一个很普通的鸡蛋壳上凿出一个洞，然后把一种事先准备
好的特殊溶液滴在发育中的胚胎表面。接着就是观察和等待。几个星
期后，他看到了一些意想不到的事情，9 000 万年以来都没有在鸟类
身上出现过，这只幼小的鸡雏长出的不是鸟喙，而是一只长鼻子。

当时是 2015 年。现在让我们将历史的影像倒回去一点，来了解
一下之前发生了什么。2004 年，阿布扎诺夫证明，基因表达的改变
可以导致形态发生细微变化。将小鸡胚胎中一个特定的基因表达水平
做一点儿小小的改变，它就会发育成为一个长着鸟喙的职业拳击手，
更适于压碎坚果，而不只是啄食谷物。这就使他想知道是否类似的改
变有可能引发更加显著的身体构造方面的变化，像是从恐龙的口鼻部

进化并过渡为鸟类的鸟喙一样。

因为没有活恐龙可供研究，在经过仔细斟酌之后，阿布扎诺夫决定选择鳄鱼来进行研究。他的推理是这两种动物的口鼻部可能是以相似的方式进化的。我们知道，鳄鱼的口鼻部由一组成对的骨头构成，这种骨头叫作上颌骨前区。鸟类也有上颌骨前区，但随着进化，他们的这部分骨头长在了一起，并延长为鸟喙。阿布扎诺夫将鸟类和鳄鱼的胚胎放在一起进行比较，发现它们二者帮助形成面部特征的蛋白质以不同的方式表达。他发现，在鳄鱼的胚胎中，当口鼻部开始形成时，会在脸部的两侧看到一片片这种蛋白质的分子；但在小鸡的胚胎中，他发现这种蛋白质分子出现在脸部的中央及内侧面。他陷入了沉思，如果将中央部位的分子表达移除，那么也许小鸡胚胎就会发育出口鼻部。所以他在凝胶珠中加入了一种分子，这种分子可以与上述两种蛋白质结合并使这两种蛋白质都失去活性。接着，他在蛋壳的表面划了一个小口，并将小珠子放在发育中的雏鸡脸部的正中间。然后他把小口封上，把鸡蛋迅速放入孵化箱。果然，小鸡发育出一对上颌骨前区，而不是鸟喙。阿布扎诺夫说："这看起来就像是始祖鸟曾有过的那种口鼻部。"所以如果小鸡胚胎可以被诱导长出口鼻部，我们还能使它们长出其他什么呢？

1999 年，马尔科姆·洛根（Malcom Logan）和克利福德·塔宾（Clifford Tabin）两人当时也都在哈佛大学，在正常小鸡胚胎的翅膀发育过程中，引入了一种为转录因子编码的基因，叫作垂体同源框 1 基因（*Pitx*1）。小鸡们没有长出翅膀，而是开始长出某种有点儿像腿的东西。这些看起来很奇怪的前肢长着腿部肌肉，在前肢末端还长出爪的雏形。2005 年，同样在哈佛，马修·哈里斯（Matthew Harris）改变了一种蛋白质的表达水平，这种蛋白质叫作贝塔连环素（beta-catenin），存在于小鸡胚胎的颌骨部位，然后他发现这些小鸡长出了牙齿。两排整齐的圆锥形牙齿沿着小鸡的颌骨线排布着，就像鳄鱼白森森的牙齿一样。这是一种会咬合的鸟，这也证明了母鸡的牙齿并不像是……好吧，母鸡的牙齿那么罕见。

霍纳希望整合所有这些发现并在发育中的小鸡胚胎上设计出如下特征：牙齿、口鼻部和前肢。此外，他还发现了一系列的基因改变，他认为这些基因改变造成了原始鸟类尾巴的消失。他说，只要学会逆向改变这些基因信号，有一天我们就可以使得前面那只小鸡胚胎再长出一根长长的、带有关节的尾巴，而不是趾高气扬的尾综骨。他承认，这需要在发育的不同阶段对多种系统做出多种改变，但他希望最终的结果，将会是一只看起来很像虚骨龙的动物，也就是包括霸王龙在内的兽脚类肉食恐龙的亚种。

霍纳把他创造的生物叫作"鸡仔龙"。它会跟小鸡大小一样，长满了羽毛。它是一只袖珍恐龙，还是一块看起来很奇怪的周日烤肉，这取决于你怎样看待它了。一只新时代的新式恐龙——霍纳希望这个新创造可以激发一代人的灵感。因为改变的是基因表达，而基因序列本身不会改变，所以从遗传学角度讲，这只生物仍然是一只小鸡。霍纳认为，这意味着这种生物仍然有和小鸡一样的行为方式，跟今天生活着的数以亿计的其他家禽一样不会带来危险。并且，即使它真的变得太活跃了，我们总是可以把它做成烧烤的，只要没有人想吃鸡翅就行。

　　我喜欢霍纳，我喜欢他的与众不同。其他古生物学家弃如草芥的东西他会冒险去做，会提出大胆的想法，会做得有血有肉。但是我也禁不住思考，他的想法有一点儿天真了。很多生物学家确实是在小鸡胚胎中创造出了一些恐龙式的特征，但他们离真恐龙还相距十万八千里。马尔科姆·洛根现在工作于伦敦国王学院，他在自己1999 年的研究中说："我们最终得到的小鸡会长着一只奇怪的手。"因为道德伦理方面的规定，这些胚胎永远不可能被孵化，所以也没有办法知道，它们是否四肢健全，或者这些胚胎是否能存活。我们只能肯定地说，洛根设想出来的"手"离真正意义上的霸王龙绝对还有很长一段距离。

　　同样，也许小鸡的基因组确实包含某种潜在基因指令来形成口鼻部、前肢或尾部。将这些潜在基因指令与引导恐龙发育的基因指令等同起来，也是一大飞跃。化石记录表明，很多这种形态上的过渡或改变大约在 2.3 亿年前兽脚类肉食恐龙进化的时候就已经开始了，说明形成恐龙的基因指令不仅很古老，更可以断言的是，它们是三叠纪的产物。因为这些基因指令已经休眠了很长时间，所以其中一些很有可能已经丢失了。我们知道，现代鸟类在官能上并没有适于形成牙釉质或牙本质的基因序列，但是为了继续讨论，我们假设那种基因指令仍然存在。然后呢？我们现在明白，基因不会孤立发挥作用。如果我们改变一种基因的活动，通常情况下，我们也会改变其他基因的活动。有时后果还是难以预料的。我们也许能使一只小鸡长出尾巴，结果却发现我们制造出了意想不到的问题。小鸡其他的细胞、组织，甚至最终许多身体部位，也许不能正常发育。这只小家伙也许会死在蛋壳里。此外，看起来似乎一模一样的胚胎对看起来似乎一模一样的干预有什么样的反应，也存在很大的变数。这就使霍纳的想法，听起来过于乐观了。

我宁愿让他证明我是错的，但是我认为，充其量霍纳也许可以干预遗传路径，以此来创造一只并不成熟的模拟恐龙。看起来很像物种原型的特征也许可以再造，但物种原型无法再造。我们只能说，支持霍纳梦想的研究所产生的收益可能远远超过了拥有古怪外形的小鸡活动的领域。弄清控制胚胎发育的机制是生物学的一项基本目标，理解动物们怎样从单个细胞变为一个成型的胚胎，可以在出问题时帮助我们理解发生了什么。所以，对控制胚胎尾巴发育的机制进行研究，可以转化为脊柱疾病的新型治疗方法；对引导四肢形成的信号进行研究，可以增加对先天肢体异常情况的了解。毋庸置疑，这种类型的研究应该继续。但是一起来搞研究，目的是制造一只长着牙齿的丑陋小鸡，这对我来说是不可接受的。我们不可能从恐龙化石中提取到DNA，将来基本上也不可能。所以制造霸王龙的真正配方也许永远都找不见。如果我不能让霸王龙重回世界，我就必须找到其他什么东西来反灭绝复育。

第二章

穴居人之王

　　春天，罂粟花沿着人行小道排列成行。这条小道人迹常至，通向沙尼达尔洞穴（Shanidar Cave）。岩石山坡上，树木扎根，比比皆是；山麓小丘上，青草茂密，漫山遍野。远处，沙尼达尔洞穴的洞口大大地张裂着，俯视着那些勇敢的攀登者。洞口呈三角形，给山脊刻下一道深深的黑影。就在这里，60 年前，挖掘出了 7 个成人和 2 个儿童的尸骨。他们被深深地埋在黑黝黝的深渊中，到被发现之时，也就是他们掉下去上万年之后，他们已经是一堆骨头了。但是，通过研究他们的遗骸，研究者们已经成功拼凑出了很久以前一个非凡的故事，具有一部好莱坞商业巨片的所有特征。在这个故事里，有暴力，也有艰辛；有同情，也有希望。这是一个关于非凡勇气和克服重重困难而生存的故事。但最重要的是，这个故事使我们重新认识了作为一个人意味着什么。

　　沙尼达尔洞穴位于伊拉克北部扎格罗斯山（Zagros Mountains）的山丘上。这些由美国考古学家拉尔夫·索莱茨基（Ralph Solecki）和他的团队辛苦挖掘出来的尸骨属于一个已灭绝的古人类种群——尼安德特人（Neanderthals）。我们所讲的这个故事，聚焦于第一具被发现的尸体。他是一个成年男性，研究者们给他起名为"沙尼达尔1号"，或者简称为"南迪"（Nandy）。他是研究者们所找到过的最完整的尼安德特人的骨架之一，但当研究者们意识到他当时所处的境况时，都感到难以接受。这个成年男性头骨的左半边本来应该是光滑、浑圆的，却被毁得不成样子；他的右臂，或者说右臂剩下的部分，折断了，残肢在手肘的部位萎缩；他脚上的骨头也断了，右小腿还有关节炎。

　　第一眼瞥去，尸检呈现出一幅主角走了极端霉运的情景。他头骨上的撞击也许是一块掉下的岩石造成的，这就使他的视力受损，身体的半边瘫痪。他右臂的末端当时已经被截肢了，可能是有意而为之，或是由于某些恐怖的事故。他的关节炎会造成持续的疼痛，他行走会相当不便。

　　我们可以单单从骨头中知道这么多关于一个生命的故事，已经很令人印象深刻了。但是，更多故事还在后面。南迪的尸体在冰川期之前曾保存得更好，这不足为奇，毕竟冰川期的生活并不轻松。不同寻常的是，他折断的骨头有曾经愈合过的迹象。尽管各种各样的伤痛给南迪造成了重重困难，他却从中恢复过来，并继续生活了一段时间。失明、瘫痪、持续的疼痛，不知怎的，南迪成功地克服了他的残疾，最终死于40岁，这个年龄对于尼安德特人来说已经是很成熟的老年了。但是，他不可能一个人活这么久。受伤之后，南迪就失去了打猎、奔跑或者自我防卫的能力。那时，周围有剑齿虎和洞熊，南迪极易受到攻击，他需要帮助。某个人或某些人一定给他带来了食物，保证了他的安全，并且帮助他维持生活。在需要的时候，南迪的朋友们出现了。索莱茨基总结说，直到南迪死去的那一天，他的同伴们都一直接纳着他，供养着他。

在残忍的事实和痛苦的感受之后，这个故事有一个幸福的结局，南迪并没有被抛弃而死。尼安德特人对他们残疾同伴的关怀，他们照顾老人，照料病人，在很大程度上鲜为人知。我们的主角度过了他最后的时光，这个故事的片尾字幕还得由帮助过他的配角后援团来领衔。

遇见祖先

尼安德特人是公认的穴居人之王。作为远古人类已经灭绝的一个种群，他们兴盛于欧洲、亚洲部分地区和中东地区，一直到更新世末期。他们身材粗壮，肌肉线条明显，很像今天东欧地区的铅球运动员，但毛发要茂密得多。在没有剃须刀和脱毛配方的时代，这些史前人类把它们看不见下巴的脸埋藏在蓬乱的络腮胡子下面，突出的眉脊也被挡在凌乱的长发绺底下。6万年前，他们在亚洲活动，在那之后，就到欧洲了。然后大约4万年前，尼安德特人消失了（没有人知道准确原因），而我们现代人类陆续穿过大陆，慢慢地接管了世界。虽然尼安德特人可能灭绝了，但他们仍然是我们人类最近的亲属。让一个尼安德特人重归世界，就等于见到了我们祖先中的一位古老成员，等于在时间的长河中往回走，窥探人类进化的历史。这是史无前例的。

能与一位尼安德特人面对面，找到关于我们之间相似和不同之处的第一手材料，自然是相当具有吸引力的。如果他们把脸刮干净，衣着得体，而我们就在公园长椅上和他们并排坐着，我们会注意到他们吗？如果我们注意到他们，我们能顺畅地交谈吗？我们能成为朋友吗？能一起逛夜店吗？尼安德特人能保有一份工作，经营一段婚姻，或是享用一顿现代美餐吗？他或她会在多大程度上保有人性呢？我们是否应该反灭绝复育他们，这是个问题，我将在后面讨论。但是就目前我们进行思维实验的时候，你不得不承认，这是个好主意。

自从尼安德特人第一次被发现，他们就吸引了我们。早在1856年在德国尼安德谷一个石灰岩采石场，我们就第一次发现了尼安德特人。自此以后，他们就深深地吸引了我们。那些生活在维多利亚时代的人，认为上帝在几千年前根据自己的形象创造了人类。他们怎么都不能接受，这些看起来很原始，长着突出眉骨和粗壮罗圈腿的骨架可能属于人类。相反，他们把尼安德特人的骨架称为某种早期原始世界"缺失的一环"。他们认为尼安德特人只是一种愚蠢的猿类生物，没有任何可取之处。他们水桶状的胸脯永远也不可能挤进内嵌鲸骨的束腰。他们样貌丑陋，又缺乏经验，永远也不可能参与槌球游戏，或是细细地品茶。维多利亚时代的人总结说，尼安德特人是野蛮的次等人。

从那以后，这就成了一场诽谤运动的开端，一直困扰着尼安德特人，更别提现代科学中最持久热烈的辩论之一了，那就是尼安德特人有多成熟，或是相反，有多不开化？甚至是今天，在考古学家已经对数以百计的不同个体遗骸进行深入探究思考并发现充分的证据能为尼安德特人正名之后，他们还被认为是手持大棒槌、腰间遮块布的野蛮人。在流行文化当中，他们经常呈现出邋遢的穴居人形象，双肩前倒，指关节拖在地上，像今天的青少年一样说话，口齿不清地嘟囔着，做着含糊的手势。甚至在日常会话中，尼安德特人这个术语也被用在贬义的场合。称某人为尼安德特人，就是他体毛浓密、愚蠢暴力。尼安德特人一直是一些有关进化过程笑话的嘲弄对象。一个尼安德特人走进一间酒吧，然后……什么都没说，他甚至不会说话。最糟糕的是，他们无法为自己辩护，因为他们根本就不在场。当一个人不存在了，就去讨论端他的事情吧！

其实，相比起其他已灭绝的古人类种群，我们从化石遗骸和其他线索链中对尼安德特人的了解是更深入的，所以对尼安德特人的刻板印象是不公平、无根据和没必要的。南迪的故事向我们展示了尼安德特人同情和友爱的能力。一个能够关怀老弱病残的古人类种群，与我们的差别并不大。这些人一定已经结成了紧密的社会纽带，就跟我们今天所做的一样，远非野蛮状态。他们关注彼此，在同伴落难时给予关怀，所以别忘了，也许他们更易融入我们中间。

但我们能让穴居人之王重回世界吗？此刻，我也许应该强调一下，据我所知，没有人在认真地计划着复活尼安德特人。但在我为这本书进行调研的时候，我和各种德高望重的资深研究者都交谈过，他们所有人都告诉我，制造出一个尼安德特人是完全有可能的，不需要克服某些至今还未解决的技术难题，只需要我们现在已有的专业技能、成套工具和研究团队。

　　至少，反灭绝复育尼安德特人对化解针对他们的诽谤活动能有一些作用，可以为南迪和他的同族做些急需的正面宣传。这肯定有助于为"他们长什么样"的辩论提供信息。骨头可以在化石记录中保存下来，但软体组织和器官通常会腐烂掉。复活尼安德特人，让他们的骨头上长出血肉，就是要对骨头进行翔实研究。这样我们不但能了解他们长什么样，而且能知道它们的行为方式，以及他们能做的事情。这种项目可能还有更远大的目标。哈佛生物学家乔治·丘奇（George Church）我在后面还会提到很多次，他在著作《新生》（*Regenesis*）一书中强调，复活一个与我们同类的人类种群，不仅仅会满足学术好奇心。他表示，这也许会帮助我们以不同的方式反思我们自己，并让其他形式的人类智能和不同思维方式借鉴我们的洞见。这还可能对健康有益，万一尼安德特人最后证明对于比如艾滋病病毒或是导致肺结核的细菌有天然的抵抗力呢？从他们的生物构造中所收集到的见地可以用来帮助培育适于我们自己的新疗法。通过研究他们的胚胎发育，我们也许能够加深对我们自己胚胎发育过程的了解。而且如果尼安德特人真的进了酒吧，我愿意待在那里，给他们买一杯啤酒，当然是加冰的，然后听听他们真正想说的是什么。

难闻的腐臭味

　　如果虔诚第一，清洁第二，那么，施温提·柏保（Svante Pääbo）几乎可以与云朵中的小天使相媲美了。他是一位瑞典生物学家，他的事业建立在近乎偏执的清洁标准之上。柏保是德国马克斯·普朗克进化人类学研究所（Max Planck Institute for Evolutionary Anthropology）所长。这是一座外形优美、因特殊需要而建造的研究设施，位于德国莱比锡。柏保在这里的工作是从化石中恢复 DNA，为此他无所不用其极。为了最大限度地降低污染物干扰他的实验的可能性，他近乎狂热地保持他的样本、研究人员和实验室的绝对清洁。就这样，他改变了我们认识人类历史的方式。他已经从一块发现于西伯利亚洞穴的指骨中得到了 DNA，这表明一个之前未知的人类种群曾存在过，这个人类种群叫作丹尼索瓦人（Denisovans）。并且他还测定了尼安得德人整套基因组的序列，从我们阴暗遥远的过去当中揭露出以前意想不到的隐秘。通过科学严谨和细致入微的研究，柏保做得比任何其他研究者都要多，他毫无争议地成为古 DNA 领域的领军人物。

　　在柏保的古 DNA 事业起飞之前，他曾烹制过一块令人反胃的肝脏。那还是在 20 世纪 70 年代晚期，当时柏保正在研究病毒学。他听说了一些关于新技术的消息，研究者们可以通过这些新技术提取和测定 DNA 序列。从童年起就对古埃及着迷的柏保不由得想知道，是否可以从埃及木乃伊中恢复 DNA。当时大家公认这项任务是不可能完成的，这些裹着绷带的尸体已经被搁置了太久，DNA 不可能留在里面。但是柏保的推理是，如果分解 DNA 的酶需要水来发挥作用，既然这些远古组织已经脱水或成了干尸，那么分子也许仍然留存。他设计了一个实验来验证他的观点，但是因为这不是他的本职工作，他决定把这件事对他的导师隐瞒下来。

由于无法接触到埃及木乃伊，柏保不得不自己制作木乃伊组织。他去了当地的超市，买了一些牛肝，放在实验室的炉子里，调了低温，然后就任由牛肝腐烂。24 小时后，这些腐肉的臭味充满了整个房间，他暗中进行的食物烘烤比赛面临暴露的危险。但是空气很快散开了，几天后留下的就只有一大块干巴巴的肉。米其林的审查官很有可能会像检查轮胎胎面一样看看这块肉，而不是赏给它一颗星[1]。这块肉也许已经过了它的保质期，但是令柏保非常高兴的是，肉中的 DNA 并没有过保质期。脱水过程并没有毁掉所有细胞的遗传物质，还是可以找到细小的碎片。

柏保认为，如果 DNA 可以在煮煳的晚餐中找到，也许它真的也可以在法老的干尸中找到。在德国东柏林的国家博物馆，柏保得到了接近 20 具木乃伊的权利。但当他提取样本，从中探测 DNA 的时候，却全都落空了……只有一具例外。柏保因为一具有 2 400 年历史的儿童木乃伊中了头奖。他认为是时候说出他秘密实验的真相了。柏保告诉了他的主管，结果得到了满满的祝福。于是柏保在《自然》（*Nature*）杂志上发表了他的研究成果，而且成功地抢占了封面，封面上赫然印着一具木乃伊教学演示模型，雅致地裹着 DNA 的外衣。

“那篇《自然》杂志上的论文引发了热烈的讨论。”来自丹麦哥本

1　1900 年，米其林轮胎的创办人为旅客在旅途中选择餐厅出版了一本《米其林红色指南》，每年对餐馆评定星级。——译者注

哈根大学的古 DNA 研究者汤姆·吉尔伯特说："人们确实很兴奋。"由于柏保的发现，提取来自遥远过去 DNA 的前景，不再是白日做梦。一下子，每个人都想参与到这场行动当中。从那以后，古 DNA 研究的西大荒年代开始了，一时间，似乎任何热衷过古 DNA 的人都一试身手，做起了提取试验。声称发现了远古 DNA 的消息占满了新闻头条（见第一章）。研究者们声称已经从植株、昆虫和恐龙的化石中找到了 DNA，但当他们意识到在实验中很有可能掺杂进自样本处理者的现代 DNA、从而干扰实验结果时，所有的一切都土崩瓦解了。因此，需要采取极端的措施。如果柏保想要信赖他的实验结果，他就必须确保他所发现的 DNA 确实是古 DNA，而不是某些现代污染物。他的极端洁癖因此而正式开始形成了。

在德国慕尼黑大学（University of Munich），他建立了世界上第一所古 DNA "无菌间"。这是一个没有窗户的小单人间，柏保用漂白剂净化过，并且保持得极其整洁。任何在那里工作的人都必须穿戴着犯罪调查现场的工作服、手套、面罩和发网，以确保他们自己的 DNA 不会污染他们所研究的样本。稳妥起见，柏保决定用已灭绝动物来练手，而先不用远古人类。他的推理是，即使他确实在化石中发现过人类 DNA，也没有办法分辨这个 DNA 是来自远古人类，还是来自他自己的实验室成员。所以当他成功地从一匹 2.5 万岁的马中，然后又从一头 5 万岁的猛犸象中分离出 DNA 片段时，他十分肯定，发现的 DNA 是真正的古 DNA。因为毕竟他的实验室里是不会游荡着冰川期的马或猛犸象的。

直到那时，他才开始将注意力转移到尼安德特人身上。由于很多原因，尼安德特人似乎是一个很好的研究选择。首先，他们是我们进化史上最近的亲属。他们生活的年代离现在非常近，所以它们的骨头很可能仍然含有 DNA，同时还仍然属于古 DNA，这很令人欣慰。他希望通过研究尼安德特人和现代人类的基因差异，研究者们可以发现使尼安德特人，进而使地球上其他每个人和每样事物区别于我们最早期祖先的关键变化。这可能帮助解释为什么尼安德特人制造的是初步工具，猎捕的是猛犸象，而我们掌握了通过发短信、打电话来叫一份比萨外卖的能力。这可能帮助廓清为什么尼安德特人可以创造文化、艺术和抽象思维，却从没创造过社交媒体，或是西斯廷教堂。这些差异可能帮助解释为什么尼安德特人消失了，而我们兴盛了。从尼安德特人的 DNA 中，柏保希望窥见人类的生物起源。

柏保得到了接触德国国宝的权利，它是已发现的第一具尼安德特人骨架，收藏在德国波恩博物馆里。通过一小块来自化石右上臂的样本，柏保又可以创造他的奇迹了。在他从商店购买牛肝来提取 DNA 的 16 年后，他又成为第一个从远古人类样本中分离出 DNA 的科学家。同所有之前进行的声望在外的古 DNA 研究一样，柏保没有选择从细胞核中提取 DNA，而选择了其他的隐蔽处，也就是一种叫作线粒体的微型能量制造结构，因为那里的 DNA 更加充沛。一个细胞中可能有数千个线粒体，而一个线粒体中可能有数百组 DNA。相比在一个常规细胞核中只能发现两组 DNA，找到线粒体 DNA 看起来像是一个相对容易实现的目标。所以柏保从尼安德谷的标本中提取的不是细胞核 DNA，而是线粒体 DNA。这让人眼前一亮，但是如果研究者们想要真正解开尼安德特人的基因奥秘，他们需要的就不只是线粒体 DNA 了。我们知道，基因组是由线粒体 DNA 和细胞核 DNA 构成的，但是，构成整个基因组序列 99.9995% 的是细胞核 DNA。所以如果柏保想要解码整个尼安德特人的基因组，他必须能够从尼安德特人的细胞核中提取 DNA。

然而彼时彼刻，没有人知道这是否有可能实现。最终，为一劳永逸地解决这个问题，他用到了一些非凡的粪便。

人中黄之巅

20 世纪 90 年代晚期，一位加拿大遗传学家亨德里克·波伊纳（Hendrik Poinar），在柏保的实验室中工作。他当时正在研究"分子层面的粪便分析"，专有名词叫作"粪便化石研究"。对于波伊纳来说，最有研究价值的粪便当数已灭绝动物美国莎斯塔地懒（*Nothrotheriops shastensis*）的远古粪便。这是一种和熊一般大小的食草动物，来自上个冰川期。和我那么多的前男友一样，这种动物有着长长的粗毛，嘴形夸张，双肩前倒，靠指关节帮助行走。不过，与我的前任不一样的是，它吃的是植物，而且食量超大。今天美国西南部的洞穴中，还存留着许多地懒粪便。在亚利桑那州大峡谷土城墙洞遗址（Rampart Cave in the Grand Canyon），两墙之间的地面上铺满了粪球。虽然粪便也许称不上是活生物，但是它们仍然包含有 DNA。并且在过去的几千年中，洞穴地面上的地懒粪便已经变成了化石。

波伊纳研究了这些粪便的化学构成，发现它们带有一些不易察觉的反应迹象，一般在厨房里才能看见。这种反应叫作美拉德生化反应（Maillard reaction），发生在普通的蔗糖长时间受热后。经过这种反应，蔗糖分子与蛋白质和 DNA 形成化学交联，产生一摊胶状复合物。这种物质使焦黄色的食物，例如面包和牛排产生焦糖味。波伊纳的实验显示，几千年以前，当温暖的粪便慢慢地在洞穴地面上发酵时，也发生过同样的反应。在反应过程中，古 DNA 与其他的分子交缠在一起，意味着用来探测和使古 DNA 扩倍的方法——聚合酶链反应法，是不可行的。但是，美拉德生化反应是可逆的。当在烤好的面包中加入一种特别的化学物质，这种化学物质可以打破 DNA 与分子的缠结，从而使面包又变为面团。于是波伊纳在他的粪化石样本中加入了同样的化学物质。然后他惊喜地发现，化石内部的 DNA 可以从交缠中解放出来。而且他不仅观测到了线粒体 DNA，还发现了细胞核 DNA。这个实验显示，有时细胞核 DNA 可以在远古化石内部存活，并且从中提取出来。而且如果可以从冰川期的粪便中提取细胞核 DNA，那么也许我们也可以从其他生活在冰川期的人、动物或植物中将 DNA 提取出来，包括尼安德特人。

最终要使梦想成真，还需要几年的时间和一些重要的新装备。就当时来讲，选用什么方法从远古样本中提取 DNA 是一个大问题。到那时为止，研究者们已经用过了聚合酶链反应。这个反应可以使 DNA 的细小碎片在数量上扩倍，这样就可以研究古 DNA 了。但这个方法因容易混进污染物而广受诟病。只要样本中有一丁点现代 DNA，比如说来自样本处理者留下的皮肤细胞，或是来自实验室里的一粒灰尘，通常情况下，我们扩倍的正好就是这个现代 DNA。于是，现代的干扰性 DNA 淹没了样本，样本就这样被完全毁掉了。整个过程令人沮丧，实验结果也靠不住，这使得柏保意识到，研究者们需要新的技术。

在 21 世纪的头 10 年，新技术以"新一代测序技术"（NGS）的名义出现了，它听起来非常像《星际迷航》（Star Trek）的桥段，而且跟这部电视剧一样，新技术很快拥有了一个忠实的粉丝团。这个粉丝团由科学迷们组成，他们都拥趸新技术，而不愿意再使用原来的方法。新技术也是基因测序技术，但不是我们知道的那种。聚合酶链反应每次只聚焦于一个特定的 DNA 碎片，而新一代基因测序技术可以一下子读取或者测定一个样本中成千上万的所有细小 DNA 碎片的序列。新技术消除了聚合酶链反应过程的弊病，这样研究者们就不需要担心现代污染物会淹没他们感兴趣的 DNA 了。

柏保被震撼了，所以他自己买了一台新一代基因测序机器。在对数量惊人的 100 万个尼安德特人 DNA 碱基对进行基因测序之后，柏保向世界宣布，下一步他准备测定尼安德特人整套细胞核基因组的序列。但是又出现了一个问题，也许现代污染物已经不再是一个困扰，但来自古代的污染物却成了新问题。柏保意识到，他所深深牵挂着的这些尼安德特人的样本，通常含有大约 0.3% 的尼安德特人 DNA 和97% 的来自细菌的 DNA。这些细菌在历史上的某个时刻曾享用过骨头大餐。因为新一代基因测序技术测定的是样本中所有的 DNA，所以这意味着它所产生的大部分数据都毫无价值。

　　最后柏保不得不给它的方法加入两个新步骤：一个是在物理上排除不想要的古代 DNA；另一个是对仅有的微量尼安德特人 DNA 进行扩倍。通过柏保改进过的新方法，尼安德特人的基因组序列测定走上了正确的轨道，但是柏保和他的团队还面临着最后一项挑战。现代 DNA 呈长长的纤维状，但是古代 DNA 是零碎细短的。大多数从有着几千年历史的化石中得到的碎片只有几十个核苷酸那么长。那么，怎样把这些细小碎片拼凑成一个 30 亿字母长的基因组呢？

　　想象一下你所做过的规模最大、最复杂的拼图游戏。然后试想，很多拼图块都已经被破坏；很多其他的拼图块也已经丢失；恼人的是，还有放到哪儿都不合适的多出来的拼图块；偶尔还有多个拼图块同时适合一个地方。拼凑尼安德特人的基因组，就有点儿像做这样一个拼图游戏。根据亚马逊网站的统计，世界上最难的拼图游戏叫作"糖果店"，拼图两面都有字谜，以聪明豆[1]为主题。对比之下，尼安德特人的基因组是一个三维的拼图，以核苷酸为主题。"糖果店"有 529 块拼图，而尼安德特人的基因组有成千上万块。

　　如果没有盒子上的图案，要想拼起亚马逊选出的拼图是很困难的。同样，柏保和他的团队也需要某种参考来帮助他们将 DNA 碎片以正确的顺序排列，所以他们就使用了"参考基因组"。他们取了两个已测定好的现代基因组序列：人类的和黑猩猩（*Pan troglodytes*）的，然后以它们为参照。因为有了这个信息的武装，再加上一个智能的计算机算法程序，就可以将四处流浪的古 DNA 碎片重新组装回来。2009 年，

---

[1] 聪明豆是一种彩色巧克力豆。——译者注

柏保向世界宣布，他终于完成了对尼安德特人基因组序列的测定。

这个序列被遗传学家们称为基因组"初稿"，也就是说，尽管他们用已有技术已经做到最好，但还是不完整。听起来好像很奇怪，但是在基因组的世界里，发表初稿是完全可接受的，人类基因组工作的初稿发表于 2000 年，3 年后终稿才发表。但是据我所知，其他研究领域还不接受这样的做法。欧洲核子研究组织（CERN）的研究团队不会在希格斯玻色子只完成一半的时候发表研究；人类也不会在"阿波罗 11 号"（*Apollo 11*）飞向月球的半途中就开始庆祝。但值得肯定的是，从古 DNA 研究领域兴起之时，柏保的整个事业生涯都致力于克服困扰这个领域的技术障碍，而且在整个过程当中他已经取得了似乎不可能达成的成就，即解码第一个已灭绝人类的基因组。

给我造个穴居人

在柏保基因组成果发表后的几个月当中发生了很多事情。柏保的团队继续测定尼安德特人的 DNA 序列，目的是将他们的基因组从初稿升级到终稿。而其他的研究者理应感到兴奋，因为他们可以开始使用免费提供的序列数据。柏保开始收到来自男人的信件，他们认为自己是尼安德特人；还有来自女人的信件，她们认为她们的丈夫是尼安德特人。同时，《纽约时报》报道说，用现有的技术花大约 300 万美元，就可以复活一个尼安德特人。

这个说法是遗传学家乔治·丘奇提出的。如果有人知道遗传学的用途是什么，那非他莫属。他是人类基因组项目（Human Genome Project）的创立者之一，他参与发展了现代基因序列测定方法，这些方法一开始就使得读取尼安德特人的基因组成为可能。如今他仍然在拓宽遗传学可达到的边界，他在哈佛医学院的实验室成员正在参与DNA研究，以此来做更多的事情，包括帮助理解人类疾病，设计新的治疗方法，以及让已灭绝物种重回世界。他目前正在致力于一个复活原始毛猛犸象的计划（见第三章）。

"从技术上来说，制造一个尼安德特人是可能的。"在一个夏日傍晚，我跟他通电话时，他告诉我说，"只要有人真的想要做这件事情。"在柏保发表尼安德特人基因组初稿的 3 年后，终稿也可供人阅读了。这次，研究者们所做的工作十分精确，给所有的字母 i 都打了点，给所有的字母 t 都划了横 [1]。事实上，基因组中的每一处位置平均都已被读过不下 50 遍，它跟人类基因组的质量已经相差无几。

但在电脑中重建尼安德特人的基因组是一回事，以某种方法把它变活又是另外一回事。如今存在的尼安德特人基因组只是电脑中以数字形式存储的信息。如果有人想要把所有这些字母排布成一条长长的直线打印出来，这张纸会延伸 5 000 千米，是从英国首都伦敦到美国马萨诸塞州首府波士顿的距离。如果有人想要以书的形式发表，这些字母会占满 5 000 本平装书，其中的标点符号和情节并不逊于现代小姐文学 [2]。如果你每秒读一个字母，要读完所有字母，你生命的 95 年

1　好吧，其实是没有字母 i 的，但是有字母 t、字母 c、字母 g 和字母 a。——原注
2　小姐文学是描写现代青年女性生活和爱情的年轻女性文学。——译者注

就过去了。无论谁想要制造尼安德特人，都必须将这份冗长的数码配方以真正 DNA 的形式在一个真正的细胞中变为生物信息。

当尼安德特人的字母和人类基因组在电脑中并排放好，很明显，我们可以看到，绝大多数字母都是相同的。我们现在意识到，现代人类和尼安德特人超过 99% 的 DNA 都是一样的，所以从零开始制造一个尼安德特人的基因组即使有可能完成也是没有意义的。相反，最好的选择是从一个人类细胞内部的一个人类基因组开始，然后把它变成类似于尼安德特人的基因组。

我 90 年代早期在实验室工作的时候，改变或编辑 DNA 还是一项繁重的工作，大家都是出于兴趣爱好才去做的，因为每次只能处理一个基因改变过程。但现在已经完全不同了，技术取得了进展，基因编辑现在速度更快、成本更低、比以前精确度更高。要使一个人类基因组 "尼安德特人化"，需要做出大约 1 000 万处改变。这是一个离谱的要求，但并不是不可能完成的。它可以由一种叫作 "多元自动化基因工程"（MAGE）的过程进行处理。这个过程可以同时处理一个基因组内数以百计的变化，有效地加速了进化过程，并因此赢得了 "进化机器" 的别称。这个技术不是别人，正是乔治·丘奇的心血之作。他曾经告诉反灭绝复育技术的支持者斯图尔特·布兰德 "我不只是读取 DNA，我还改写 DNA"。丘奇设想这个过程可能会产生的无数好处，例如，形成大量生产生物燃料的细菌。同时他还告诉我说，尽管他自己不打算将一个人类细胞 "尼安德特人化"，但这个技术是可以被用来做这件事情的。这个过程包括打碎人类基因组，使之成为数以千计的碎块，形状更小，也更便于操作；把它们导入经过特殊改良的细

菌当中，就可以发生想要的变化；然后，将修改过的 DNA 拼凑成 23
对人类细胞中的染色体，这些细胞中的 DNA 蓝图就可以被用来克隆
了。尼安德特人的 DNA 可以被注入一个人类卵细胞当中，当然是已
经移除了自身细胞核基因组的卵细胞，然后将发育中的胚胎移入一个
人类代孕母亲的子宫。但愿在孕期结束时，这个婴儿就能生下来。

那么我们暂且不谈这个实验是否应该进行的问题，让我们先来想
一想会有什么后果。想清楚后果可以使我们对接下来要讨论的"是否
应该做？"这个问题理解得更清晰。为方便起见，让我们假定这个婴
儿是男性（当然它也有同样的概率是女性）。为了让讨论继续，让我
们称他为赫尔曼，这个名字源于 19 世纪的德国解剖学家赫尔曼·沙
夫豪森（Hermann Schaaffhausen），他的研究对象就是最初发现于尼
安德谷的尼安德特人。

跟我们所有人一样，赫尔曼会是遗传和环境的产物，受到先天基
因传承和后天成长环境的双重影响。特定的特征，比如说身高、发色
和眼睛的颜色深受遗传学的影响。而其他特征，比如说个性和偏好，
则更多受到教养的影响。今天出生的尼安德特婴儿，会受到任何小孩
都会遭遇的交互作用的影响，这样对他们的未来做出预测，说得好听
一点是猜想，说得不好听就是完全不准确。但是请耐心听我说完。让
我们来审视相关信息，无论是从化石记录中获得的，还是从尼安德特
人的基因组中获得的，这些信息都预示着赫尔曼以后的样子。

让我们从赫尔曼出生说起。对尼安德特人头骨的研究表明，他们
的大脑大约比我们的大 10% 左右，这样即使是人类最有经验的母亲
们都难以自然分娩。当 4 万年后的第一个尼安德特人出生时，助产士

和医生们可不想光凭运气，所以小婴儿赫尔曼很有可能是通过剖宫产分娩的。事实上，这个新出生的婴儿会和任何其他新生儿长得很像，模样就像是一个性情乖戾的老头被人抢走了蛋糕。赫尔曼也很有可能脸色苍白，满脸雀斑。对于住得离赤道较近的种族，皮肤上较深的色素沉着很常见，而长时期生活在高纬度地区的种族则为了适应那里的环境而失去了较深的皮肤色素沉着。古 DNA 专家卡莱斯·拉鲁萨－福克斯（Carles Lalueza-Fox）来自西班牙巴塞罗那大学（University of Barcelona），在研究与皮肤和头发颜色相关的基因序列时，他发现一些尼安德特人携带可能形成浅肤色和火红色头发的基因。所以我们不妨认为赫尔曼长着红色的头发。

但是，无论一个孩子长着姜黄色的头发还是尼安德特人的头发，我们都没有理由剥夺其基本人权。对于我们来说，他们也许是人类的一个不同种群，但是尼安德特人仍然是人类。考虑到这一点，赫尔曼应该和任何人类的孩子一样，得到同样的养育。从化石发现中我们得知，冰川期的尼安德特人生活在小而紧密的社会圈子之内。他们在圈子中分享自己的日常生活，并且照顾彼此，想想南迪就知道了。安居在一个有爱的现代家庭安全的环境中，赫尔曼很有可能会茁壮成长。"今天出生的尼安德特人，可以很好地适应并融入核心家庭。"来自科罗拉多大学的人类学家托马斯·韦恩（Thomas Wynn）如是说。他在自己《怎样像尼安德特人一样思考》（*How to Think Like a Neanderthal*）一书中认真地考虑了这样一个场景。"他也许会是一个非常有爱心的小孩"，跟自己的直系亲属在一起，他在家里会非常快乐。他会和自己的兄弟姐妹们情感相依，并对他们给予支持。然而在家庭之外，他也许是一个非常害羞的孩子，不信任那些他不认识的人。为了生存，尼安德特人必须应对陌生人，比如来自邻国的尼安德特人，或是从非洲移民来的现代人类，但他们会带着疑虑，有时还有敌意。所以要在家庭圈子之外交朋友对他来说是很困难的，而且他也会发现，幼儿园是令人畏惧的。"几乎可以肯定地说，他不想落单。"韦恩说，"所以家庭留守教育也许是最好的选择。"

在断奶的时候，明智的养父母会定制无谷蛋白的乳品。因为赫尔曼的基因组进化于农业革命之前几十万年，所以他在应对现代偏重于谷物和乳制品的饮食结构方面是有困难的。尽管尼安德特人的形象还是猎捕猛犸象、刺杀野牛的食肉动物，但是现在有充分的证据显示，尼安德特人的食物是丰富多样、绿色有机且产于当地的。在北欧，他们经常吃肉；在南欧，他们经常吃海鲜，包括海豹、海豚和贝类动物。对尼安德特人大便和牙齿的分析显示，他们还吃蔬菜，而且也许还是在篝火上烤着吃。卡莱斯·拉鲁萨－福克斯表示，尼安德特人还和我们有同一个味觉基因，可以使他们品尝某些食物中的苦味化合物。赫尔曼会适应现代人类轻乳制品、轻小麦的多样饮食结构，但他很有可能也会在厨房像其他小孩一样发射西兰花炮弹。

刚开始的时候，家人和朋友们也许会注意到赫尔曼和其他智人兄弟姐妹之间社交上、认知上和身体上的细微差别。但是，典型的尼安德特人特征，包括突出的眉骨、形状古怪的头颅和矮壮的身体骨架，也会存在于人类差异性的正常范围内。毕竟，现代人类也有各种各样的外形和体积。就像我们中的一些人看起来比别人更像尼安德特人，经过反灭绝复育的尼安德特人也可能看起来多多少少有点儿像人类。

赫尔曼的下巴也许算不上明显，身材也有可能比正常婴儿更矮更壮实，但是在人群中，他看起来和任何其他小孩儿一样，毫不突兀。

让我们来谈谈尼安德特人

在蹒跚学步时，赫尔曼也会开始学习说话。人类学家当中有一种观点，认为尼安德特人是没有语言能力的。而另一种观点却认为，根据推测，尼安德特人和现代人类的共同祖先是会使用工具、发明了取火方法的海德堡人（*Homo heidelbergensis*），而在大约 50 万年以前，海德堡人中就进化出了语言。如果这些早期的人类拥有语言能力，那么根据来自荷兰奈梅亨马克斯·普朗克心理语言学研究所（Max Planck Institute for Psycholinguistics）的丹·德迪乌（Dan Dediu）和其他一些研究者所说，尼安德特人也一定拥有语言能力。

当然，必需的生物学特征是存在的。尼安德特人的脸部和喉咙组合的方式使得他们至少在理论上来说是可以讲话的。跟我们一样，他们的嗓子眼里有一小块马蹄状的骨头。在现代人类当中，这块被称为舌骨的骨头支撑着舌头并协助控制讲话的动作。尼安德特人的舌骨不但看上去跟我们的很像，而且作用方式也跟我们的舌骨类似。

他们大脑的解剖面也与我们的很相似。尽管大脑总体来说都是软塌塌的，很难在变成化石的过程中保留下来，但容纳着大脑的头骨却很坚硬。通过研究头骨的内部，研究者们可以测量出它曾经容纳过的大脑的总体大小和所占的比例。大脑区域中一个叫作布洛卡氏区（Broca's area）的区域令专家们尤其感兴趣。布洛卡氏区位于大脑脑叶左前下部，控制着言语行为的形成，因此肿瘤或中风导致的该区域的损坏会剥夺一个人说话的能力。考虑到大脑总体的大小，我们的布洛卡氏区要比我们不会说话的灵长类动物亲属大一些，尼安德特人的大脑似乎也呈同样的比例。这也许就是尼安德特人的大脑能够形成言语能力的证据。

然后，2007 年，施温提·柏保和他的同事们证明，尼安德特人也像人类一样，携带着与言语和语言相关的基因：叉头框 P2 基因（FOXP2）。如果一个人的这个基因出现异常，他就会出现言语障碍、学习困难，难以应对特定种类的语法，但是尼安德特人的这个基因是正常的。这又是他们拥有说话能力的证据吗？

把这些发现放在一起就是一盘引人入胜的趣闻大杂烩，但是并没有确凿的证据证明尼安德特人会有妙语连珠的对答。言语行为要通过身体构造发出声音，需要的远远不只是舌骨。在灵长类动物当中，或者也许在尼安德特人当中，布洛卡氏区都被用来完成非语言的任务，比如用手去伸够。叉头框 P2 基因也不是为了语言而存在的，只是和语言有关系而已，它还做着其他的事情。通过冷静的思考，研究者们发现这些证据只是偶然的，有些人还会说，它们很不可靠。当然，很不幸，语言不会直接保存在岩石当中，甚至也不会直接保存在基因组当中。如果有人退一步，看一看 150 年来在对尼安德特人的研究中积累起来的图景，他就会发现这个民族必须能够交流，而且达到一种成熟的水平，远非含糊不清地咕哝和打手势。

　　这个民族制造了一些复杂的装备：独具特色的火镰——一边被有意钝化，这样人们就可以用手拿着了；一英尺（约合 0.3 米）长的象牙矛尖——备有切口，这样它们就可以和木质的把手组装起来；还有"磨光器"——通过打磨和抛光制成的工具，取自鹿的肋骨，用途是使兽皮光滑柔顺，从而制作出更柔软、防水力更强的皮革。他们只通过观察就可以学习制作这些工具的方法是不可能的，比较有可能的是他们得到了某些口头的指令。他们都是专业猎手，依靠对当地地形和捕猎策略的详细知识来定位和制伏他们的猎物。捕猎一只猛犸象只靠一个人是不够的，所以很有可能尼安德特人彼此交流，以讨论捕猎的策略，并协调他们的捕猎行动。他们还有可能使用语言，在一代又一代的尼安德特人当中将知识传承下去。他们用牙齿、骨头和贝壳制作装饰品，还制作颜料来涂染他们的身体。这些都暗示着，他们是能够进行象征性思维的。有些人认为，象征性思维是语言的前提，因为在语言中，抽象的词语和符号需要得到可靠的意义。

　　还有很多证据链，尽管似乎是偶然被发现的，累积起来却显示出，尼安德特人是有言语能力的。"我也许没有直接的证据，但是我有强烈的感觉，尼安德特人是会说话的。"托马斯·韦恩说，"他们与我们血缘上那么近，肯定是有语言能力的。"因为与人类有同样的基因组来指导发育过程，还能从周围语境中得到有效的提示，所以生活在今天的尼安德特人应该与人类一样能够习得和形成语言能力。

　　在学会走路以后，赫尔曼就开始牙牙学语，然后开始说话。他学会的第一个词，也许是"妈妈"（mama），也可能指的是"猛犸象"（mammoth），但至少在幼儿时期，赫尔曼的口头表达能力和其他任何人类幼童几乎没有差别。只有在过了一段时间之后，小孩子们开始组织和理解更为复杂的句子，比如说"我知道你想朝你的姐姐扔西兰花，但是你应该明白，我不想让你那么做"，此时赫尔曼也许才会开始落后。这种程度的复杂句子对于理解和组织来说都是很难的。而且讽刺的是，考虑到德国是发现第一个尼安德特人的国家，而德语因为动词集中在句尾的缘故，对赫尔曼而言尤其难以掌握。但就像赫尔曼的外表一样，他掌握语言的能力也处于现代人类差异性的正常范围之内。毕竟，我们中有很多人倾向于不去使用过于复杂、没有必要的句法，而保持事物简简单单的状态。

还有一个细微的差别，有可能是赫尔曼的发音方式。尼安德特人的声道与我们自己的在形状上稍有不同，这使得科学家们猜测，他们的声音也许听起来会不一样。2008 年，来自美国伯克莱屯（Boca Raton）佛罗里达大西洋大学（Florida Atlantic University）的人类学家罗伯特·麦卡锡（Robert McCarthy）根据化石信息重构并模拟了尼安德特人的言语行为。虽然是人工合成的，但这是所有人第一次听到来自 4 万年前尼安德特人的嗓音。麦卡锡发现远古人类发不出某些特定的音，这些音被称为量子元音，存在于我们今天的言语行为当中，帮助声道大小不同的人们理解彼此的意思。麦卡锡总结说，尼安得特人无法准确地发出"ee"的长音，所以赫尔曼的养父母也许弄不明白，这个孩子想要温暖兄弟姐妹们的心田，还是暴揍他们一顿[1]。

赫尔曼也许不会成为爱因斯坦，但他也不会跟尼安德特祖先一

1　"温暖"和"暴揍"两个动词在英语中的发音基本一样，区别是前者发长音，后者发短音。——译者注

样被人们谣传为笨蛋，他很聪明。从消极方面说，在过去的几十万年间，尼安德特人的科技几乎没有进步。这表明，尼安德特人不是天生的创新者。5 万年前，欧洲的尼安德特人猎杀大型动物的方式仍然跟以前一样：用又大又尖的长矛近身攻击。而工于此道的新一代人类种群，也就是现代非洲人，已经发明了标枪，这样他们就可以更加安全地在远处捕杀猎物。有些人说，这证明了尼安德特人缺乏工作记忆，即在大脑中积极保持和操控多条转瞬即逝的信息的能力。又因为工作记忆和智力互为因果关系，引申来说，这就意味着尼安德特人并不是最聪明的人类种群。但是从有利的方面来讲，尽管受到这个世界所见证过的一些最反复无常的极端天气的持续重创，尼安德特人确实活过了数十万年。这使得他们足智多谋，适应性很强。他们也许会考试不及格或者掌握不了代数，但那不代表他们是愚蠢的。以我们今天对聪明的定义，他们也许不如我们，但是否认他们跟我们一样具有潜力，在我看来也是一个错误。

所以关于赫尔曼我们了解到什么了呢？浮现出来的图景是一个害羞的、社交困难的孩子，无论是样貌还是声音，都有一点儿与众不同。但他在家里是有爱的、快乐的，在正常的时间范围内，总是能多多少少地实现里程碑式的成长。简单来讲，赫尔曼和今天生活着的数百万其他孩子没什么不同。

他对家庭生活的热爱会持续到成年时期。按照南迪的经验，他也许会在他的父母老年的时候一直赡养照顾他们。他也许想要自己的小孩。有一天他会遇到一个女孩，然后安定下来。他会是一个务实的人，把家人放在第一位，努力工作，供养他们。他还会是一个少言寡语的男人，倾向于直来直去地说话。如果遇到一份工作可以发挥他务实干练、严肃高效的天性，他会做得出类拔萃。托马斯·韦恩表明，有一些事业是适合赫尔曼的。作为一个天生的工匠，他有重复那些已学会的复杂工序的能力。他会成为一个优秀的铁匠或是机械师。他还会很善于修车，或是修理引擎。但他的能力并不限于工程师行业，尼安德特人对自然世界有着深刻的理解力，对他们周遭的环境了然于胸，会计划和实践大胆冒险的狩猎旅行。所以赫尔曼也许会成为一个养鱼专业户，或者在军队里脱颖而出。他也许无法解释 GPS（全球定位系统）或是军事雷达的错综复杂，但他肯定会使用它们。他也许提不出创新性的问题解决策略，但他肯定懂得怎样执行那些学会了的操控技巧，而且，他还会是一个坚定执着、极为忠诚的同事。

冰川期的尼安德特人经历了极度的艰辛，经常受伤，慢慢地学会了忍受痛苦。所以赫尔曼不太可能遭遇那种现代最可怕的灾难——无病呻吟的男士流感。考虑到南迪的故事，如果他的伴侣在一天晚上和她的朋友出去之后，早上起来生病了，他还会对她很亲切，极具同情心并且提供帮助。他仍然很难应付陌生人，但一旦认为这些人是友好的，他就会热情又大方，也许还会有些过度热情。赫尔曼有可能很天真，轻信并且很容易受骗，他也许对钱的概念不是很清晰。

我们脑海中的图景是关于一个这样的男人，他沉默寡言，从不无病呻吟，照顾着一个宿醉的女孩。他爱他的家人，天天给家里带培根，但在掌控财务大权方面却依赖于自己的妻子。也许你跟我一样认为赫尔曼开始看起来像是一个公认的好男人。托马斯·韦恩猜测，嫁给尼安德特人的唯一缺点可能就是他一天 24 小时一星期 7 天都想和你在一起。韦恩说："似乎'给他自己或他的伴侣以空间'，并不是尼安德特人所擅长的。"不过如果你喜欢黏人的男人，他可能很适合你。

在冰川期，艰苦的生活使得成年尼安德特人们都患上了关节炎，他们鲜有人能够活过 40 岁。但是我们有理由相信，在现代舒适的生活中，这个尼安德特人不会得关节炎，并且可以安然地进入他的八十寿辰或是活更久。赫尔曼可能和他的妻子一起步入老年。

也许我们可以就意味着我们应该做吗？

那么这就是一个尼安德特人生在一个 21 世纪世界的故事。这个故事以古 DNA 开头，这些古 DNA 取自很久以前死亡的真正尼安德特人的遗骸。然后这个故事见证了科学家们使用这份冰川期的配方将一个现代人类基因组变为尼安德特人基因组的过程。接下来，利用克隆技术来创造一个呼吸正常的存活的尼安德特婴儿，并且他将在我们繁忙、混乱的现代世界定居、死亡。这会是一项令人难以置信的创举。

直到今天还没有法律禁止克隆尼安德特人。来自纽约大学朗格尼医学中心（NYU Langone Medical Center）的生物伦理学家亚瑟·卡普兰（Arthur Caplan）说："你所讨论的这件事情并不违法。"大约 10 年前，卡普兰还是联合国人类克隆技术咨询委员会的成员。这个委员会致力于达成繁殖性克隆和治疗性克隆方面具有约束力的国际协议。

最终，各个国家形成了它们自己的立法解决方案，但在那之前，远古人类 DNA 从未受到过关注，所以人们从没听说过克隆尼安德特人的事情。卡普兰说："我们所能想到的全是关于我们智人自己的事情。"

但我们有可能做这件事情并不意味着我们应该去做。克隆是一项冒险的事业。我们知道，克隆动物经常会死在子宫当中，即使它们生下来了，有时也有身体畸形，并且寿命很短，短得不合乎自然规律。畸形的、夭折的尼安德特婴儿也许会出现很长一段时间，然后一个健康的尼安德特婴儿才能诞生。通过克隆技术对他们复活的过程，其实就是在以代孕母亲和婴儿的生命和安全做赌注……这究竟是为了什么？没有女人应该承受这样的不确定性，忍受怀着另一个人类种群胚胎对心理和身体造成的双重创伤，这个风险实在太大了。所以人类繁殖性克隆在超过 50 多个国家都是非法的，在这一点上是有正当理由的。

2006 年，人类基因组工程的负责人弗朗西斯·柯林斯（Francis Collins）表示："人类生殖性克隆在任何情况下都不应该进行，对此，科学家、伦理学家、神学家和立法者们的意见高度一致……将人类细胞核移植技术即克隆技术的产物移植入女性子宫，从伦理学的角度讲是极度不道德的行为，应该以最强硬的态度坚决反对。"还有一些人称这种行为是"不负责任的犯罪行为"。如果我们能够明白，而且我们必须明白，尼安德特人基本上也算人类，在进化史上与我们有很近的血缘关系，那么我们就必须给予他们同样的道德身份、权利和一切特权，就跟我们自己所拥有的一样。我们不应该克隆尼安德特人。

研究者们已经对各种时期、各种地理环境中分布的超过 100 个尼安德特人的遗骸进行了深入研究。从中我们对尼安德特人的了解超过了任何其他已灭绝的古人类种群。我们知道他们生活的地点、时间和方式。我们知道他们的食物和它们的猎物分别是什么。通过化石和基因记录，我们甚至可以对他们的行为、个性和思维过程做有根据的猜测。我们知道他们长什么样子，就连他们皮肤和头发的颜色我们都一清二楚。我们可以通过电脑模拟技术让他们血肉丰满，而不必真的去找出一个血肉丰满的尼安德特人。通过把尼安德特人的基因加在培养细胞里面，我们可以研究他们的基因，而不必让整个尼安德特个体重回世界。假如通过反灭绝复育技术制造出一个我们先前并不认识的尼安德特人，我们也几乎无法从他身上再得到新的信息。

　　同时，人类学家还在热情洋溢地对旧石器时代的化石进行解读讨论，关于尼安德特人当时进化得多成熟的争论仍然摇摆不定。尽管很明显，尼安德特人不如我们现在的自己这么有教养或是博学多才，但如果现代人类回到冰川期，拿尼安德特人和我们做比较会有什么结果，短期内我们却不能达成共识。我们也对为什么他们会消失的问题莫衷一是。而赫尔曼的诞生对解释这些疑问毫无帮助，他不可能告诉我们答案。赫尔曼会与数十万年前和自然因素做斗争的尼安德特人非常不同，他是遗传和环境的产物。他的 DNA 可能和祖先们很相似，但他所成长起来的是一个与他的祖先所遭遇的非常不同的世界。他接触到的是高速汽车和快餐，社交媒体和智能手机。他成长于一个用户利益至上、全球超级大国和男生乐队组合的时代，永远也不可能成为过去猎捕猛犸象的穴居人。如果谁还期待着某种穿着缠腰布的怪人秀，他只会失望地发现，21 世纪的尼安德特人正常得令人安心。如果你在公园的长椅上和他并肩而坐，你也许连眉毛都不会抬一下。我希望我已经让你相信，赫尔曼非常普通，完全可以融入地球上另外70 亿的现代人类。

我们最近也了解到了环境如何通过一个叫作表观遗传学的过程来影响基因活动，科学家为这个课题做了高强度的研究，付出了许多努力。我们的食物、饮料和香烟，我们的社会地位，甚至是我们童年时期得到的关爱，都有永久改变我们 DNA 工作方式的潜在可能。赫尔曼也许是有一套冰川期的基因组，却会受到他 21 世纪所接受的教养的影响。他的基因活动形式与他真正的尼安德特祖先们会很不相同。所以，他的样貌和行为可能会和我们想象的有差距，或者他可能死于各种各样的疾病。态度严苛的遗传学清教徒（他们的专有名称是分子生物学家）会告诉你，这个尼安德特人不会真实存在。它的基因组的产生是不合时宜的。唯一知道尼安德特人到底是什么样子的方法是制造一台时光机，穿梭回大约 4 万年前。

我是否已经让你们相信，通过让一个尼安德特人重回世界，我们是了解不到任何信息的？我想强调的是，我们能够复育尼安德特人并不意味着我们应该去复育他。因为他们和我们太像了，所以永远都不应该允许这项实验进行。复活尼安德特人或其他任何已灭绝人类种群，是我们永远不能跨过的一道界线。

请不要跟我们谈"性"，我们是尼安德特人

是的，我们也许没必要让尼安德特人重回世界，因为他们的遗传物质也许仍旧伴随着我们。在施温提·柏保解码了尼安德特人的基因组后，他比较了尼安德特人基因组与当今世界不同地区生活着的现代人类的基因组，他的发现让所有人大跌眼镜。到那时之前，所有的证据都显示，尼安德特人与他们同时期存在的现代人类保持着柏拉图式的友谊。然而，柏保的研究结果却显示出某些更新奇的发现：来自欧洲和亚洲的人类基因组包含着尼安德特人 DNA 的踪迹。数十万年前，尼安德特人和现代人类的种间杂交，创造出了子孙后代和一套今天仍存在着的遗传物质。

还有一些研究者，包括来自美国华盛顿大学（University of Washington）的约书亚·阿基（Joshua Akey），从此走上证实该发现的研究道路。欧洲人和亚洲人携带的尼安德特人 DNA 介于 1% ~ 4% 之间，而非洲人不携带尼安德特人 DNA。言外之意就是现代人类在离开非洲后才与尼安德特人交配。留在非洲的人类从没有过与尼安德特人见面的机会，更别提把他们邀请到自己的洞穴中来了，所以，他们的基因组不含尼安德特人的因素。

尽管现代人类个体所包含的尼安德特基因序列总量相对较低，所有人类体内尼安德特人 DNA 的累计量却达到惊人的 20%。从自己的研究数据当中，阿基估计，今天生活着的人类体内所显示的尼安德特人 DNA 模式，要经历大约 300 次成功的"杂交事件"才能形成。当然，现代人类与尼安德特人发生性关系的频率也许比这要高。阿基

说："也许那时，现代人类不像我们今天一样觉得尼安德特人很异乎寻常。"不过，他们的幽会也许并不总能让女方成功地怀孕。阿基还说："他们也许处于生物相容性的边缘位置。"

西方世界的人们很有教养，他们受过良好教育，脸总是刮得干干净净。他们中的大多数都有部分尼安德特血统，这也许会让人有点儿震惊。你也许不知道，但是你也有可能有部分尼安德特血统。不过你不必相信我的话，去做个化验，任何人都可以知道他们的基因组有多少来自尼安德特血统。

那么就发生了这样一件事情：在一个晴朗的夏日傍晚，我向我的丈夫宣布，我打算做个 DNA 检测，这样我就可以知道我有多么像尼安德特人。他回答道："你真的有必要做个检测才能知道吗？"他是个有趣的人。几天后，当他睾丸上鞋印大小的淤青开始消退时，我再一次谈起这个话题。他马上说："好的，好的，干什么都行。"花上 99 美元（再加上邮费和包装费），你就可以把自己的唾液寄给一家美国的公司，这家公司将会分析你的 DNA，然后帮助解开你的身世之谜，包括你身上尼安德特人 DNA 在内的全基因组百分比。门外，我的 3 个孩子一会儿二对一让某人无法动弹，一会儿在树上荡秋千，一会儿又拿弹弓在蹦床上跳着射小鸡。要是我真的携带尼安德特人的基因并把这些基因传递给了我的孩子们呢？这可以解释他们闹腾活跃的行为、喜好打斗的天性和对动物美好生活的公然漠视吗？

我在网上注册了账号并付了款，4 天后，邮递员送来一个包裹。打开一层又一层垫着填料的包装纸，里面是一个盒子……当涉及到保护你的 DNA 时，你再怎么小心也不过分。盒子的大小和形状很令人失望，跟一个又小又丑的巧克力组合装差不多，但是盒子上面赫然印着"欢迎认识你自己"，盒盖上也清晰地印着许多五颜六色的染色体图案。盒子里面是一根高科技试管和一本说明书，上面要求我20分钟内不能进食和喝水，然后把唾液留在试管里。这真是我生命中最长的20分钟，饼干和一杯接一杯的茶给我每天的工作补充能量，离开这两样东西可以说对我是最困难的事情之一，而我又不得不做。好在朝试管里吐一口唾沫就容易多了，同样容易的还有迅速盖上试管，把它晃一晃摇匀，然后丢回事先付过费的信封袋。信封袋载着试管，一路向着加利福尼亚奔去，回到DNA检测公司"23和我"（23andMe）光芒四射的实验室。

两个星期后，一封电子邮件躺在了我的收件箱里，告诉我说我的原始报告已经生成。就像一个等待考试结果的青少年一样，我紧张地登录这个公司的网页，结果出来了。首先，有几项内容并不令我惊讶，但让我相信结果是真实准确的。我的DNA显示我99.9%是欧洲人，其中53%是北欧血统，38%是东欧血统。我的父亲来自英格兰，而我的母亲来自立陶宛，所以听起来结果很靠谱。然后，我有一点点德系犹太人（1.4%）和南欧人（3.8%）的血统，还有更小的一丝东亚人和美洲原住民（0.1%）的血统。也许在皮尔彻家族族谱的分支中还隐藏着什么家族秘密。接下来是一条新闻：我有1个以前从不认识的第二代堂表亲、171个第四代堂表亲和817个连我自己都从来没听说过的"远房堂表亲"。突然之间，我对圣诞节要写的贺卡名单产生了一种畏惧。

然后到了决定命运的时刻。网页显示，"23和我"公司顾客基因组的一般标准是包含有 2.7% 的尼安德特人 DNA，但是我的基因组包含有 3% 的尼安德特人 DNA。我告诉了我的丈夫，他向后退了一步以跟我保持一定的安全距离，然后说："仅此而已？"这意味着我比一般人多 0.3% 的尼安德特人 DNA，在拥有尼安德特人特征的程度上，我排在百分位上的第 91 位。从个中表象看，我是一个穴居人。

我不确定该怎样来看待这件事。其实，没有人准确地知道存留在今天现代人类体内的所有尼安德特人 DNA 究竟起什么作用。在我们基因组的某些区域，几乎没有或完全没有尼安德特人的 DNA，而另一些区域却比预计的还要多，这证明了一些基因序列是较有优势的，也因此具有正选择迹象，而另一些则不会带来益处，所以就随着时间的流逝消失了。单个的基因影响着很多不同的方面，所以我所继承下来的 DNA 也许会有多种多样的作用。研究显示，很多今天人类体内仍留存的尼安德特人 DNA，看起来似乎在影响皮肤的天然肤色和一种叫作角质的蛋白质，这种蛋白质存在于皮肤、指甲和头发中……这或许可以解释为什么我有着"垃圾大王"的发型，很多年以来我一直强调这是遗传的。

突然之间一切都开始变得说得通。我永远找不到一顶适合自己的帽子，我有长着汗毛的脚指头，我用在比基尼线上的脱毛蜡永远不够用。我的孩子们，同样具有部分尼安德特血统，不只是从我和我的丈夫这里遗传了他们活泼好动的行为，我们可以把责任推卸到某个白天追逐猛犸象、夜晚在洞穴中呼呼大睡的史前人类身上。这可以解释我的孩子们为什么喜欢在户外露营，喜欢玩火，还喜欢用棍子戳东西。这真是个非常棒、非常棒的消息，尤其是考虑到他们最后会跟他们照顾南迪的祖先一样仁慈。

我很乐意比大多数人更像"穴居人"。很长一段时间以来，尼安德特人都是倒霉的被利用者，他们一直在遭到中伤和误解。但也许现在，既然已经发现我们中的这么多人都与旧石器时代有一点关系，也许事情会出现转机。我们永远不该复活他们，我们也不需要复活他们就可以知道，尼安德特人足智多谋，复原能力很强，富有同情心，还很体贴。他们持续稳定地在自己冰川期的世界中生活了数十万年而没有毁掉它，反观我们存在的这相对很短的时间内，现代人类已经搞得一团糟。也许，我们是时候停止"尼安德特人"这个词的贬义用法，而开始把它作为一个褒义词。我大声地宣布，我骄傲地宣布：我很荣幸具有部分尼安德特人血统……并且我再也不会给我的双腿用脱毛蜡了。

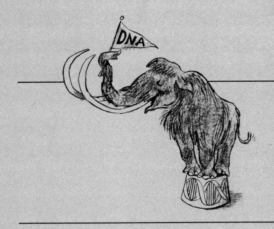

第三章

冰川期之王

　　小利亚霍夫岛（Malyi Lyakhovski）是一个遥远偏僻的小岛，镶嵌在冰冷的西伯利亚海域当中，常年冰封，白雪覆盖，荒无人烟。任何到访者如果想踏上这片草木不生的冻原地带，必须全副武装，有备而来。他们从头到脚要穿得暖暖和和的，而且还得带着步枪。冬天，那里的气温降到零下 30℃，还有饥饿的北极熊，但即使如此，还是有人照来不误。每年夏天时，太阳都无力地斜挂在地平面上，也不落山，于是一群独特的捕猎者便从西伯利亚大陆来到了这个小岛上。不过他们不是来杀生的，他们来是要捡拾死了很久的动物遗骸——那些大型兽类在数十万年前死亡后留下的尸体。因为在这片永久冻土地带埋葬着冰川期终极巨兽——原始毛猛犸象冰冻的遗体。

　　18 世纪，探险者们偶然间发现了小利亚霍夫岛，那也是这个小岛第一次为世人所知。探险家们当时以为，这个小岛就是由骨头和象牙堆成的。我们现在能确定的是，这片群岛和它所属的西伯利亚大陆，是一片大规模的猛犸象坟地，到处都是这些庞然大兽七倒八歪的尸体。随着我们的气候变化和全球变暖，冰冻着的北方正在融化，融化的速度比以往任何时候都要快，所以人们发现猛犸象遗骸的频率也越来越高。它们的出现引诱着眼尖的投机分子们，其中一些已经准备好冒着生命危险去探寻他们的猎物。大家都知道，猛犸象探寻者曾戴着水肺，在冰冷刺骨的北极水域中潜水；曾在岌岌可危的冰穴中四处探查；还曾为了将骨头从摇摇欲坠的悬崖上取出来，用压力喷水枪大力喷射。他们为达目的不择手段，因为回报是丰厚的，一根大型的螺旋形猛犸象牙可以给它的发现者带来数万美元，而且还有数百万块骨头有待发现。这真是当今时代的淘金热，不是为了贵金属，而是为了尸块。苏联的没落，苏维埃时代矿井和工厂的关闭，使得这个地区变成了一座鬼城。在这样一个地区，猛犸象给勇猛却资金短缺的当地人带来了一条经济命脉，一个新词也由此成了行话：mammontit[1]——意为"去探寻猛犸象"，或是去攫取象牙骨。但是，由于在容易到达的大陆地区猛犸象牙已经捡光了，队员不得不冒险进入更加遥远偏僻的区域，如小利亚霍夫岛。

就是在 2012 年 8 月的这样一次远征中，象牙攫取者们巧遇了他们千载难逢的大发现。当时，他们正站在狂风大作的山头，离小岛的东南海岸不远。碰巧在朝下看时，他们瞥见了猛犸象骨头的轮廓，在冻原上依稀可见。有几块头骨碎片和一块尖利的象牙碎片，周围是蓬

1　该词是俄语动词"探寻猛犸象"的未完成体，表示将要做或未完成的动作。——译者注

乱的草丛和苔藓。他们俯下身凑近观察，用戴着手套的双手轻轻地抚摸这些幸运的发现……然后注意到某样东西：一条乱蓬蓬的棕色象鼻，横穿过象牙。因为背景是脏兮兮的地面，所以象鼻不太容易被看到，但是还是很明显的，绝不会搞错。这明显是猛犸象的象鼻，卷曲着，像触角一般，表面是一层失去了光泽的皮毛，尖端是带有触感的"小指头"，曾被用来帮助猛犸象进食。找到骨头和象牙是很寻常的事情，但是发现血肉和组织就非常罕见了。因为是才暴露出来的，这条正在融化、还处于半冰冻状态的象鼻还没有腐烂，同时也没有吸引到这些拾荒者的注意。对于这些猎人来说，它只是金子而已。他们推理，如果这条象鼻通过某种方式成功保存了下来，身体的其他部位也有可能在这片冰冻的土地上被找到。他们也确实着手开始找了，用手上的镐和铲朝地上猛刨猛铲，结果意外地发现他们站的地方埋藏着一只看起来几乎完整的猛犸象，刚才地面上的只是一只冻实了的庞大猛犸象棒棒冰顶端的部分。

　　然而，天气与他们做对，冬天刺骨的寒风正在飞快地迫近。挖出一只猛犸象是需要时间的，所以，在暴风雪迫使他们逃离小岛之前，他们没有办法把尸体挖出来。所以他们空手回到了西伯利亚大陆，然后思索着下一次行动。他们可以闷不做声地在第二年春天把尸体取回来，然后秘密卖掉，发一笔大财；或者，他们也可以把这件事告诉当地科学家们，他们就在位于西伯利亚地区雅库茨克市的东北联邦大学（North-Eastern Federal University），任何人只要能带领他们找到保存完好的猛犸象遗骸，都可以得到他们提供的一笔奖金，不过钱不是很多。这意味着小利亚霍夫岛的猛犸象最后或是落到个人手中，或是由科学家们通过进行研究和成果发表来公之于众。我们很幸运，象牙猎人们选择了后者。他们告诉了一个叫作谢苗·格里戈里耶夫（Semyon Grigoriev）的人，他是东北联邦大学猛犸象博物馆的领导，得知该消息后，他兴奋极了。在格里戈里耶夫的一生中，他经手过很多猛犸象遗骸，但这一头不同，它有着血肉丰满的象鼻，这一定会产生一些非常特别的结果：对于猛犸象生物构造和生命历史的洞见将会达到前所未有的水平。而且，将猛犸象从灭亡状态中重新带回世界的构想也会变得具有可能性，这将引发更多争议。

令人沮丧的是，格里戈里耶夫和他的团队不得不等上折磨人的 9 个月，等到北极的冬天退去，他们才能去小利亚霍夫岛。2013 年 4 月，他们经过颠簸的艰苦跋涉，穿过了数百千米白雪覆盖的北西伯利亚荒原和结冰的拉普捷夫海（Laptev Sea），终于到达了遥远的小利亚霍夫岛。那只猛犸象还躺在原地，GPS 坐标帮助他们找到了猛犸象的位置，就在不到一年前，象牙猎人们也曾踏足这里。科学家们也开始一点一点凿开冰封的地面，最后在冰冻的猛犸象尸体周围挖出一圈 1.8 米深的壕沟。这样当尸体整个呈现出来的时候，他们就可以后退一步，从而看出他们这个巨大发现的体积。这只猛犸象真是……和猛犸象一样庞大。从上往下看，可以看到尸体的上半部曾遭到反复咬噬，所以看起来像一块巨大的长满疙瘩的肉。但从壕沟里看去，尸体剩下的部分看起来保存得完好无损。三条腿、躯干、头的大部分及象鼻仍然存在。但与大多数过去发现的猛犸象尸体不一样，这些部位没有脱水，也不干燥。从局部来说，这只猛犸象骨头上还有肉，肉上还有皮肤，皮肤上还有皮毛。

但还有一个惊讶的发现等着科学家们。当他们用一把鹤嘴锄探戳这只动物的肚子时，渗出了一种暗棕色的液体。看起来很像血，但一只在地底下冻藏了数万年的猛犸象，怎么可能还会流血呢？

长毛传奇

原始毛猛犸象毫无争议地当选为冰川期之王，这个地质时期也叫更新世。几十万年前，猛犸象们从这段无休止的寒冷时期中进化而来。那时，无边无际的冰原覆盖着北半球的广大地区，锁住了大片水域，从而使得蓝天整日万里无云。在这样的晴空之下，生长着广袤肥沃的草原，覆盖了北亚及北美的大部分地区。这片草原叫作"猛犸草原"，是原始毛猛犸象的家园。猛犸象们对冷库中的生活有着极强的适应性，它们身披令人羡慕的粗密毛发，大群大群[1]的啃食着青草，一直吃到心满意足为止。

然后，它们的数量开始一点一点地减少，一直到更新世末期。没有人知道究竟是为什么。一些人归咎于人类的捕猎，一些人认为是由于气候变化，还有一些人觉得两者兼有。无论是什么原因，在大约 1 万年前，它们从西伯利亚消失了，然后，在离现在很近的 3 700 年

---

[1] 我擅定"群"是恰当的描述猛犸象的集合名词。如果早期现代人类或者尼安德特人语言中有一个类似的量词，那就是在时间的长河中丢失了。也许一"团"原始毛猛犸象更确切。——原注

前，它们从最后的藏匿处——一个叫作弗兰格尔的靠北的小岛上消失了。古埃及人在尼罗河谷定居并梦想建造金字塔的时候，原始毛猛犸象仍然活着，想想都令人难以置信。

消失了，但并没有被遗忘。与猛犸象同时期生活着的早期人类，在洞穴壁画上为它们留下了不朽形象；通过它们留给后世的骨头和尸块，它们的原样亦可被我们重塑。所以，我们对这些毛发又长又乱的巨兽的了解比其他任何已灭绝史前动物都要多。如果我们想要选择一种动物让它重回世界，最好是一种我们非常熟悉的动物。

猛犸象有你在一只反灭绝复育动物身上想要的一切。它们是素食主义者——所以它们不会吃你。它们很具代表性，能激发人的灵感，不同凡响。它们曲线优美的大型象牙可以长到 4 米多长，一根大腿骨就可以有超过 1 米的长度，而单单一颗牙齿的尺寸就相当于一块切片面包。它们身体的绝对比例超乎想象，大得惊人，所以几千年来我们一直在编造各种各样的故事，才能让人们了解它们。过去一些人认为它们的骨头是一个已消失的巨人族的遗骨，还有人认为它们是一个稀有的地下啮齿类动物种群，暴露在阳光下便会死亡。西方有学者曾经认为是圣经《创世记》中的洪水将猛犸象遗骨送到西伯利亚，而其他学者则认为这些遗骸是从亚历山大大帝的象群中走失的大象们留下的。猛犸象的头骨中央有一个洞，是连接象鼻的地方，所以一些人认为猛犸象化石激发了人们创作独眼巨人传奇的灵感。即便在今天，人们仍然很警觉。一些当地人拒绝冒犯新发现的猛犸象遗骸，唯恐他们的行为会带来厄运，就像木乃伊的诅咒一样。现如今的我们也许认为自己对于猛犸象的事情了解和掌握得已经稍稍多了一点儿，但关于这种动物还是有一些事情让我们的想象力无时无刻地驰骋着。猛犸象也许已经消失很长时间了，但我们仍然将它们纳入我们的文化之中，想想《冰河世纪》（*Ice Age*）中的猛犸象曼尼（Manny），《芝麻街》（*Sesame Street*）中的猛犸象史纳菲先生（Mr Snuffleupagus），这些就是猛犸象在流行文化中的名望，它的名字已经变成了重大、浩瀚和宏伟的同义词。我们都听说过它们的故事，我们都见识过它们的图片，谁不想看一看它们的真身呢？让一只蝴蝶、青蛙或是什么其他小一点儿的生物重回世界也许很美好，但是因为太小，它们很容易就被忽略了。而一只复活了的猛犸象，从另一方面来讲，却是能够引爆秀场的。

　　甚至还有一些相当令人震惊的经济和生态学原因，让我们迫不及待要复活猛犸象。在原始毛猛犸象生活着的时代，它们是北极的艾伦·蒂奇马什（Alan Titchmarsh）[1]。它们缓缓地漫步，吃着青草，踏过树苗，然后通过自己富含营养的粪便给土地施肥。但当它们消失时，一切都变了。来自美国缅因大学（University of Maine）的杰奎琳·吉尔（Jacquelyn Gill）曾经分析过北美沉积岩心中的花粉、木炭和孢子，揭示出在接下来的几千年中，地质景观发生了巨大的变化。不会有猛犸象撞倒温带落叶树木了，如榆树和桦树，于是这些落叶树如雨后春笋般长出来，紧挨着落叶松和云杉等喜爱寒冷的针叶树；也不会有猛犸象锄草了，所以，植物凋落物开始堆积。这样每过几个世

1　不知道他是什么人？艾伦·蒂奇马什是一位传奇的英国园艺专家，也是英国国宝。我并不是指他也吃草、踩坏树苗或是在他自己的后花园里解手，但是他确实用他高超的园艺技能塑造了众多园林景观。大家都强烈建议，菲利普亲王驾鹤归西后，女王不妨嫁给蒂奇马什，让他在白金汉宫的庭院里都放上抬高的苗床。——原注

纪，森林中就会燃起大火，所以"猛犸草原"上丰美的青草地最终变成了一片不毛之地，成了苔原冻土地带。写这一页时我瞬间有种秋风扫落叶的感觉。

如今，冰川期肥美丰饶的生态系统还有一些残留深锁在北极冰冻的土壤里。人们估计这片永久冻土层里蕴藏着 5 000 亿吨级的固存有机碳。这个数量是所有现存热带雨林合起来所产出的两到三倍，这是一颗由碳构成的定时炸弹。随着全球气候变暖，冰冻着的北部正在融化，碳元素以气体的形式被一点一点地释放进大气层当中，这片永久冻土层也在让全球气候变暖。电脑模型显示，一进入 2052 年，北极在夏天很有可能就不会结冰了，这是之前没有出现过的现象。

但是，一些人认为，猛犸象可以帮助维持北极的寒冷天气。"在大型动物吃草的时候，它们将雪踩化，这就使土壤表层暴露在寒冷的空气中。"来自西伯利亚东北科学站的生物学家谢尔盖·齐莫夫（Sergey Zimov）表示，"这帮助维持了土地的冰冻状态。"齐莫夫已经证明，在西伯利亚大型动物吃草的区域，土壤平均温度要比没有大型动物吃草区域的土壤温度低好几度。重建猛犸草原，恢复具有猛犸草原特色的动植物群，食草动物们就可以起到防止碳元素定时炸弹爆炸的作用。

齐莫夫，这位抽着自卷烟、梳着马尾辫的"灰熊亚当斯"（Grizzly Adams）[1] 是一个长着"ZZ 托普"（ZZ Top）蓝调摇滚乐队成员式络腮胡子的男人，他手头正在做这样一个项目。如果这听起来有点儿像《侏

1　美国西部电影《灰熊亚当斯的一生》中的角色，以身材高胖、留着络腮胡子为特点。——译者注

罗纪公园》，那么请允许我展开详述……在过去的 20 年间，齐莫夫一直在尝试重建猛犸象的原始生态系统。他把这个以自然保护区的形式构想出来的生态系统叫作更新世公园。公园位于世界上最冷的地方之一——西伯利亚东北部的萨哈共和国（Sakha Republic）。该地在莫斯科以东 8 个时区处，从那里到最近的城市雅库茨克要飞上 4.5 个小时。齐莫夫在他的公园里养的不是恐龙，而是大型的进口食草动物，包括雅库特马（Yakutian horses）、驯鹿和驼鹿，以及本地的食肉动物，包括狼獾和熊。这些都是猛犸象存在时生活着的动物种类。在被空运来后一个季度之内，齐莫夫就发现他健壮的雅库特马将一个贫瘠、布满苔藓的荒原地带变成了一块青葱的草地，与草原很接近——这些结果使得前景非常明朗，暗示出通过将动物进行合理组合，的确可以重建猛犸草原。但是，当然少了一个元素，猛犸象啊！"我的责任，"齐莫夫告诉我，"就是准备好这个生态系统。我要为猛犸象准备好生存环境。"如果我们使猛犸象重回世界，那时，它们就将有一个已经建好的家园等着它们，那就是更新世公园。

梦想起步

早在 20 世纪 80 年代，苏联列宁格勒细胞学研究所（Leningrad's Institute of Cytology）的细胞生物学家维克托·米赫尔松（Viktor Mikhelson）就成为第一位尝试复活原始毛猛犸象的科学家。他的灵感来自一头名叫迪玛（Dima）的猛犸幼象。迪玛发现于西伯利亚东北部科累马河（Kolyma River）的一条支流附近。当时它形态侧卧，象鼻卷起，完全脱水，浑身布满皱褶。它的皮毛还是幼时的麦秆色，但几丛成年猛犸象深色的长毛已经夹杂其中，依稀可见。迪玛看起来栩栩如生，犹如马上要复活一样。米赫尔松不由得想知道它的细胞是否可以在没被破坏前尽快提取出来克隆。

这是一个富有探索精神的想法。到当时为止，还没有人克隆过哺乳动物，何况是已经断气的，更何况还来自上个冰川期。米赫尔松打算从迪玛的一个细胞里提取出含有 DNA 的细胞核，然后把迪玛的细胞核植入一颗移除了细胞核的大象卵细胞当中。如果这个重组的卵细胞开始发育，他就会把发育成的胚胎移入一只代孕大象妈妈的子宫。如果一切进展顺利，大象妈妈接下来就会生下一只克隆猛犸象。它就是迪玛生活在今天的双胞胎兄弟，跟迪玛一模一样。

迪玛的尸体被发现后已经在户外搁置了好几天，正在解冻，而且已经开始腐烂。然后，迪玛被送到了列宁格勒，动物标本剥制师又将尸体剩下的部分拨弄了一番。几千年来被大自然保护得非常完整的迪玛尸体，现在颜色发黑，长毛几近落光，浑身涂满了化学药品。米赫尔松的想法根本就没有实现的希望。他尝试了好几个月，但都宣告失败。如果科学家们想要复活猛犸象，他们只能另找一头更好的标本来克隆。

又过了十多年，才有人再一次试图复活原始毛猛犸象，这次轮到了日本人。在日本鹿儿岛大学（Kagoshima University），繁殖生物学家后藤和史（Kazufumi Goto）正同和牛（wagyu）一道工作。

日本和牛是一种很昂贵的肉牛，尤以其五花肉的价值最为珍贵。后藤一直在采集公牛精液，然后拿采到的样本去做试管牛。他的想法是：通过试管授精技术（IVF），只要万里挑一的雄性种牛一"发射"，就可以繁衍出数以千计的后代，每一只都质量很高。同时后藤还发现，这种方法对死去的精子也同样有效。这就使后藤陷入了沉思：如果可以用公牛死去的精子创造新生命，为什么冰冻的猛犸象死去的精子不可以呢？

他的方案是去西伯利亚，找到一只冰冻的猛犸象，然后用它的精子使大象的卵子受精。与米赫尔松的克隆猛犸象不同，这只动物不是纯种的猛犸象，它将是一半猛犸象，一半大象，即一种杂交动物，如果你愿意，也可以叫它"猛犸大象"[1]。如果这只动物活下来并且可以正常生育的话，后藤琢磨着让它和另一只猛犸大象交配育种，以此来提升后代的猛犸象 DNA 比例。这种过程可能会一直重复，直到几代之后一只基因上几乎完全纯种的猛犸象被创造出来。

但前路困难重重。首先，后藤必须要找到他需要的猛犸象。很明显，这只猛犸象必须是雄性的，根据平均律，这就排除了 50% 能找到的冰冻猛犸象。它还得是只成年猛犸象。和大象一样，猛犸象 10 ~ 15 岁才能发育至性成熟，如果找到的是幼年猛犸象，对于这项事业来说无济于事。

其次，这只成年的雄性猛犸象还得保存得完好无损。对于当时死去的或濒死的猛犸象来说，这意味着它要被快速冷冻然后被完全

---

1   又或者"大猛犸象"。——原注

覆盖。快速冷冻可使吞噬动物组织的细菌没有足够的时间滋生，这样尸体就不会腐烂。完全覆盖是为了避免被食腐动物吃掉，同时破坏 DNA 的宇宙射线也难以彻底毁掉细胞核。要达到这个目标，猛犸象就得死得相当不堪，比如像迪玛一样陷在一片泥沼中然后被大雪覆盖，或是掉进冰窟窿中然后溺死在结冰的湖面下。

　　但即使出现这些情况，也不能保证我们可以恢复有生育力的精子。人类、犬类和许多其他动物的传家宝（睾丸）明晃晃地悬挂在身体外部，而猛犸象的传家宝却跟今天的大象一样，小心谨慎地藏在身体里面。它们的睾丸位于身体的内部深处，跟甜瓜一样大小，可以喷出精液，然后精液在附近弯弯曲曲的导管系统中成熟。这部分是猛犸象的尸体中最不可能冷冻的。事实上，据估计，即使是在最冷的几个晚上，一只 6 吨重的成年猛犸象仍需要几小时的时间才能冻实，这就让细菌有充足的时间在它的生殖腺上进行破坏。猛犸象精液只能尽可能快地冷冻，以避免被破坏，而这种可能性和精子存活的可能性一样小。而且，就现有记录来看，精子存活的可能性本来就非常非常小。假设猛犸象的生殖构造和今天的大象相似，后藤和他的团队要找的是只有 1 毫米的 1/10 那么长的细胞。找猛犸象的精子远远不是一件如探囊取物般容易的事情。

　　即使后藤撞了大运，发现了有生育力的猛犸象的精子，也不能准确地知道这些恢复了的细胞是否可以使另一个物种的卵子受精，即便这个物种与猛犸象是近亲。为了使卵子和精子成功结合，卵细胞中遗传物质或者染色体的链状结构必须能和精子细胞中的对齐——如果两个物种拥有数量相同的染色体，就可以达成这一点，而如果数量不同，就会出现问题。雄性狮子和雌性老虎可以生出具备生育能力的"狮虎"后代，就是因为狮子和老虎都有 38 条染色体；但马和驴繁殖出的就是不具备生育能力的马骡和驴骡，因为马和驴的染色体分别是 64 条和 62 条。即使是两个有近亲关系的物种，因为物种不同，就算有相同数量的染色体，事情也会变得很棘手。比如非洲象和亚洲象，它们有相同数量的染色体，但它们之间的杂交只成功过一次，生出了一只杂交雄性幼象叫作莫蒂（Motty）。莫蒂生于埃尔维斯去世后的第二年，即 1978 年。

为了顺利开展他的第一次远征，在 1997 年的夏天，后藤邀请了一位同事与他随行，他就是来自距日本大阪不远的近畿大学（Kinki University）遗传工程系的繁殖生物学家入谷秋良（Akira Iritani）。入谷秋良的简历令人印象很深，他在 80 年代晚期取得了一个世界第一。当时他将一颗兔子的精子注射入一颗兔子的卵子，造出了一只小兔子。不是说在他们系里兔子需要什么帮助，毕竟兔子也是这样繁殖的，我们想表达的是，这是第一只利用卵母细胞胞浆内精子注射技术，或者叫 ICSI，繁殖出来的哺乳动物。该技术很多人都知道，现在已经是全球各生育诊所使用的老牌技术，数以万计的夫妻在这个技术的帮助下有了孩子。入谷秋良也想造出猛犸象，但是他对精子不感兴趣，他有一个不一样的计划。

你好，多莉

在他们即将出发的那个夏天，发生了一些事情使入谷精神为之一振。1996 年 7 月 5 日，苏格兰的一个农场出生了一只小羊羔。是的，那天有很多小羊羔出生，但这一只与众不同。她不是什么之前的羊羔，她是多莉，一出生便成为世界上最著名、出镜率最高的绵羊。哺乳动物克隆技术在 20 世纪 80 年代只不过是维克托·米赫尔松的白日梦，而此刻终于成真了。这对于单只羊羔来说是一小步，而对于整个羊羔群体来说是一个巨大的飞跃。这只克隆羊以胸部丰满的著名民谣歌手多莉·帕顿（Dolly Parton）的名字命名，因为用来克隆这只小羊的细胞取自一只雌性绵羊的乳腺。世界前沿的科学杂志《自然》宣告了小克隆羊的诞生，她占据了全世界新闻的头条，甚至登上了《时代》（Time）周刊的封面。这只绵羊超级巨星在世界媒体 360° 无死角的镜头前过完了她的一生。她本可能是一名要求极高的歌剧首席女主角，然而多莉在熟悉她的人眼里却再正常不过了，这很令人欣慰。"她那时是个小甜心。"发育生物学家迈克尔·麦格鲁（Michael McGrew）说道，他来自苏格兰罗斯林研究所（Roslin Institute），多莉就在这里出生。"她跟人在一起的时间非常多，所以变得特别温顺。"但多莉不仅仅是一只让人总想跟她多待一会儿的可爱小羊，她的出生预示着一个新纪元的来临。正如格里历（公历）可以被分为公元前（BC）和公元后（AD）一样，克隆技术领域也可以被划分为公元前——"克隆之前"和公元后——"多莉之后"[1]。多莉之前，人们从来没有用成年哺乳动物细胞中的 DNA 克隆过哺乳动物。多莉之后，一切都改变了。

她很重要，因为她首次向世人展示了，一个成熟的成年动物细胞核中的基因，可以重新编写进一种稚嫩得多、胚胎一般的状态。"老年" DNA 可以被诱导再一次变得年轻。

入谷说："这是一个惊人的发现。"如果绵羊可以被克隆，入谷认为，为什么猛犸象不可以呢？毕竟，猛犸象也是哺乳动物，尽管是一只已经死亡的猛犸象，身体非常大，毛发又长又乱，还拖着根长鼻子。入谷计划从米赫尔松结束的地方开始，通过克隆技术反灭绝复育猛犸象。只要他能找到一个完好无损、有生育力的细胞，那么他就能利用造出多莉羊的基本步骤来造出一只猛犸幼象。

在接下来的几年当中，入谷和后藤去过西伯利亚很多次，在融化中的冻原上寻找猛犸象的身体组织，但他们最好的发现也不过是一小块脏兮兮的臀部组织，看起来、闻起来都很像一块学生用过的浴巾。如果说他们找到的这块组织都不算好的话，还有更糟的，那就是俄罗斯海关阻止他们把这块组织带走。4 个月后，这一小块腐烂的臀部组织终于到达了后藤的实验室，这个实验却已经无望实施，也许这也是预料之中的。后藤的杂交实验没有精液，也没有用来克隆的 DNA。雪上加霜的是，他们之后发现这块可怜的样本可能是属于一头披毛犀而不是原始毛猛犸象。他们的猛犸象猎寻计划一败涂地。

1　"克隆之前"英语为 Before Cloning，缩写为 BC；"多莉之后"英语为 After Dolly，缩写为 AD。——译者注

一块老公牛肉

然后，这件事便沉寂了十来年。入谷不曾放弃过复活猛犸象，他只是在等待时机。尽管多莉已经出生了，在 20 世纪 90 年代晚期，克隆这门科学仍然刚起步，这个领域需要时间才能成熟起来。怀疑论者认为（而且仍然认为），永久冻土层中冷冻的细胞是不可能用来进行克隆的。当细胞在实验室里为了储存而冷冻时，科学家们加入了"抗冻的"低温保护化学物质使得细胞不会碎裂，这样，实验室中冷冻的细胞在低温下受到保护，就可以在液态氮中保存几十年，然后慢慢解冻，重新活过来。然而，猛犸象只是在它们栽下去的地方冷冻，没有人工的低温保护制剂来帮助保持它们细胞的生育力，所以解冻和培养猛犸象细胞的尝试被认为绝对会失败。

但是，2011 年，入谷大胆而肯定地宣布："技术上的藩篱已经被打破。"他告诉一家英国报社："我认为我们的成功具有合理的可能性，在 4 ~ 5 年内，一只健康的猛犸象就会出生。"

入谷的乐观主义建立在一系列方法论的进展之上。2008 年，当时在日本理研发展生物学中心（Riken Centre for Developmental Biology）工作的若山照彦（Teruhiko Wakayama）和同事们从一只扔在冰柜里冷冻了整整 16 年的小白鼠身上取下了一些细胞，用它们克隆出一只全新的动物。这项研究甚不同寻常，是因为这些用来克隆的细胞远远达不到新鲜的程度。这只小白鼠冷冻时没有用过任何一种低温保护措施。所以当细胞解冻的时候，没有一个是完好无损的。这项研究显示，冷冻的细胞看起来形状残缺，并不意味着你不能从中进行克隆。入谷受到了鼓舞。

一年后，一个包括入谷在内的日本科学家团队又更进一步，它们从一头叫作安福（Yasufuku）的优种公牛身上克隆出新动物。在安福的一生中，它的精液都被收集起来，利用它的精液，超过 4 万头小牛被繁殖出来，但当安福死去时（由于痴呆症而不是精力耗尽），他极具生育能力的睾丸也被切下，包在锡箔纸当中，放进零下 80℃的冰柜。我们永远不能清楚地知道这是否是安福曾想要的待遇，但是它的睾丸放在那台冰柜里超过了 10 年，没有添加低温保护剂，直到入谷和他的同事们使用从睾丸中取下的细胞创造出了 3 只一模一样的安福克隆体。即使是在死亡的状态下，安福的睾丸都可以完成任务。如果你可以用公牛来试验，为什么其他的大型冷冻动物不行呢？"我们的实验结果，"研究者说，"显示出复原已灭绝物种的可能性，比如原始毛猛犸象，只可以从在冰柜中或是西伯利亚永久冻土层冷冻过的组织或是动物中提取出活细胞。"猎寻世界上保存最完好的猛犸象的行动还在继续。

入谷计划使用若山照彦实验方法的改良版来克隆猛犸象，并且用这种改良的方法得出了一些初步数据，看起来很有希望。2009 年，他在《日本学士院纪要》（*Proceedings of the Japan Academy*）上发表了一篇论文，在论文中他描述了整个过程的第一步。入谷和他的团队从一只冰冻的猛犸象身上取得了细胞，将它们 15 000 岁的细胞核注射入空卵细胞。理想状态下，入谷会使用大象卵细胞。在这个卵细胞内，猛犸象的 DNA 会开始四处流动，进行自我组织，形成不同的筋状染色体，然后这个重组后的细胞就会开始分裂。但这并没有发生。

大象卵细胞很难得到，所以入谷被迫使用了小白鼠的卵细胞作为替代品。这听起来很牵强，因为两种动物的大小差别很明显，但是小白鼠的卵细胞可以轻松容纳下猛犸象的细胞核。科学家们希望，小白鼠卵细胞中自然出现的分子可以激活猛犸象的 DNA。总之，入谷将超过 100 个猛犸象细胞核注射入超过 100 个小白鼠卵细胞，但是结果我们并没有听到小老鼠的吱吱叫。入谷推测，也许只是猛犸象 DNA 太古老了所以不能正常表现；或者，也许只是小白鼠的卵细胞不能够重新编写猛犸象的 DNA。而且，也许组织培养技术还可以再进步一些，找到的猛犸象细胞可以保存得再完好一些，这样结果可能会不一样。入谷告诉我说："也许在大象的卵细胞中，猛犸象的细胞核才有可能被激活。"

入谷现在致力于标本的研究，这些标本采集自另一头猛犸象的干尸，它的名字叫由佳（Yuka）。由佳是一只完整的猛犸象，保存得格外完好。它是一只 3.9 万岁的学步幼象，毛发金黄中带点草莓红。2010 年，人们在西伯利亚的永久冻土层发现了它，发现的时候它仰卧着，四脚朝天。它的身体尤其值得研究，因为它的背部有两个大大的伤口，人们从中取出许多它的骨头，有头骨、脊椎骨还有盆骨。动物们不可能做成这件事，那么这具干尸就为早期人类可能做出的破坏提供了证据。不过，剩下的部分形态保持得非常好。2012 年，入谷拜访了由佳的家，位于俄罗斯雅库茨克市的萨哈共和国科学院。在那里他签署了一项协议，得到了接近猛犸象的权利，并从由佳身上收集到一些样本。经过了一系列的繁文缛节，俄罗斯政府花了一年的时间才对这些样本放了手——皮肤、肌肉和含髓的骨头，不过，这些样本现在已经在入谷在近畿大学的实验室里安全地安顿下来。他目前正在小心翼翼地研究这些珍贵的样本，目的是找寻到那一个独特的、具有生育力且完好无损的细胞核，帮助他实现梦想。但是除了入谷和他的团队，其他科学家也在试图造出猛犸象。无独有偶，在日本海对面大约800千米远的地方，一名饱受争议的科学家正在学科最前沿与入谷竞争。

从众矢之的到研究猛犸象

对韩国细胞生物学家黄禹锡（Woo Suk Hwang）来说，最著名的也许是他花了10年时间都忘不了的一桩科学丑闻。2009年10月，黄声称自己首次克隆出了人类胚胎并从中繁殖出了干细胞系，然而人们却发现他是骗人的，他犯有贪污罪且几次违反伦理道德。对于一个备受瞩目的研究者来说，这场曝光惊动一时，让他颜面尽失，在公众心目中失宠。然而他紧咬牙关，坚定决心，在很多忠实粉丝的同情和经济支持下，悄悄地重建了他的事业生涯。现在他在一个辉煌的新实验室里工作，这个实验室是他自己建的，位于首尔市郊，叫作秀岩生命工学研究院（Sooam Biotech Research Foundation）。在这里，他避开了人类细胞研究——这是可以理解的——转而聚焦于克隆大型动物。

黄在过去的20年中一直在使克隆技术变得看起来轻而易举。

2005 年，他制造了世界上第一只克隆狗，叫作"斯纳皮"（Snuppy）[1]，它是一只阿富汗猎犬。黄禹锡和他的团队花了两年半（或者对于犬类来说过了 19 岁）的时间来制造这只克隆狗，不过那之后，他改进了他的方法，沉下心来，又克隆出超过 500 只狗。[2] 很多都是人们喜爱的宠物狗的复制品，但是他也给韩国国家警察局克隆了几十只警犬，更别说还有牛、猪和丛林狼了。还有谁在复活原始毛猛犸象这件事上比他更合适呢？ 2012 年，"秀岩"在东北联邦大学猛犸象博物馆与负责人签署了一项协议，这些负责人的任务就是精心地保存小利亚霍夫岛猛犸象。该协议规定了在"猛犸象复活工程"的名义下，韩国人提供他们的专业克隆技术，前提是俄罗斯人将他们所能找到的最好的猛犸象组织移交给韩国。"秀岩"的科学家黄寅生（Insung Hwang，他跟黄禹锡不是亲戚）说："这对于我们来说是一段激动人心的经历"。"秀岩"在克隆大型动物方面有很多经验，俄罗斯人有很多猛犸象，这种搭档关系太完美了。"

　　果然是这样。2014 年 3 月，小利亚霍夫岛猛犸象，或者按我所喜欢的称它为"血淋淋的猛犸象"，从它冰冻的栖息地到达雅库茨克东北联邦大学。之后，黄禹锡和一众全明星猛犸象专家团队参与到近

1　"斯纳皮"（Snuppy）由英文"首尔国立大学"（Seoul National University）的首字母缩略语（SNU）和英文"小狗"（puppy）缩合而成。但是随着这只动物现在已经完全长大，也许他的名字应该被改成由英文"首尔国立大学"和英文"狗"（dog）缩合成的"斯纳格"（Snug）。——原注

2　来自"秀岩"网站上的建议："当你的狗离世的时候，不要把尸体放在冰柜里，而应该耐心地进行如下步骤：（1）把整个尸体用湿浴巾裹起来；（2）把它放进冷藏室，而不是冷冻室，以保持凉爽。不要忘记它的存在，否则当你找牛奶的时候，你就会又震惊，又恶心……（好吧，最后一条是我加上去的，但这是一条有价值的忠告）。请记得，你大约有五天的时间来成功提取和获得活细胞。"——原注

几年最奇特，最壮观的场面当中——对冰川期猛犸象进行犯罪现场调查式的解剖。脏兮兮的青灰色尸体躺在一块巨大的厚板上，背景是铺着白色地板的无菌实验室，两者相提并论，让人感到十分古怪。而科学家们都是全副武装的法医装束，竞相争抢样本。在两位电视台工作人员360°无死角的目光之下，他们刺戳、捣弄、测量、取相、钻眼，最后锯开并侵占了这具逐渐融化的尸体，身体构造的每个部分都被触及了。如果科学家们想要最大限度地利用这只不同寻常的动物，他们就需要在腐烂开始之前快速行动。

他们可以从象牙弧度、乳头和身体内的导管系统辨认出，这只小利亚霍夫岛猛犸象是雌性的。科学家们在当地医院用3D技术扫描了它的象牙，他们还可以据此辨认出它曾经生活了很长一段时间，并繁殖了很多后代。猛犸象牙的生长贯穿他们的一生，留下了一圈圈的年轮，从中不仅有可能推测出它们的年龄，还有可能推测出它们生命历史的片段。比方说，成年雌性猛犸象的象牙在她们怀孕或是哺乳的时候会长得更慢。化验显示出这只猛犸象生了8只小象，其中7只在断奶后活了下来，1只还吃着母乳便死去了。然后，在照顾了小象们30年后，这只猛犸象的象牙年轮纹路又改变了，非常有可能是因为这只小利亚霍夫猛犸象成长为她所率领的象群的首领。然而，在到达猛犸象社会的顶峰之后，生活开始变得艰难。我们知道猛犸象只有4颗牙齿，2颗长在上颚，2颗长在下颚。因为有一条条的沟壑，这些磨牙在咀嚼植株方面是很棒的。等沟壑磨完的时候，牙齿也掉了，在原来的地方会长出新牙齿。但当第六组，也是最后一组牙齿松动的时候，对于这没了牙齿的野兽来说，游戏就结束了。在她50岁死亡的时候，这只小利亚霍夫岛猛犸象只剩下最后的牙齿了，而且都不是新长出来的。在她的胃里和肝里，科学家们发现了很多又硬又圆的小石子儿。他们认为这些要么是结石，要么就是她偶然吞下的真石头。然后到了最后一个冰川期末期，四季没有明显区别。一天，天气很温暖，她来到了一个沼泽池，斜着身子想要饮她的最后一口水。然而，它的前肢在泥中陷住了，她使出吃奶的劲儿都无法脱身。她骨头上的牙印和疙疙瘩瘩的上身那恐怖的状态告诉我们，这只小利亚霍夫岛猛犸象遭遇了活生生的啃食。作为一个有很多孩子的母亲，一头有着显赫地位的猛犸象，她的结局却残忍血腥。

但她的故事当然并没有结束。来自丹麦奥胡斯大学（Aarhus University）的罗伊·韦伯（Roy Weber）说："我们可以对她的尸体进行研究，这非常令人惊喜。"韦伯也参与了解剖，他继续说："她一定是陷入了沼泽，而4万年中也就这么一天，沼泽是没有结冰的。自此她就被冻住了。"正是这段持续的、不间断的、长时期的冰冻状态，使得这只猛犸象在今天仍然可以供我们研究，解剖实验仍然可以进行。韦伯还说："她看起来像是一只2～3个星期前死亡的动物，而不像已经死了数万年。"

当研究者们将手术刀切进猛犸象的尸体时，他们发现尸体的一些部位仍然非常新鲜。韦伯说："肌肉看起来就像是从超市买来的牛排。"当非常像"血液"的样本被化验的时候，人们发现里面还有血红素[1]的踪迹。这个发现暗示着，这种体液也许是某种稀释和降解了

1　血红素是运送氧气的血红蛋白分子的组成部分，发现于猛犸象脊柱红细胞当中。——原注

的猛犸象血液。但是为什么猛犸象血仍然是液态的，而其余的部分却冻住了，这一直是个谜，直到对这种液体进行彻底的成分分析，我们才了解了原因。韦伯说，最有可能的解释就是，这种物质是沉积物和血液分解的产物及其他组织的混合物，这就有可能降低这种液体的冰点；而且在猛犸象体内有细菌制造出的天然防冻分子，也可以帮助阻止这种物质变成固体。

不过对于韩国人来说，有特大好消息。成熟的哺乳动物红细胞不含有细胞核，所以不能用来克隆。但是看起来很新鲜的猛犸象肉燃起了科学家的希望，也许可以从中找到适合于克隆的细胞。黄寅生说："他们也找到了其他保存完好的猛犸象，但是这头流血的猛犸象显然更适合细胞层面的研究。"在解剖过程当中，俄罗斯科学家检查了来自猛犸象的组织样本。当他们发现看上去很像肌肉细胞的物质时，情绪高涨。但是，在显微镜的载玻片上发现细胞的轮廓是一回事，而能发现一个 DNA 足够完整，可以被用来克隆的细胞，又是另一回事。还有一个问题是无处不在的俄式繁文缛节。样本在到了该出关的时候总是被耽搁，意味着宝贵的时间和有可能发现的宝贵细胞，在成功到达韩国"秀岩"辉煌的新实验室很久之前就会丢失。

考虑到这一点，黄禹锡和同事们决定采取主动——山不就我我就山……或者至少，猛犸象来不了实验室，就把实验室移到猛犸象身边去。韩国人在雅库茨克本来就资助过一个专门用途实验室的创建，而且因为一个关于毛猛犸象的项目要有一个毛茸茸的名字，他们把他们的新设施叫作"国际分子古生物学史前动物细胞研究共享中心"，或者简称 ICCUMPSCPA。俄罗斯科学家已经去韩国学习了怎样克隆大型哺乳动物，可是现在的计划是，当新鲜的组织一找到，科学家们就在俄罗斯的国土上当场进行研究。在那里，研究者们既有知识，也带去了成套装备，他们要开始克隆实验的尝试了。

那么，让我们喘口气，简单概括一下。让原始毛猛犸象重回世界的竞赛正在继续。两个不同的科学家团队，一个来自韩国，另一个来自日本，他们关于克隆技术都了解得很多，而且他们正在和两个不同的俄罗斯研究机构合作，因为这两个机构都有很多的猛犸象。日本人有长着姜黄色毛发的学步幼象由佳，而韩国人有那只"血淋淋的猛犸象"。两个团队都希望能从死去的猛犸象细胞中提取出细胞核，然后使用它们进行克隆。两个团队都很乐观，他们不得不保持乐观——承接这种格局、这种规模的项目，必须要有半瓶水的心态。但是有许多怀疑者认为，两个团队的项目都注定要失败。他们说，猛犸象细胞要有具备生育力的完整细胞核，而发现这种细胞的可能性微乎其微，几乎没有可能。凯文·坎贝尔（Kevin Campbell）来自加拿大温尼伯市曼尼托巴大学（University of Manitoba），是一名研究猛犸象分子的生理学家。他说："我有一只古董陶瓷花瓶放在我的壁炉台上，它看起来很漂亮，但是我不会给它灌水，因为它是漏的。猛犸象细胞也是这个道理。"甚至一个在显微镜下看起来很完好的细胞都有可能已被破坏，它的细胞核也早就流失了。如果这场比赛有第三匹马，结果才可能会有转机。

编辑一只猛犸象

哈佛大学的乔治·丘奇也在试图复活原始毛猛犸象。如果说有谁能做到这件事，我觉得他是可以的。我的信心来自两个理由：首先，像我之前讨论过的一样，丘奇是最聪明、最有创新精神，也最优秀的遗传学家之一。在他名下，记录着一系列引人注目的科学成就，而且，他还精通最复杂的基因编辑技术。其次，他看起来非常像上帝——这是影响大局的因素。丘奇有《圣经》中所描述的又大又长的络腮胡子，令人心生敬畏。像这样的胡子出现在米开朗琪罗的壁画中再合适不过了。如果我必须信任一个人，就得是那个在西斯廷教堂的天花板上看起来非常舒服又放松的人。他的计划是用基因组编辑技术来制造某种动物，实际上，这是一只样子和动作都很像原始毛猛犸象的动物，一只大而多毛的象，喜爱寒冷，可以居住在北极。

在猛犸象时代，它们进化出许多应对极端寒冷的适应特征。在外表上，它们的毛是有名地长；它们的皮肤布满了坑坑洼洼的皮脂腺，通过保持皮毛的油腻状态，使得皮毛不会渗水；它们的耳朵和尾巴小巧玲珑，这样就使热量的丧失降到最低；它们的腰部脂肪堆积，像有个备用轮胎套在上面，相扑运动员和它们比起来都相形见绌。同时，在内部结构上，它们也有很多特点。2010 年，凯文·坎贝尔和同事们证实了，原始毛猛犸象携带有一种奇怪的血红蛋白基因。通过把这种猛犸象基因插入一个细菌细胞，他们诱导这种细菌产生了猛犸象的血红蛋白。由此，他们证明，这种更新世的分子特别善于在低温条件下释放氧气。这可以帮助猛犸象保存精力，应对寒冷。"我们用的是真正的血红蛋白，"坎贝尔说，"和你回到猛犸象时代，从一只真的活猛犸象身上取得的一滴血液样本中得到的没有区别。"他在很大程度上并没有反灭绝复育猛犸象，但他已经反灭绝复育了它的一种蛋白质分子。

然后，在 2015 年，有两个研究团队发表了猛犸象的基因组，两个版本质量都很高。一个团队由来自美国芝加哥大学（University of Chicago）的文森特·林奇（Vincent Lynch）领导，他们对比了原始毛猛犸象及其血缘最近的活亲戚——亚洲象的基因组，发现它们在 600 万年前就有了共同的祖先。不过尽管二者的绝大多数核苷酸都完全一样，研究者们还是发现，有 140 万个 DNA 字母是不同的，并因此改变了超过 1 600 个蛋白质编码基因的序列。这些基因中，一些在毛发生长和颜色方面发挥作用，一些是感应气温的，还有一些帮助调节身体的生物钟，这有可能是为了生活在夏天有一段时间太阳从来不落的地方而进化出的适应性特征。

所有这些遗传特质为所有寻求复活原始毛猛犸象的人都提供了一张路线图。准备制造尼安德特人的科学家可能在理论上会取一个人类细胞，把它编辑成类似于尼安德特人的细胞。丘奇打算如法炮制，取一个大象细胞，让它的基因组变成类似于猛犸象的基因组。他说："不过，虽然在猛犸象和大象基因组之间有数以百万计的不同之处，但这并不意味着这项任务令人望而生畏。"远远不是。在实现制造"类猛犸象"生物目标的过程中，他不需要把所有这几百万猛犸象独有的基因序列一个一个地编入一个大象细胞。相反，他的计划是只改变这些基因差异中最显著的部分。

他正在使用一项叫作 CRISPR（全称是"常间回文重复序列丛

集"，Clustered Regularly Interspaced Short Palindromic Repeats）的技术，用这种新方法能够极其精确地编辑基因组。过去，研究者们可以把基因加入细胞中，但是很难说基因组中新添加的基因最后在什么位置，这就引起了科学家的担忧，他们害怕这些新加入的基因可能会打断与细胞生长有关的基因序列的正常运行，造成癌症。对比之下，CRISPR 技术被看作一个较安全的选择，因为科学家们可以利用这项技术在精确的位置上编辑基因组。

正如 CRISPR 佶屈聱牙的名字所显示的那样，这些 DNA 序列被成簇地聚在一起，间隔很规律，以一种回文的顺序重复着：寂寥长守枯眼望，望眼枯守长寥寂。一些 DNA 字母正着读和倒着读是一样的，在一些细菌中，它们天然存在，可以帮助击退病毒。在实验室里搬用的这套系统被比作一把由卫星导航系统控制的分子剪刀。这里的卫星导航系统是一个特别设计的引导分子，由指导着这把剪刀、类似 DNA 的 RNA（核糖核酸）分子和一种叫作 Cas9 的化学酶构成，在确定的理想位置剪断基因组。

2012 年，这项技术成为了众人瞩目的焦点。当时，来自加州大学伯克利分校的詹妮弗·杜德娜（Jennifer Doudna）和艾曼纽·沙彭蒂耶（Emmanuelle Charpentier）合著了一篇论文，证明了她们怎样用这个系统在任何她们想要的位置剪切双链基因组。沙彭蒂耶现在工作于德国不伦瑞克市赫尔姆霍茨传染病研究中心。一年后，乔治·丘奇和同事们证明了，这个系统不仅可以用来剪切，还可以用来编辑人类细胞的基因组，这在 CRISPR 的发展史上是一个里程碑。现在我们知道了，CRISPR 可以被用来添加、删除或改变从单个核苷酸一直到整个基因的任何物质。因为这项技术价格相对低廉且易于使用，CRISPR 此后一直被世界范围内数以百计的实验室采用。这些实验室使用着这项技术，帮助理解基因怎样影响健康和疾病，以设计和研发新的治疗方法；还用它来做许多其他事情，高效又有益。而且，这项技术被证明对其他的物种也有用……包括大象。

　　丘奇和同事们借"猛犸象复原工程"的名义，已经使用了CRISPR，将猛犸象血红蛋白中的基因编辑进大象细胞的细胞核中。然后，他会满意地看到，大象细胞可以读取新指令，并形成真正意义上的猛犸象血红蛋白。这时，他将会把注意力转移到其他关键的猛犸象特征上，比如皮毛和脂肪。为了给它的小动物披上必需的蓬乱长毛外套，他也许将不得不改变五六个不同的基因。毕竟，猛犸象的皮毛非同寻常，在它们的侧腹部和腹部，外层的粗硬毛发能长到 1 米长，而底下的细软卷毛就短得多了。他还要能够设计外套的颜色。我们知道，猛犸象携带有一种特别的基因叫作黑素皮质素受体 1 基因（*Mc1r*），这种基因影响着皮肤和毛发的颜色。而且，丘奇所选择使用的特定基因序列，决定了他造出的长毛大象在颜色范围上可能从草莓金到深红褐不等。丘奇告诉我，他在左右为难后决定选择姜黄色。他说："那时一直是有浅姜黄色毛发的猛犸象的。"所以为什么不选呢？！而且，因为他的目的是再造帮助他的小动物在北极活下来的特征，而不是对猛犸象做绝对基因复制，他并不排斥将其他物种的基因也加入其中的想法。一个选择是搬用另一种披着蓬乱长毛外衣的北极哺乳动物的 DNA，这种动物就是麝牛（*Ovibos moschatus*）。丘奇说："然后还有体毛很多的人。"比如有多毛症或者叫"狼人综合征"的人，就完全被体毛所覆盖。在过去，这些人作为马戏团串场表演的"怪人"受到人们的追捧；现在人们知道，多毛症患者拥有这样的魅力是因为一种特定的基因突变。将这种基因突变剪切、粘贴到大象基因组中，就有可能产生一头毛发特别茂密的野兽。就在我现在写作时，丘奇已经将大象基因组中 12 个不同的位置进行了"猛犸象化"，但这部分工作还算容易的。整个过程的下一个环节是造出一只发育正常的胚胎，这才是极具挑战性的部分。

房间里有一只大象

问题就在于，我们所讨论的各种猛犸象制造方法都将在某个时刻遇到两个相同的障碍。这些方法都牵涉到使用大象和大象卵细胞，而这两者都无法轻易得到。

那么，第一个问题就是去找一头正在排卵的雌性大象。一只成年雌象每 4 个月只排出 1 颗卵子，但在排卵之前的几个星期，她的阴道会分泌一些富含外激素（弗洛蒙）的黏液，向远近的同类动物发出信号，显示自己的生育力。附近，她最亲近的家属们通过"交配乱曲"来放大她的性信号。所谓交配乱曲，就是她所属象群的成员们，横冲直撞，到处乱跑，奔走呼号，大声吼叫，向每个有想法的大象宣传着这只雌象准备交配的意愿。这有点像纽卡斯尔的星期六之夜[1]。居住在数十千米远的雄兽，很快领悟到这些不那么难捕捉的暗号，向她附近的位置冲来，这样她一排卵，他们就能交配。结果就是：在野外，几乎没有具有生育力而还没怀孕的雌性大象。

所以，最好把功夫集中在被捕捉到的大象身上，但就是这样，也存在问题。雌性大象在所有哺乳动物中孕期是最长的，为 22 个月。然后，她们哺育小象的时间大概和孕期一样长。那么，因为哺乳动物在怀孕或产奶阶段是不会排卵的，这就意味着，从一颗卵细胞被排出到另一颗能够被使用，要间隔 4～5 年。这样就限制了能够收集起来用作猛犸象复原的卵细胞的数量。

但假设找到了一只正在排卵的雌性大象吧。下一步就是收集卵细胞。这个过程涉及探索存在于大象卵巢和外部世界之间的大象体内复杂的导管系统。人类从亮处到进入阴道的入口处只有很小的间隙，而大象的该部位却有一根长度单位为米的庞大管道，叫作前庭。前庭可不像它的名字所显示的那样是一个挂外套的空间，雄性大象进入时也不必敲门。它只是大象生理构造的一个双关语——人类从亮处到进入阴道的入口处只有很小的间隙，而大象却有这样一个附加的等候室。雄性大象的阴茎可能是任何陆生哺乳动物中最大的（勃起时有 1 米多长），可是，雌象的前庭虽然跟阴道很接近，但还是有距离的，而这条任性易弯的长藤所能达到的距离，也只能到前庭靠近阴道的那一端为止了。正因为这样，雌象的处女膜，就是包裹进入阴道入口处的薄

1　纽卡斯尔是英国第一夜都。——译者注

膜，在交配过程中并不会被破坏。所以，精子就不得不晃着小尾巴，穿过处女膜上的一个小孔，到达阴道以及更远处。当小象出生时，处女膜才会破裂，而破裂了的处女膜又会重新生长。要取得卵细胞，那些希望尝试造出猛犸象的人就需要将一种手术用具送到连雄象阴茎都达不到的地方：前庭之上，通过处女膜，在阴道处一直往前，到达无限远及更远处。这是棘手的操作，但科学家们已经做到了。一个专业兽医团队改良了技术，成功获取了大象卵细胞。该团队由来自德国柏林莱布尼茨动物园与野生动物研究所（Leibniz Institute for Zoo and Wildlife Research）的托马斯·希尔德布兰特（Thomas Hildebrandt）带队（这个人物在第八章将详细介绍）。

那么，下一步就是使用这些卵细胞来造出猛犸象。好不容易取得大象卵细胞，科学家们不想再耽误皮氏培养皿中胚胎发育的时间。但是，从没有人在实验室中造出过大象胚胎，更别说猛犸象的了。克隆技术，这种常常被提到的方法，因低效而为人们所诟病。研究者们在尝试反灭绝复育布卡多野山羊的时候，曾用了超过 500 个山羊卵细胞，造出了超过 500 个克隆胚胎，而大部分都在培养皿中夭折了。这批中最好的约 200 个，之后被植入超过 50 只不同的代孕山羊，而只有 7 只受孕。

而且，如果布卡多野山羊成功的可能性都很渺茫，对于原始毛猛犸象来说就更糟了。布卡多野山羊克隆实验是试图从健康的成熟皮肤细胞中为 DNA 重新编程，这些细胞中加入了保护性的化学物质，使用之前是被小心翼翼地冻起来的。但是，如果要用冰川期的身体组织造出猛犸象，那么其中的细胞和任何 DNA 都远远不尽如人意，让成功的可能性变得更加遥不可及。即使 DNA 足够完好，通过基因编辑技术良好地呈现出来，我们也不可能知道大象卵细胞是否可以对猛犸象的 DNA 进行重新编程。并且，如果布卡多野山羊研究者不得不造出数以百计的克隆胚胎才能保证一只活产，那么猛犸象制造者要造出的或许就数以千计。然后，一小束一小束分裂着的细胞需要被移植入代孕者的子宫，然而此处我们又驶进了完全未知的领域。

从没有人曾将胚胎移植入一只雌象。要做到这件事，胚胎需要被小心翼翼地送到前庭之上，通过处女膜，在阴道处一直往前，在子宫颈处继续走，然后在子宫处紧急停止。这是一段痛苦异常、绕来绕去的 2 米长旅程。兽医得壮着胆子，要么在"挠痒痒先生"（Mr Tickle）[1] 超长手臂的帮助下，要么就利用难以忍受的内腔镜。但是，还可能有另外一条路线。"秀岩"的研究人员计划不借道前庭，而是通过直肠，送回他们的猛犸象胚胎。他们会使用一种腹腔镜装置，在大象肠壁上打个眼，将胚胎送往靠近子宫的地方。这是一个帮助动物繁殖的捷径，本来是为犀牛设计的，这种方法帮胚胎节省了超过 1 米的行程。如果第一种方案像是在走环城公路，那么第二种方案就像是为横穿乡村走过一片满是粪肥的田野。即使那样，幼小的胚胎存活下来的可能性也很微弱。没有人知道猛犸象或是转基因大象的胚胎怎样在大象子宫内部和谐地生存。但是我们知道的是，当一种物种的胚胎被放置在另一种物种的子宫里时，情况会比较不妙。要记得，布卡多团队将胚胎移植入 50 个不同的代孕者体内，其中只有 7 个受孕，而

1　英国儿童读物《奇先生妙小姐》中的人物。——译者注

6 个孕程都失败了，并且那一只出生了的克隆布卡多野山羊也在接生她的兽医臂弯中死去了。从布卡多野山羊项目以及克隆其他濒危物种的尝试中得到的经验显示，如果研究者们试图造出猛犸象胚胎，并让它们在代孕大象的子宫内发育，还要经历很多很多的失败，才可能接近成功。代孕大象将被置于巨大的压力下，它们是还没有验证过的实验程序下的小白鼠。

而就是现在，屋子角落里那头体格庞大的大象，那头整章讨论中都一直静静待着的大象，站起来了。摇着一面旗，上面写着"这里，这里"，并开始大声吼叫宣泄它的不满。

亚洲象是原始毛猛犸象血缘上最近的活亲戚，所以我们必须向它们寻求卵细胞，也只有它们能够代孕。但是，亚洲象是濒危动物。它们的数量在过去的短短三代中已经减半。可是，我们还在猎捕它们，破坏它们的栖息地。它们不是实验用动物，它们也不是实验的工具。一只活着的，有呼吸的猛犸象可能确实是一种美好的事物，但是要以什么为代价啊？

当然，科学家们正在围绕这些问题，试着思考解决途径。也许研究者们可以从自然死亡或是为限制数量而杀死的大象中收集卵细胞，也许卵细胞还可以在实验室中人为地创造出来（见第九章），或者还可以有效地改进克隆技术的过程，从而增加成功的可能性。或许，超前思考一下，有一天，我们可以完全不用代孕动物，在实验室里某种人造子宫当中，就能让胚胎发育。但是如果，按照老话说的，不切实际的愿望是锅碗瓢盆的话，补锅匠都要失业了。

混乱的思绪

但是，花一分钟假设一下，有人确实设法造出猛犸象，接下来要发生的就是悲剧的部分。如果一只健康的猛犸幼象诞生了（这是一个重要的前提条件），它事实上有可能是非常孤独的。我们可以从大量猛犸象的埋葬地以及化石脚印中推测出，猛犸象过去是与自己的大家族生活在一起。像今天的大象一样，这些种群也许是母系制，且大体上是由雌象组成。象群成员彼此通过低频率的叫声来交流。而且有理由设想，就像大象一样，原始毛猛犸象母亲们和她们的幼象有着很亲近的关系。但是，一只原始毛猛犸幼象认可它的大象妈妈吗？它懂得要吸奶吗？这位母亲呢？一只现代大象妈妈会用她带有触觉的象鼻爱抚她那长着长毛的新生儿吗？还是会抛弃它，认为它是个怪胎？而且，如果她确实决定了要照顾一个来自更新世、与众不同的不合群者，她又怎样教它像一只猛犸象一样去活动而不是一只大象？如果目标是让猛犸象再次居住在西伯利亚，这些21世纪的超级模仿秀们怎样学会生存在寒冷当中，而它们的雌象典范却是喜阳的？猛犸象的行为方式在哪些程度上是天生的，在哪些程度上是习得的，这是一个非常模糊的范畴。带着这么多悬而未决的疑问，第一只反灭绝复育出的原始毛猛犸象就肯定不能出生在自然环境中，而要被人们圈养起来，这样科学家们就能控制环境，避免出现差错。但是，更多的原始毛猛犸象会接踵而至。他们不得不来，不仅是因为配种的需要，还有基因的混合。如果没有基因的多样性来发挥保护作用让猛犸象免受疾病和环境变化的灾殃，这些新生的小动物们是没有机会存活的。如果新生的猛犸象只是来自一到两个种源动物，随着时间的流逝它们最终就会成为同系繁殖的产物，像皇室家族一样，只不过耳朵可能更小一点儿。所以，我们的目标应该是将成群的猛犸象放养回野生环境当中。但是放养多少，在哪儿放养呢？这里，我们的预想再一次坠入云雾。

通过匹配牙釉质中和土壤中化学物质的同位素，研究者们计算出，一些猛犸象种群每年漫步将近 480 千米，所以他们需要很大的空间；现代大象每天吃将近 200 千克的食物，所以猛犸象们还需要很多的草料。如果我们的目标是让西伯利亚重新布满猛犸象，那么我们就不得不质疑是否为它们建立了足够大的保护区。更新世公园，这个谢尔盖·齐莫夫所独创的绝妙方案，占地大约 160 平方千米，而另一个靠南边一点的自然保护区建在较靠近莫斯科的地方，占地面积就小多了，只有前者的 1/50。当然猛犸象们可以去别处漫步，在高纬度北极地区居住的人不多。但是，如果重点目标是让猛犸象的数量维持一定的水平从而能够有助于保持北极的冰封状态，让那里与世隔绝的碳元素继续埋藏，那么该到了集思广益的时候了。即使所有涉及造出猛犸象的技术藩篱明天都被打破了（这件事是不会发生的），也得花上超过半个世纪的时间才能繁衍出一个有能力存活下来的猛犸象群……即便目前预想能成立的话，北极的冰层也可能已经消失了。来自英国剑桥大学的气候工程师休·亨特（Hugh Hunt）说："猛犸象能重回世界永久定居的日子太迟了，起不到任何作用。"因为没有冰层将阳光反射回太空，所以地球会持续变暖。冻原地带将会融化，由碳构成的定时炸弹现在还坚持着没爆炸，到时也将爆炸。"我们需要在接下来的 10 ~ 20 年间筹划重新冷冻北极的事情，"他说，"在那之后就太迟了。"如果我们还在指望猛犸象来拯救我们免于全球变暖的危机，我们就要重新考虑了。尽管穿着短裤、身着披风的猛犸象形象视觉上很吸引人，但是猛犸象并不像某些人所描绘的那样是改变气候的超级英雄。

如果要我选择一种动物让它重回世界的话，会是原始毛猛犸象吗？当然，我想看看猛犸象。尽管不情愿，我也会掏钱买一件特殊材料制成的保暖连身衣，一个能塞进后裤袋装着白兰地的扁平小酒瓶，以及一张飞往西伯利亚的机票，目的就是去那座猛料十足的更新世公园里一饱眼福。但唯一的前提是，猛犸象可以在不伤害我们现有类似动物的情况下被造出来。我不想以大象为代价让猛犸象回来，我不想在一种那么可爱、那么珍贵、那么需要我们保护的动物身上进行高风险、有潜在伤害的实验。也许会到来这样一个时代，那时的科学和技术运用过程将打消我的反对意见，那样的话就好了。但是至少就目前而言，原始毛猛犸象不在我的名单上。

第四章

鸟类之王

　　既然现实逐渐披露出来，我不确定该去期待什么了。"就是那么一回事。"博物馆馆长带着一丝失落的微笑说，"看起来相当悲哀，不是吗？"我再同意不过了。我正在低头看着世界上最著名的渡渡鸟，但映入我眼帘的只是一只风干的鸟头。它侧卧在一只硬纸盒里，能看到的一只眼睛半闭着。它干枯的小脸上长着一只大而前突的鸟喙，脸部的轮廓被强韧的黑色皮肤凸显着，像是裹着一顶绷紧的羊毛头罩，只有几根短粗的羽毛挺出来。紧挨着这只鸟的是看起来很像它镜中影像的东西——另一只渡渡鸟，回敬似的通过一个空洞的眼窝盯着前一只。但是，事实上，它是同一只鸟的另一部分。当维多利亚时代的科学家们仔细检查这只渡渡鸟时，他们把它的皮肤从头骨的一半上剥下来，展开，像是展开某种怪异的死亡面具。在另一个小得多的盒子里，有一个硬化了的眼眶。在第三个盒子中，是一只瘦骨嶙峋的脚和几块风干了的、带有鳞片的皮肤。这些看起来像是有人泡完酒吧后在肯德基暴饮暴食一顿后吃剩下的骨头。

那么，这些就是有名的牛津渡渡鸟（Oxford dodo）残留下的身体部位，被精心虔诚地保存在牛津大学的自然历史博物馆里。这个展品非同寻常，它激发了牛津大学教授查尔斯·道奇森（Charles Dodgson）[笔名路易斯·卡罗尔（Lewis Carroll）]的灵感，鼓舞他将渡渡鸟纳入儿童经典读物《爱丽丝梦游仙境》（*Alice's Adventures in Wonderland*）的创作中。但正如柴郡猫（Cheshire Cat）消失后只留下了一个露齿的笑容一样，牛津渡渡鸟，一个本来完好无缺的标本，解体了，只留下这些残肢。它"只有"一个鸟头和一只脚，但是因为还存在风干的皮肤和肉脂，它成为整个世界范围保存最完好的渡渡鸟。其他博物馆也许有渡渡鸟骨，但真的还没有什么可以与这个标本相比。

本章讲述了这只非凡的鸟儿怎样横跨数千千米，纵贯数百年，来到了牛津，这个解码它 DNA 的地方；以及这只鸟是怎样激励了至少是我内心让渡渡鸟重回世界的梦想。我本来以为又会发生某些伤害动物的毛骨悚然的事情，但是我最后发现的却是一些忧伤而美丽的故事。这只鸟完全脱水，七零八落，年代久远，寓意深刻。它带有一种出乎意料的尊贵气质和冷静神态。这是地球上最后一只渡渡鸟所呈现出来的样子。

不复存活

跟其他消亡的物种相比，没有什么比一只渡渡鸟消亡得更彻底。作为灭绝现象的典型，渡渡鸟甚至有了跟自己有关的惯用语。说跟渡渡鸟一样消亡得彻头彻尾，就是在说生命已不复存在，无可挽回。这个短语暗含的意思是消亡状态有不同的程度，有一些事物比其他事物消亡得更彻底。如果对"消亡状态"进行分级，渡渡鸟不在任何一个层级之上，渡渡鸟是消亡得最彻底的。所以要是有一个反灭绝复育计划的候选者，当然渡渡鸟就不得不当选，对吧？"跟渡渡鸟一样活生生地存在"也许意味很不同，但是却是一种美好的改变，不仅仅对于渡渡鸟而言。

渡渡鸟是一种大型的鸠鸽科鸟类，不会飞，曾居住在印度洋西南部的毛里求斯岛上。毛里求斯岛是一个小岛，距非洲东海岸有数千千米。然而尽管渡渡鸟在我们的集体意识中非常有名，事实上我们对它的了解却极为有限。我们所了解的内容也是来自对它遗骨的研究，包括一小把干尸状的身体部位和数千块互不相连的鸟骨。我们还从那些见过或是听过这种非凡生物的人口中或笔下了解着渡渡鸟。17世纪的水手曾到过这个小岛，他们在航海日志中画下了这种鸟的草图，写下了描述它的文字。但是，对于渡渡鸟丰富多彩的记录互不呼应，前后矛盾。根据各种各样现有的记录，这种鸟易于捕捉，又难于捕捉；它们行动迟缓，又行动敏捷；它们很聪明，又很愚钝。然后，水手们回到家中，关于渡渡鸟的消息不胫而走。其他的艺术家，大多数都从未见亲眼见过渡渡鸟，也开始描画起渡渡鸟来。他们利用艺术创作的自由，填补他们知识的空白，满足他们受众的预想。因此，渡渡鸟被描绘成各种各样的形象：肥胖的、纤瘦的、伛偻的、挺拔的、笨头笨脑的、身姿矫健的、脚趾内翻的、趾间有蹼的、棕色的、灰色的、黑色的还有蓝色的。类似于难懂的中文传话游戏中某些添油加醋的版本，渡渡鸟变得离它们的真实自我越来越远，而更像是今天我们很多人想象渡渡鸟样子时所能想到的笨笨的大屁股漫画形象。

它们身体比例奇特，样子滑稽好笑，所以人们特别喜欢取笑它们。荷兰航海家们戏称它们为 *dodaersen*[1]，或"臀大的"。这是一个冒犯语，但也许我们今天知道的名字"渡渡鸟"就是从它演变来的，而且，这个冒犯语还可能为一种严重的不安全感打下了基础：渡渡鸟是第一种需要为它臀部的尺寸而困扰的动物吗？它漫步在毛里求斯岛上森林里的时候为它全身膨起的羽毛而哀号吗？它有没有沉思过这个公认为真理的问题："在这副羽毛下我的屁股看起来很大吗？"甚至是 18 世纪戴着假发的大科学家卡尔·林奈（Carl Linnaeus）都加入了给它取名的队伍。依据人们对渡渡鸟的看法，林奈授予了渡渡鸟它的学名 *Didus ineptus*。尽管从此那个荷兰官方的绰号就不再使用了[2]，"渡渡鸟"这个俗名在人们交流中使用时仍然带有贬低的意思。问问大多数人关于渡渡鸟都知道些什么，他们会告诉你渡渡鸟愚蠢、肥胖且慵懒。作为进化失败的产物，它们愚笨透顶，所以躲不过捕杀者们的武器；它们反应迟钝，所以逃脱不了灭绝的命运。真相是，这些说法是有失公允的。我们太容易取笑我们知之甚少的事物，而该事物已经不

1　该词来自荷兰语，有很多解释，其中之一是"肥臀"。——译者注
2　既然你问起的话，它今天的学名是 *Raphus cucullatus*。——原注

在场，无法为自己辩解或证明我们是错的。

　　我能告诉你的是，在过去的700万年间，某个时候（没有人确切地知道是什么时候），渡渡鸟的祖先，一种体形小得多并且会飞的鸽子，在毛里求斯岛上着陆。这片小岛是一处理想的落脚地，所以这些鸟决定留下来。这里没有鸟类的天敌，而有一片林地，上面遍布着掉落的果实，于是这些鸟的飞行次数大大减少，而步行频率却大幅增加。毕竟，飞行是需要大量体力的，如果没必要的话就别费功夫了，这会轻松得多。然后，在经过许多代的进化之后，它们的翅膀开始缩小，直到最后它们完全丧失了飞行的能力。而且，它们的体形越来越大。根据"岛屿法则"，栖居在小岛上的物种会因为资源环境的变化而改变大小。有趣的是，较大的哺乳动物会变小：在塞浦路斯岛（Cyprus）上曾经一度生活着一种迷你猛犸象；在印度尼西亚也曾生活过一种跟霍比特人一般大小的佛罗勒斯人（*Homo floresiensis*）。而啮齿类和鸟类通常会长得越来越大：地中海西部的米诺卡岛（Minorca）上曾有过巨型睡鼠（*Hypnomys mahonensis*）；马达加斯加也以其巨大的象鸟（象鸟科）而著称；毛里求斯岛则见证了渡渡鸟的兴起。

　　尽管没有人准确地知道渡渡鸟是什么时候进化来的，也没有人知道这种鸟在鼎盛时期曾以多少数量存在，但是我们确实已知，400年前，渡渡鸟的生活很美好。这种大型鸟类栖居在茂密的黑檀木林和棕榈树林深处，跟珍奇的异国鸟和巨型的陆龟叽叽喳喳地闲谈。它们悄悄地衔走掉落的果实，在平地上筑巢，抚养它们的雏鸟，远离一切威胁。

　　但是在遥远的水天交接处，一个小点儿即将改变这所有的一切。1598 年 9 月，荷兰船队在去往东印度群岛的途中，侦察到了这个远方的田园小岛。水手们已经出海数月，此刻精疲力竭、饥饿难耐，新鲜的淡水也用光了，所以他们在离岸不远处起锚，划向海滩。它们所发现的宛如天赐——这么多的鸟，他们用棍子就可以把它们打下来；这么多的鱼，轻轻松松就能网到；这么温顺的巨型陆龟，他们可以（正如一张早期的照片所展示的）沿着海边骑龟前行。然后，还有渡渡鸟。

　　一份来自当时的记录记载："渡渡鸟们用双脚笔直地走路，就好像人类一样。"它有着"鸵鸟的身体"，"三到四根黑色的大羽毛"而不是翅膀，以及"圆圆的屁股——上面长着两到三根卷曲的羽毛"。另一份报告指出："它们的战斗武器就是它们的嘴，它们可以用嘴猛烈地撕咬。"所以当水手们向它们走去，用重物把它们打死的时候，并不是它们不会反击，而是它们不愿意反击。它们的问题不在于武器装备，而在于态度。来自伦敦自然历史博物馆的朱利安·休姆（Julian Hume）是当代鸟类学家，也是渡渡鸟专家。"现代的鸽子一个个都十分好斗，无一例外，"他说，"渡渡鸟不太可能与众不同。但是这些鸟之前从没见过人类，所以它们没有把人类看作威胁。"看起来，渡渡鸟对人类似乎有着自杀式的好奇和无可救药的信任。如果一只渡渡鸟被俘，它的哭号声会引来森林中其他渡渡鸟，这些渡渡鸟也就一块儿被捉了。正因为如此，人们认为它们很蠢。"但它们并不蠢，"休姆说，"它们只是非常天真罢了。"

　　面对着这种异国独特的，与他们以前所见过的都不一样的大个儿珍禽，这些饥饿的水手只想到了一件事——它尝起来什么味道。所以他们捕杀它们，把它们带回船上厨房。好失望啊！跟大多数珍禽异兽不一样，渡渡鸟尝起来"一点也不像鸡肉"；据说它"味道冲人，毫无营养"。[1] "尽管我们炖了很长时间，"一个水手写道，"它们吃起来还是非常难嚼烂。"所以渡渡鸟又有了另一个昵称：*walghvogel*[2]，或者"恶心的鸟"。

对于那些很不走运被俘获然后被烹饪了的渡渡鸟来说，这种死法很不光彩；同时对于那些留在岛上活下来的渡渡鸟来说，它们的死亡进程也开始了，但要缓慢得多。毛里求斯岛是荷兰船队在印度洋上往返时的理想落脚点，荷兰人曾到过这里很多次，然后，他们于17世纪30年代在这里建立了永久的根据地。一路上，他们毁坏渡渡鸟的天然栖息地，因为他们要砍伐森林从而为糖料种植园开辟空间，他们还用入侵物种淹没了这片岛屿。大鼠、猴子、猪和山羊跟渡渡鸟争抢着资源。它们毁掉了渡渡鸟的鸟巢，掠走了它们的蛋和雏鸟。渡渡鸟的数量急剧减少。

回老家

但是，一些渡渡鸟活着离开了小岛。水手们认识到，如果他们可以把渡渡鸟卖给离小岛很远海岸上的收藏爱好者，从这些样貌奇

1　所以与烤肉串比较相似。——原注
2　该词为荷兰语，意为"令人反胃的禽类"。——译者注

异的动物身上是有钱可赚的。所以"牛津渡渡鸟"被赶进了大木板条货箱，运往英国。连续数月被囚禁在货箱里不能动弹，这一定是一段极为煎熬的旅程，但是现在普遍认为"牛津渡渡鸟"熬了过来，成功地活着到达了伦敦。英格兰神学家哈蒙·莱斯特兰奇（Hamon l'Estrange）描述了他与一只被认为是"牛津渡渡鸟"的动物在1638年的一场邂逅。当时他正穿过伦敦的背街陋巷，突然发现了一块牌子挂在一间房子外面，打着"奇形怪状的禽类"的广告。进了屋，上了几层楼梯，他发现一只敦实的鸟被圈在笼子里，长得跟火鸡一般大小。为了帮助它消化，饲养者给它喂小圆石头吃，其中"一些跟肉豆蔻一样大"。饲养者还喊它为渡渡鸟。这就证明了至少有一只渡渡鸟曾成功地活着到达欧洲。但是即便是当这只鸟儿不可避免地从它鸟笼中的栖息杆上掉下来时，它依然呆呆地盯着前方。

　　起初它的结局以被纳入一整套付费才能观看的收藏品收场。这些收藏品位于伦敦南部的一所叫作查德斯肯特方舟（Tradescant Ark）的巨宅，在藏品名单中它的类别是"一只渡达尔[1]，来自毛里求斯岛，因为体形很大所以不会飞"。但是藏品的主人去世后，渡渡鸟被转到了这家的世交伊莱亚斯·阿什莫尔（Elias Ashmole）手中，他将渡渡鸟置于牛津新建的阿什莫林博物馆（Ashmolean）中展出，这是英国第一所公共博物馆。[2]

　　牛津渡渡鸟最终来到牛津了，但是它的前景看起来并不光明。早

1　据学者考证是渡渡鸟荷兰语名字 dodaersen 在英国的变体。——译者注
2　在阿什莫林博物馆建成早期，人们对它的评价褒贬不一。它的展品杂七杂八，都是些小零碎，似乎毫无章法。批评家们称它为"小摆设制造工厂"，阿什莫尔对此很反感。很明显这确实有些过分，阿什莫尔的"痛风都旧病复发了"。——原注

在这之前，博物馆的公众参与度就是非常高的，参观者拿起展品，随便摆弄的行为是受到鼓励的。渡渡鸟的外形比例奇特，鸟喙不同寻常，看起来肯定非常吸引人。渡渡鸟被折腾来折腾去，渐渐地开始变质了，虫子入侵了它没有得到妥善保存的身体。1755 年，当博物馆的管理班子成员们在一次对展品的例行检查中碰头时，他们觉得这个牛津渡渡鸟破坏得太严重，应该被销毁并换上一个好一点儿的渡渡鸟标本。

但只有一个问题：已经没有渡渡鸟可以拿来用了。在毛里求斯岛，最后一只渡渡鸟于 17 世纪 80 年代消失了。从这个时期开始推算，今天的专家们估计，这个物种是在大约 1693 年的某个时候消亡得彻头彻尾。因为所有的活渡渡鸟都不存在了，牛津渡渡鸟变得不可替代。接下来发生的事情后来都被糅进了牛津的民间传说：因为还不知道渡渡鸟已经灭绝了，博物馆的工作人员按照老板要求的那样把牛津渡渡鸟扔进了一堆篝火，它的尸体很快燃起了火焰。但是，在燃烧了 10 个多小时，到第 11 个小时的时候，一个博物馆助理决定不再遵守规定，而是从火焰中用手指把这只鸟儿残存的部分拨拉了出来，好像他的手指是石棉做的。他们再次得到的是一个烧焦了的鸟头和一只独脚。他们把这些返还给了博物馆，而我在 250 多年后参观了这座博物馆，看到了这个鸟头和这只脚。

这个故事使得牛津渡渡鸟现在的保管者恼火不堪，她是牛津大学博物馆的馆藏经理玛高莎·诺瓦克－肯普（Malgosia Nowak-Kemp）。有一天我自己专门去那里观察渡渡鸟，她跟我解释说，真相远远没有那么戏剧性。她说："没有升火。"标本除了鸟骨以外的部分只是腐烂掉了，所以被剔除了。那场神话般的大火起源于错误的翻译——"视察"这个词的拉丁文单词被误当作另一个意思为"用大火净化"的词。她又说："鸟头和脚被收了起来，因为它们是这只鸟唯一值得保存的身体部位。"

到 19 世纪为止，渡渡鸟的遗骸只有牛津的鸟头和脚、伦敦的另一只脚、哥本哈根的头骨，以及布拉格的一条腿和小块鸟喙为人们所知。遗骸的数量太稀少，对渡渡鸟的记忆太遥远，所以一些人怀疑渡渡鸟到底有没有存在过。他们可以选择相信渡渡鸟存在过然后灭绝了，但这种想法对于绝大多数信奉《圣经》而不重精神实质的人来说是匪夷所思的。那个时代的一位作家曾说："渡渡鸟……似乎只存在于想象当中……要不然就是这个物种已经被完全根除了……但这几乎就不可能嘛。"他说，牛津的那个样本属于一个未知的鸟类物种，其时在某个地方仍然存活着。对于牛津渡渡鸟来说，那个时代是一个前所未有的时期，充满了有关存在的不安。它到底有没有存在过？

困在阿什莫林博物馆里，实在是没有一个身体可依附，牛津渡渡鸟的遗骸悠闲而安静地度过了数十年。然后，1847 年，这些遗骸迎来了两次标本解剖中的第一次。维多利亚时代的科学家们解剖了这只鸟的头部。他们的目标，据诺瓦克 – 肯普说，不仅仅是为了满足理智的好奇心。在当时一所完全与科学无缘的大学，这次解剖的作用是提升人们对渡渡鸟进而对科学本身的关注度。科学家们的结论是，渡渡鸟不像是某些人所想的那样是某种类似秃鹫的大型鸟类，或是信天翁类，它们是鸽子。渡渡鸟又回到了现实游戏当中，人们再一次相信，它是存在过的。

这所大学建立了一座新博物馆来存放科学方面的收藏品，而且展开了自然科学科目的教学和研究。1860 年，牛津渡渡鸟离开了阿什莫林博物馆，穿过城区搬到了大教堂般的新自然历史博物馆，今天它仍然收藏在该馆。这座博物馆是哥特式建筑的典范，你什么时候去了牛津，一定要去看看。在晴朗的秋日上午，阳光透过它拱形的玻璃屋顶洒满整个博物馆，暖暖的，照亮那里摆放着的奇异生物。也正是因为惦记着这一点，就在新的千禧年到来之际，玛高莎·诺瓦克－肯普悄悄地把牛津渡渡鸟从公共展览区移走，给它找了个新的安放地，在一个阴凉无窗的里间屋，远离太阳光，以免褪色。你在公共展室看到的渡渡鸟展品是一个模型，旁边放着的那块头骨也是复制品。但是只要礼貌友善地问她，诺瓦克－肯普，也被称作"渡渡鸟女士"，就可能会给你看真标本。在过去的 25 年当中，她一直照看着牛津渡渡鸟，看起来，这只鸟似乎终于受到了它一直迫切需要的保护。这些遗骸躺在专门挑选的存储箱当中，中间垫着薄绵纸，这些都是无酸的，这样就可以最大限度地减少褪色和腐烂现象。这些箱子会不时地被转移以防被盗。但当我去看的时候，它们被保管在一个雅致的橱柜里，里面满是珍奇的藏品，箱子就处于一组奇形怪状、十分有趣的头骨、甲壳和犄角之中。诺瓦克－肯普小心翼翼，认真重视地拿起这些箱子，把它们放在旁边的一张桌子上，温柔得就像一位母亲对待新生婴儿一样。盖子揭开后，我们一起注视着这只鸟。我问她："你有没有对看管它感到厌倦过？"她回答："从来没有。"

我们只是看看并没有碰它，我照了相但是并没有开闪光灯。头骨皮肤的一半都被剥除了，维多利亚时代的标本解剖留下的疤痕很明显。但是第二次标本解剖的伤疤却不太容易被注意到。2001 年，牛津大学引入了一个非常成功的古 DNA 研究实验室。该实验室在阿兰·库珀（Alan Cooper）的带领下工作，他现在加入了澳大利亚阿德莱德大学（University of Adelaide）。对于那些对古 DNA 感兴趣的人来说，当时是一个充满希望的时期。研究者已经从埃及木乃伊、猛犸象及尼安德特人身上提取出了分子，库珀本人已经从另一种不会飞的已灭绝鸟类——新西兰大型恐鸟（*Dinornis giganteus*）中提取出了DNA。古 DNA 研究者贝丝·夏皮罗（Beth Shapiro）说："在古 DNA研究早期，研究者们关注的是谁能弄到最好的标本。"夏皮罗现在工作于美国加州大学圣克鲁兹分校，她就在那时加入了库珀的实验室。她还说："再好的标本也不如渡渡鸟的好。"他们想要试着从牛津渡渡鸟的身上提取 DNA，并不是为了复活这种鸟，而是为了利用这只鸟可怜而干瘪的遗骸中任何残存的 DNA，来帮助了解这种不同寻常的鸟处于生命之树的哪个位置。

　　这个双人组合获得了批准，研究这些声名在外的古董。他们的研究通过获取软组织样本开始，夏皮罗也把这些样本叫作硬壳族（crusties），因为它们是从渡渡鸟头骨的里部刮下来的。但这些样本没有产生 DNA。所以接下来，他们拿了个钻，给渡渡鸟的腿骨上钻了个眼。这一次他们成功了。这个团队可以取得线粒体 DNA 的碎片了，从中他们又可以确认，渡渡鸟真的是鸽子，它血缘关系最近的活亲戚是性感迷人、色彩斑斓的尼柯巴鸠（*Caloenas nicobarica*）。用谷歌搜索一下——它漂亮极了！

　　可以从线粒体 DNA 中获得这样的信息真是令人赞叹，但是这个双人组合明白自己的局限性。如果有任何细胞核 DNA 存在的话，数量也是极少的，所以以当时的技术探测到细胞核 DNA 是不可能的。牛津渡渡鸟又是这么珍贵、这么特别的一具标本，再取下任何样本用来分析都是不可想象的。所以，就当时来说，牛津渡渡鸟的故事结束了。希望它的遗骸在玛高莎·诺瓦克－肯普密切的观察下能够保存好，平平安安地一直待在过去一个半世纪给它提供的暂时休息的地方。

但是，对渡渡鸟 DNA 的搜寻还在继续。已发现的所有渡渡鸟骨绝大多数都来自一个源头，一个干涸了的远古泉眼，位于毛里求斯岛东南海岸附近。就在 4 000 多年前，各种各样的动物，包括渡渡鸟和大型陆龟，都定期去往这个地方。但是后来发生了干旱，湖水开始干涸。动物们还是不断地涌向这片逐渐变小的水域，聚在周围，它们的排泄物和池沼混在一起，池沼盐分越来越高，也变得越来越泥泞。对沉积岩心的分析显示，这使得含有潜在毒素的细菌不断生长。成百上千的动物陷在了泥沼中，死于中毒、脱水和踩踏。

如今，这个地带被称为"梦池"（Mare aux Songes），是一片绿草覆盖的沼泽地，离毛里求斯岛的西沃萨古尔·拉姆古兰爵士国际机场（Sir Seewoosagur Ramgoolam International Airport）不远。过去那片要了那么多动物性命的厌氧泥浆后来却有助于保存它们的遗骨。在梦池经常能发现化石，而且保存得很好，所以这个地带已经被官方认定为 *lagerstätte*（德文的"储集层"），这个术语只用来指那些最罕见的化石遗址。最近，贝丝·夏皮罗、朱利安·休姆和其他一些研究者曾进行过几次挖掘，掘出了数以百计的渡渡鸟骨。4 000 年前，在这些倒霉的鸟陷入泥沼的时候，它们的上半身腐烂了，但是它们被泥沼裹住的下半身肢体却保存下来。所以被发现的大部分渡渡鸟骨都是腿骨。

通过利用前沿技术，夏皮罗已经尝试着从超过 50 根不同的渡渡鸟骨中进行了提取 DNA 的实验，这些鸟骨都是从梦池拔出来的。但是，除了少许短短的线粒体基因序列，夏皮罗没有什么激动人心的发现。尽管鸟骨的状况都很好，它们细胞中 DNA 的状况却不好。线粒体 DNA 里的"字母"或者"碱基对"固然有几千个，但是与细胞核 DNA 里以十亿或更多为单位的碱基对相比，就差得太远了，而正是细胞核 DNA 构成了一只鸟的完整基因编码。渡渡鸟的细胞核 DNA 要不然就是降解太严重，事实上没有什么留存，要不然就是仅存的一丁点儿也严重变形，以现有的方法还无法处理。

我问夏皮罗是否还有一线希望，从渡渡鸟身上是否还有可能得到 DNA。她直截了当地告诉我："我们不太可能会在毛里求斯岛上找到任何 DNA 形态完好的标本了。"这个小岛太温暖了，会使得 DNA 碎裂。还有梦池，所有曾找到的渡渡鸟遗骸 99% 都来自那里，也太潮湿并且酸性太强了，也会使得 DNA 碎裂。夏皮罗说："每一种情形都是你在试图保护 DNA 时不想发生的。"要发现渡渡鸟 DNA，只有寄希望于发现一只侨居岛外的渡渡鸟，它死于国外，然后在凉爽、恒定的气温下，小心地保存几个世纪。这不会发生。我们人类过去因经常性地对渡渡鸟缺乏关照而臭名昭著——我们捕杀、品尝渡渡鸟，摧毁它的栖息地，然后不但不精心保存它的遗骸，反而在遗骸分裂成碎片的时候袖手旁观。如果我们最完整的标本就是牛津渡渡鸟，鸟头皱缩，线粒体 DNA 碎片也被岁月侵蚀，那么这种鸟全部的基因编码就有可能是我们永远无法企及的。如果没有它的基因组，那么就没有希望让渡渡鸟重回世界。我反灭绝复育渡渡鸟的梦想"消亡得彻头彻尾"。是时候面对真相了，我永远也不会有梦想中的宠物渡渡鸟。

我失望极了。谁不想看一看真的渡渡鸟呢？我会和爱丽丝一样精心打扮，给它一根手杖，让它用上袖扣[1]，再让它举行一场会议式赛跑。那样的话，每个人都是优胜者。[2] 就鸟类来说，渡渡鸟是一种非同寻常的鸽子，像这样的鸟我们永远也不会看到了。但是，复活一种已灭绝的珍奇鸽子，这个梦想没有必要就此化为泡影。还有一种已灭绝的鸽子，这种鸽子的消亡时间离现在比较近，科学家们认为他们可以让它重回世界。

鸟类造成的日食

当渡渡鸟在毛里求斯岛上行将灭绝的时候，一种小得多的鸽子，乌压压地飞过北美洲的天空。它们的翅膀还没退化，不像渡渡鸟那么敦实矮胖，也不像尼柯巴鸠那么性感迷人——这些鸟行动敏捷、身材

1　插画绘本《爱丽丝梦游仙境》1866 年版的一幅插画中，渡渡鸟拄着手杖，用着袖扣。——译者注

2　这是一个献给路易斯·卡罗尔忠实书迷的玩笑。这里有他的忠实书迷吗？我想没有。尽管我有可能对一个玩笑进行过度解释，过度沉浸在它的笑点中，我还是得说明：在《爱丽丝梦游仙境》中，渡渡鸟组织了一场"会议式"赛跑，参赛人员可以随心所欲地选择跑步方式，自己决定起点终点，所以每个人都能赢。——原注

苗条。雄鸟是钴蓝色的，有着桃红的胸脯、鲜红的眼睛和珊瑚红的腿脚；雌鸟，正如雌性的特质一样，色彩更加柔和。在19世纪的开端，这种鸟的数量难以想象，数以十亿计。它们成群结队，规模简直大到遮蔽了太阳———一种鸟类造成的日食。有时一群鸟要花好几天才能从头顶飞过，它们翅膀集体震动的声音就像隆隆的雷声。有人说，它们翅膀集体震动产生的冷气流强而有力，甚至能让底下地面上的人感到寒意。当渡渡鸟在它的乡村田园小岛上藏起来，很容易被忽略的时候，这种鸟，就它们的绝对数量而言，绝不可能让我们置之不理。

　　这种鸟就是旅鸽，也被称作"蓝色流星"，曾经是北美，甚至也许是全世界，数量最多的鸟类。曾经一度，地球上旅鸽的数量超过了活着的人类。难以置信，这不可能是真的。但还是试想一下……一群旅鸽就有可能超过160千米长，1.6千米宽，如果这里面的所有旅鸽飞成一队，头尾相连，形成的队列可以绕地球22圈。如果你把英国所有的家鸽抓住，给他们的数量乘以400，然后把它们放飞，这些空中的家鸽才是一个旅鸽群的大小。然后，有一天，它们都消失了，重蹈了它们毛里求斯表亲的覆辙。

　　旅鸽在几十年的时间里从如此庞大的数量减少到一只不剩，给我们带来了很大的震惊和不安，但是除了我们自己，我们不能归咎于任何事物。在旅鸽的全盛时期，这些庞大的鸟群在美国东部和中西部以及加拿大的落叶林间漫游，大口大口地吃着它们在林中找到的橡果和山毛榉坚果。它们就像长着羽毛的蝗虫一样，成群结队地出现，洗劫着整个森林。然后，当它们的食物供应枯竭，它们就重新飞回天空，继续向前飞。它们似乎是取之不尽的免费蛋白质，又太过容易捕捉，我们以百万为单位屠杀它们。它们的鸟群那么密，一枪就可以残杀几十只，连瞄准都不用。一个盲人用他的步枪指向天空，也可以把它们弄下来。我们用棍子把它们从空中赶走，还用大炮炸它们。我们用浸透了威士忌酒的谷物给它们下毒，放火烧它们的鸟窝，还点燃硫黄熏它们让它们窒息。我们通过被俘旅鸽的惨叫引诱它们自投罗网，而对于被捕获的旅鸽，我们将它们拴在小凳子上，把它们的眼皮缝上，还由此产生了"媒鸟"这个术语[1]，一段时间之后，就有了"纪德克瑞奥与椰子"合唱团（Kid Creole and the Coconuts）的歌——《媒鸟》。

19 世纪晚期，随着电报和铁路的普及，捕猎者们发现他们很容易就能听到有关旅鸽鸟巢新址的消息，也很容易就能去往那里。旅鸽，美国最便宜的蛋白质来源，成了一宗大生意；灭鸽器的生产保持在工业规模。死鸟被塞进桶里论吨卖。因为旅鸽以腿部味道异常鲜美的深色肉著称，大多数最后被烤了、炖了或做成了馅饼。有些人试着把它们的羽毛填进自己的枕头，是因为迷信这样会带来长寿。不会的。不管怎样，对于旅鸽不是的。我们这样的贪婪，有时桶里装满了卖不完的鸽子，就任由它们腐烂。这是多么可耻的浪费。捕杀它们还不够，我们系统而彻底地毁掉了它们赖以求食和栖息的森林。到1870 年为止，欧洲殖民者为了木材和农业方面的目的，已经砍掉了北美本土林地的一半。这对于当时仍活着的旅鸽的影响是不可低估的。因为可建鸟巢的地方越来越少，维持它们生命的橡果和坚果也供应短缺，它们的数量开始急剧下降。

1　英文中的媒鸟直译作"板凳鸽"。——译者注

　　到所有人都察觉到并且开始引入针对性的立法时，旅鸽已经所剩无几，不需要我们去拯救了。到 20 世纪早期为止，留存的几只旅鸽被关进美国的鸟类公园或动物园鸟舍之中。不久，只有一只旅鸽活了下来。这是一只叫作玛莎（Martha）的雌鸟，她栖居在俄亥俄州的辛辛那提动物园（Cincinnati Zoological Gardens）。因为上了年纪，行动不便，游客们想让她动，常常使劲朝她扔沙子，所以动物饲养员不得不给她的鸟笼围起警戒线，防止人们进入。然后，1914 年 9 月 14 日，玛莎，地球上最后一只旅鸽，死于必然的结局。她死的那天下午，有些人说，美国人的心都碎了。旅鸽成了一场回忆。

　　因为意识到她的重要性，动物园的管理者们把她冷冻在了一个大冰块中，运往华盛顿特区。她在华盛顿被解冻、剥皮、填充，然后进入史密森尼学会（Smithsonian Institution）的公共展览馆。从那以后，她只离开过那里两次，一次是出现在一场圣地亚哥举行的会议上，一次是去拜访她的老家——辛辛那提动物园。两次她都是在机组乘务员专人监护下坐头等舱去的。讽刺的是，玛莎生于、长于、卒于囚禁状态下，所以她死后飞的距离都要比她在 27 年的生命中飞的距离长。

　　到这里旅鸽的故事就结束了……除非它还有继续的可能性。2012 年，一个由鸟类学者、遗传学研究者和保育人士组成的研究小组，包括贝丝·夏皮罗和乔治·丘奇，聚集在哈佛医学院，讨论是否有可能让这种具有代表性的物种重回世界。这次会议由赖安·费伦和斯图尔特·布兰德组织，他们一直在思考关于反灭绝复育的问题，很想知道这是否有可能。专家们的结论是，这种可能性是存在的。

　　夏皮罗已经成功地在博物馆鸟类标本的爪趾垫中找到 DNA，基因编辑技术也一直在进步。当然还是有技术藩篱，但是大家的情绪都很乐观。费伦说："这场会议给我们开了绿灯。"这对搭档又继续组建了"复兴与复原"这个具有影响力且友好的非营利性组织，致力于推进反灭绝复育这门科学（更多内容见第八章）。科学家们正在酝酿着"旅鸽的华丽回归"。

今天，这个项目恰值高潮，负责人是一位青年科学家，叫作本·诺瓦克（Ben Novak）。在"复兴与复原"组织的资助下，以及夏皮罗实验室的指导下，诺瓦克正在进行我们都期盼但是几乎没有人做成过的事情——实现自己儿时的梦想。[1] 他从 13 岁起一直在思考关于反灭绝复育的事情。在孩童时期，他就参加过一个科学项目设计竞赛，内容是让渡渡鸟重回世界的可能性。几年后，他打开一本书，看到了一张旅鸽的图片。"我立刻就爱上了那张照片，"他说，"我立刻就爱上了旅鸽的传奇。"之后他就开始吃也是鸽子，[2] 睡也是鸽子，连呼吸都是鸽子。他是那么渴望赶快开始行动，所以在他成功地得到了"复兴与复原"组织工作机会的几年之前，他已经从家人和朋友那里筹了 4 000 美元，目的是可以开始自己测定旅鸽的 DNA 序列。所以当"复兴与复原"的项目成形时，他迫不及待地抓住了这个机会，参与到其中。他目前已经对旅鸽的遗传、历史以及生态关系进行了研究，现在看起来，似乎都是为了那个难以置信的梦想：让它们重回世界，给它们悲伤的故事一个幸福的结局。费伦说："他很聪明。他

1　我儿时的梦想是给长毛荷兰猪开一家美发沙龙，悲哀的是这从来没成为过我职业生涯的选项。——原注
2　不是字面意思上的。——原注

有一种'能行'的态度，还有毕生的热情支持他。"他也根本不是别人所预想的那样是个鸽子的狂热爱好者或是个学究。谷歌上搜索一下 pigeon fancier[1]，你会发现很多戴着扁软帽的退休老人图片，他们咧着嘴对镜头微笑着，还与他们优选的鸽子咕咕细语，但不是本·诺瓦克。他也许有一顶扁软帽，但他是倒着戴的。他看起来像是应该属于一个叫作 Ectopistes[2] 的独立制作摇滚乐的唱片公司，或是一个叫作"基因多样性"的英国街舞表演团体。他很谦虚，其实他有着 10 年资深博士后的专业知识和专门技术。诺瓦克对鸽子的了解比"国家鸽子协会"全体成员的了解还要多。如果有人能够让旅鸽重回世界，那就是本·诺瓦克。

　　他起步时的材料是全世界公共博物馆中可找到的旅鸽标本。数以百计，经过了剥皮和填充。和夏皮罗一道，诺瓦克已经从超过 80 个这种鸟类标本中提取出了 DNA。这些标本可以从 19 世纪晚期一直追溯到遥远的 4 000 年前。正如人们对那个阶段的死亡生物所预想的一样，这些基因材料都破碎成很多很多细小的碎片。所以诺瓦克正在利用"新一代测序技术"同时读取一个样本中所有碎片的基因序列。通过一遍又一遍地重复这个过程，他就可以描绘出一幅越来越准确的基因组画面，尽管是用数以百万计的细小碎片拼成的。迄今为止，诺瓦克已经测定了 DNA 中的 21 万亿组碱基对序列。这是一个极其庞大的数字：21 后面有 12 个零。

1　中文译作"喜爱养鸽子的人"或"鸽子迷"，因文化不同，搜索中文不会出现相关图片。——译者注
2　旅鸽学名 *Ectopistes migratorius* 的前半部分，意思是四处移动或漫游。——译者注

那么，下一步就是把这些碎片式的序列拼组成一个完整的基因组，首先以数字形式存于计算机内，然后以实际形式放于细胞当中。旅鸽血缘关系最近的活亲属可以随时提供帮助，它就是看起来相当平常的斑尾鸽（*Patagioenas fasciata*）。斑尾鸽有着咕咕的叫声，还有着与旅鸽非常相似的基因序列。正如研究者们利用现代人类的基因组来帮助研讨解决尼安德特人基因组的问题，还有大象的基因序列被用来帮助再造原始毛猛犸象的序列，诺瓦克正在用斑尾鸽的基因组做样板，对照这个样板来匹配旅鸽的 DNA 碎片并为其排序。他现在有了两只旅鸽的完整基因组，以及另外 37 只旅鸽的基因组碎片。

下一步，他将利用 CRISPR 技术，就是丘奇将他的大象细胞变为猛犸象细胞时利用的基因编辑技术（见第三章），来将旅鸽的重要基因编辑进斑尾鸽的细胞。诺瓦克将以一种有效的方式来并排排列虚拟的旅鸽和斑尾鸽基因组，寻找两者的差异。然后有一个棘手的小问题：决定可能存在的大约 1 000 万处差异中哪些是真正重要的。比如，哪些序列让旅鸽拥有宽阔的翅膀、大块的胸肌和修长的尾巴，还有它斑斓的钻蓝色翅膀或是玫瑰红的胸脯呢？有没有一种基因成分形成了它喜欢漫游的强烈欲望或是数以十亿计地群聚的倾向？这是一项令人望而生畏的艰巨任务。

诺瓦克说，策略就是寻找已经与特定的特征联系在一起的基因，比如全身的羽毛及其颜色；还要找出其他之前了解较少，但具有正选择迹象的基因序列。这些序列的碎片在一段时间内发生了迅速的改变，除了随机的遗传漂变，它们一定还受其他因素的影响。这些序列是非常有用的遗传编码片段，因为携带这些序列的鸟类更有可能存活、繁殖并把它们的基因传递给未来的世世代代。也许这些序列通过某种方式改变了翅形或是视敏度，让这些鸟更快地飞行或更好地搜寻粮食。或者也许它们影响了这些鸟大脑的内部联系，帮助它们在长距离的飞行中找准方向。具有正选择迹象的序列在基因编码中留下了很明显的迹象，可以被警觉的遗传学家发现。诺瓦克将要编辑进他斑尾鸽细胞当中的，正是这些最重要的序列。

很好！那么，我们理论上就让一只活鸟的细胞中有了一套旅鸽式的基因组。下一步就是造出一只雏鸟。我听到你大声说："为什么不做克隆实验？"毕竟，你肯定会那么想。你已经读完了前面的章节，感受强烈，一直在快速翻页。你了解了绵羊多莉、布卡多野山羊西莉亚和世界上想要克隆猛犸象的科学家们。那么，克隆有没有可能成为一个选择呢？

在哺乳动物克隆方面，供体 DNA 被注射入卵细胞，在施加过一点点生物学手段之后，卵细胞就变成胚胎，然后，胚胎被移植入代孕体的子宫。但对于鸟类来说，这个过程就更复杂了。雌鸟的生殖系统有点儿像一条自动的产品装配线。卵巢在一端排出脆弱的一小团，由细胞膜包裹着，里面是蛋黄和一些极为细小的 DNA。然后，当这一小团开始在鸟儿的输卵管中跌跌撞撞地向下游时，先是蛋白，然后是蛋壳就随之附了上去。到一只蛋产出来时，它已经发育得太过成熟了，更别提还有蛋壳覆盖着，所以是不能用作克隆的。即便是可以，也没有能把它放回去的子宫。研究者们十多年以来一直尝试克隆鸟类，也一直失败，这使得一些人推测，失败的原因就是这个过程本就不可能实现。繁殖生物学家迈克尔·谢兰（Michael Kjelland）说：

"克隆鸟类这件事不只需要技术手段，它还是一个需要安排组织好各种细节的复杂过程。"谢兰来自"保育伦理、遗传学和生物技术有限责任公司"（Conservation, Genetics and Biotech, LLC）。

不过，谢兰和同事们一直在致力于越过这些藩篱。他的想法是及早介入，一排卵就把卵细胞采集到，而不是等到蛋白和蛋壳都已经附上去的时候。他和小鸡们一道工作，因为小鸡很容易抓住、照看，而且很容易就能产很多的蛋。他手很稳，用一把汤勺就挖出葡萄大小、还未成型的蛋。接着，他用了一种专门技术，这种技术把化学着色结合到显微镜观察中，这样就可以让卵细胞的DNA形成图像。如果要利用克隆技术，卵细胞自身的DNA一定要被移除，这样供体DNA才能被放入，但是要以不透明的蛋黄为背景给卵细胞DNA定位已经证明是有困难的。他说："之前这的确是个拦路虎。"现在，蛋黄质的一小团被固定在一个玻璃烧杯中，他可以在有DNA的地方穿孔，然后用一个极细的玻璃滴管把DNA吸走。"我们对穿孔时蛋黄可能会溅出来有点儿担心，"他说，"但是它没有溅出来。"

下一步就是把某只即将被克隆的鸟的DNA加入那只"空"卵细胞中，然后诱导重组的细胞开始分裂。然后，发育中的卵细胞就需要实实在在地被放置于某处进行温育。这里，谢兰解释说，有两个选择：一个是把胚胎移植回一只成年鸟儿的生殖道，让它从生殖道开始再跌跌撞撞地游下输卵管，就像任何其他卵细胞一样，它的蛋白和蛋壳也会附上；另一个是小心翼翼地削去一只大小差不多的常规卵细胞的顶端，挑出里面的物质，然后轻柔地把克隆胚胎放到里面，等到有一点点蛋白出现，再把它封上。到目前为止没有人曾在克隆鸟类胚胎时尝试过这最后一个步骤，但是谢兰已经削去了火鸡卵细胞的顶部，让一只常规的罗得岛红鸡（Rhode Island Red）鸡雏从中孵化出来。原则上，这证明了胚胎移植技术是可行的。

爸爸别哭

可怜的老爸。当婴儿出生，他的父亲很少能得到大家的赞誉。所有的目光都集中在小家伙身上，皱皱巴巴，柔柔弱弱；还有母亲身上，坚强隐忍，振作达观，在怀孕和分娩这样艰巨的任务之后理应精疲力竭。可怜的父亲们，无人注意，完全被忽略。没有人承认他们在自己的伴侣肚子鼓起来、脚踝肿起来的时候把自己的日常生活料理得多么有条不紊；没有人恭喜他们能够正常吃饭和小便，而他们的伴侣一看到吐司面包就反胃，因为膀胱被挤得跟豌豆般大小而抓狂；在他们站在分娩套间手足无措，忘我地沉浸在"替补人员"的角色中，而他们的伴侣痛苦地尝试着通过一个"小圆孔"挤出一个"方木桩"时，很少有人拍拍他们的脊背，对他们表示赞许。可怜的老爸。

每天的每一分钟都有新生命被创造出来，但是父亲们却几乎得不到赞赏。于是，虽然有时也有新闻颂扬父亲扮演的角色，有故事认可他在创造生命的奇迹中非常独特的作用，但也只是偶尔。而接下来要讲的，就是这样一个故事。

2013 年 3 月，一位羽翼轻柔的父亲抢占了全世界报纸的新闻专栏。这位父亲确实做了一些相当不同凡响的事情。一版头条大喊："鸭子成了小鸡之父。"另一版尖叫："小鸡有一个鸭子父亲。"还有一版因怕制造麻烦，带有歉意地压低声音悄悄说："小鸡的爸爸嘎嘎叫。"[1] 如果说亲子鉴定是被诱导去做的，这就是一例。在某个由实验室促成的羽翼缱绻的古怪幽会地点，一只雄性鸭子和一只雌性小鸡通过某种方式结合在一起了，而且成功地繁殖出，不是杂交鸭，也不是杂交鸡，而是一只纯种的雏鸡。经过同行评议的《繁殖生物学》（*Biology of Reproduction*）杂志宣布了这场初生。杂志上发表了一张暖心的照片——母鸡妈妈和公鸭爸爸守护在它们毛茸茸的黄色小鸡崽旁边，看起来非常满足，背景是一片草坪，洒满了斑驳的阳光。但这可不是个普通的爸爸，这是一只有故事的鸭子。一个非常秘密的故事，连它自己都不知道。一个被隐藏在它……生殖腺中的故事。

　　大约一年前，当这只鸭子还只是一个娇小的胚胎时，它在迪拜的一个实验室里经历了一台特别的手术。这个胚胎被冷冰冰地称作 wd25。来自迪拜中央兽医研究实验室（Central Veterinary Research Laboratory）的细胞生物学家张一国（Il-Kuk Chang）和同事们将小鸡细胞注射入鸭子胚胎的血流中。但这些可不是普通的细胞：它们是原始生殖细胞，或叫作 PGC[2]，是在发育早期形成的专门细胞，只做一件事情——在膀胱里制造性细胞：在雌性体内它

---

[1]　这一版新闻专栏没有夸大其词，但它本应该这样做。助理编辑不太敏感，没有抓住噱头。——原注

[2]　PGC 全称为 Primordial Germ Cell，是产生雄性和雌性生殖细胞的早期细胞。——译者注

们制造卵细胞，在雄性体内它们制造精细胞。当张一国把小鸡的PGC 注射入 wd25 的主动脉，这些 PGC 就通过血液供给进入膀胱，在那里它们混在这只鸭子自己的 PGC 之间，开始制造精子——小鸡精子。因为鸭子的 PGC 和小鸡的 PGC 混在一起，当这只公鸭发育至性成熟时，它就开始同时制造鸭子和小鸡的精子。根据研究论文所述，"精液样本被采集起来"[1]，然后被用来使雌性小鸡受孕，受孕了的雌性小鸡就继续做小鸡们最擅长的事：产很多的蛋。在这些蛋中，少量孵出了名副其实的小鸡崽——健康的雏鸟，基因全部是小鸡基因，但是父亲是鸭子，母亲是小鸡。说到让少年儿童产生身份危机，那真是天下第一。

这是一项引人注目的科学成果，但是目的却深刻得多。如果一个物种的卵子和精子可以在另一个物种的生殖系统中培养发育，那么这项技术就可以用来帮助增加濒危物种的数量，有可能让已灭绝物种重回世界。编辑从斑尾鸽身上取下的 PGC，让其包含旅鸽的DNA，然后可以把编辑好的 PGC 注射入一只宿主鸟胚胎。这很有可能发育成一只斑尾鸽，然后，这只斑尾鸽在科学家的安排下像正常鸽子一样长大，最终开始产生旅鸽的精子。如果雌性斑尾鸽可以以同样的方式被改变，产生旅鸽的卵子，那么至少是理论上，旅鸽是可以被繁育出来的。

代育的父母，非常有可能就是斑尾鸽，可以被用来孵化鸟蛋，然后照看小鸟。但是考虑到斑尾鸽的颜色几乎是单一色，而旅鸽的颜色

---

1 太奇怪了，难以想象……我倾向于认为当时有情调音乐的伴奏，播放着"绿头鸭的妻子"（Mallards' Wives）的唱片。——原注

是多彩的，本·诺瓦克告诉我说，最好还是给代育父母的羽毛染色，让它们更具可信度。"毕竟，"他说，"没有什么能像这样让它们看起来比较对劲。"但是旅鸽雏鸟对父母的关爱也许并不是很期待。历史记录揭示出一个旅鸽鸽群的所有成员如何于同一时期在同一片森林中建造出数以百万计的鸽巢，摇摇欲坠地高挂在树顶。那之后它们就都开始产蛋，每只鸟巢中有一到两个，步调特别一致。然后它们会花几个星期的时间孵化鸽蛋。当乳鸽孵出来的时候，父母们就哺育它们。这是一种富含脂肪和蛋白质的黏稠液体，产生于鸽子们的嗉囊当中，里面还有一些它们反刍的食物残渣。然后在乳鸽们非常柔弱、只有两周大的时候，一些不可思议的事情发生了。乳鸽父母给它们的雏鸟最后一次喂食后，一起飞上天空，齐刷刷地消失了。它们突然就离开了，无助的雏鸟们被孤单地留下来，位于 3 米高的地方，没有食物，丰满的羽翼也尚未形成。不知所措的雏鸟们会在鸟巢里待一到两天。它们越来越饥饿，然后就一只接一只地砰砰掉落到森林地面上，去寻找食物。这就像把一个学步的婴儿从婴儿车里倒出来，然后希望它可以搅拌自己的辅食。它们的翅膀还需要几日才能发育丰满。在这几日当中，这些落地的雏鸟们就成了林地上食肉动物唾手可得的落果。狼、狐狸、鹰和其他的食肉动物可得忙碌上一阵子了。这就像把一个正在学步的婴儿从婴儿车里倒出来，然后希望他可以搅拌自己的辅食……在一个满是以婴儿为食的老虎的厨房当中。一些人称之为鸟类提供的社会福利。

这看起来像是一个又残忍又浪费的策略，但很有可能是因为它们的食物储备在减少，成年旅鸽不得不继续向前寻找食物。当然，它们的抛弃行为导致了成千上万的雏鸟死亡，但是就进化过程而言，这种破坏是次要的。整个鸟群生存下来，看到了新的一天。尽管似乎很奇怪，这种消极的哺育方式在今天却对我们很有利。因为旅鸽曾以这种哺育方式生存下来，而经过反灭绝复育技术新出生的旅鸽也不太可能从它的代育父母那里要求很多。它只需要一点点嗉囊乳和一些反刍的种子。

他们的计划是，在一个尽可能大的鸟类公园，把它们小心翼翼地养起来，直到它们达到了成群的数量，可以被放飞到野生环境当中。北美洲东部的落叶林曾经一度被欧洲农民所砍伐，现在已经大体上重新生长出来了，所以它们也有可以栖居的地方——尽管有些人认为也许还不够。作为旅居的鸟类，旅鸽跟随自己的鸟喙寻找食物，而不是往返于确定的迁移路线，所以它们不需要被教导该飞往哪里。相反，如果它们有一点儿像它们的祖先的话，那么天生就会聚成一群，搜寻粮食，找出满是坚果的林地，也许甚至还有满是种子的农场。诺瓦克说："青年旅鸽有可能形成自己的社会结构。"就数量而言，"复兴与复原"项目所希望达到的数量目标还是未知的，但是很有可能会是数以十万计，甚至百万计。听起来也许很多，但是，现有的很多鸟类都以这种数量甚至更多的数量而存在。据估计，2014 年已有 2.75 亿只哀鸽。所以对于旅鸽而言有足够的空间。

对于诺瓦克而言，实际上对于整个"复兴与复原"项目而言，关键都是再造一种和它们的祖先填补同样生态龛位的鸟类。就旅鸽的案例而言，目标应该是制造一种 21 世纪的鸟类，行为方式很像旅鸽，并且和旅鸽以同样的方式与环境互动。如果诺瓦克不负众望，复兴与复原了的旅鸽就会形成密集的鸽群在天空游荡 [1]，它们吃坚果和种子，毁掉一些，再播撒一些，还促进了林地的多样性。它是食肉动物的蛋白质来源，同时也对其他以果类、谷类为食的动物形成竞争。然而这些全部都需要时间。我们仍需要做很多基础科学研究，所以"复兴与复原"项目不认为他们在 2022 年之前能够听到一点点旅鸽噼噼啪啪跺脚的声音。他们设想能够在 2032 年之前看到第一群试飞的旅鸽翱翔在天空中。所以这不是迫在眉睫的事情，但是，随时关注着天空吧。

这个项目并不是没有怀疑论者。一些人，比如说贝丝·夏皮罗，就提到了技术上的樊篱。"我们目前不可能反灭绝复育旅鸽，"她说，"因为很多很多的原因。"到目前为止，没有人曾造出鸽子的 PGC 或对其进行转基因，更别提把它们移植到一只宿主鸟的体内，让这只鸟造出精细胞或卵细胞，然后用这些性细胞来繁殖活鸟了。但是我也曾是一名细胞生物学研究者，我也曾摆弄过转基因实验。我曾花了很长的一段时间试图彻底搞清我在皮氏培养皿中培养的细胞能够存活所需的特定营养素，但是结果令人沮丧。我曾在沮丧中攥紧拳头，因为我曾简单尝试过在基因层面编辑上述细胞，但产生的结果毫不起眼、不尽人意。我知道从事与细胞、DNA 相关的工作可能是多么的困难。但是 20 年后回头一看，我可以看到技术的进步是多么日新月异。是的，会有樊篱。但是有像本·诺瓦克这样有热情又

1　整章中我一直都擅定"一群"是可以准确形容旅鸽的集合名词，但是也许它们应该拥有自己的术语。我建议使用一场旅鸽"风暴"、一场旅鸽"日食"或是一"诺瓦克"的旅鸽来形容这种鸟类。——原注

聪明的人在一线工作，我们肯定能越过这些樊篱。

但我们可以做一些事情，并不自然而然就意味着我们应该做。鸟类学家马克·艾弗里（Mark Avery）也是《来自玛莎的信息》（*A Message from Martha*）的作者，他就很担忧，如果我们让旅鸽重回世界，这种鸟类的生活是否幸福。在它们被反灭绝复育的早期，会有小部分的鸟儿是以被圈养的方式由科学家饲养和选种繁殖的。"但是我们知道这些鸟儿都是非常喜欢群居的动物，"他说，"所以它们会感到非常悲伤。"这些鸟儿曾数以百万计地群聚在一起。它们需要这样做，这给他们提供了安全感，而且在它们弃之不顾的雏鸟以如此之多的数量掉在地上被吃掉的时候维护了这个种群的存在。我们不能让几只旅鸽重回世界，然后放飞它们，那样它们不会有生存机会的。反灭绝复育旅鸽是孤注一掷的选择。要么我们让一个旅鸽鸽群都重回世界，这个鸽群大到会遮蔽了天空；要么我们就不要费神了。而在这一点上我发现自己还是比较保守的，不倾向于冒险。

1855 年，一个旅鸽群的目击者描述了这样的场景："孩子们尖叫着跑回家。女人们提起她们的长裙急匆匆地跑到商店里寻求庇护。马儿们都脱缰了。几个人嘴里害怕地咕哝着关于世界末日要来了的事情，还有几个人跪下来祈祷。"这些鸟吵闹暴乱，所过之处一片狼藉。它们可能在几分钟内吞食掉一片新种植的田地上的所有庄稼。它们毁坏了整个丰收季，给农民带来了天大的烦恼。在它们飞下来休憩的时候，它们会高高地栖居在任何可以休息的树枝上，而且每根树枝上都是它们的身影。如果空间不够了，它们就一个叠一个地摞起来，压得大树枝都折断了，底下的树杈上栖息的鸟儿都会因此而被压扁。当它们排出粪便的时候，就像有巨大的雪花一片片从天空掉下来，使得地上覆盖着一层厚厚的鸟粪。当它们继续前进，它们留在身后的景观一片狼藉，甚至比学步婴儿生日派对过后的一片狼藉还恐怖。伟大的博物学者詹姆斯·奥杜邦（James Audubon）曾说，这场景"就好像森林被一场龙卷风席卷了一样"。它们是一种投机取巧的杂食动物，从一处飞到另一处，好像插着翅膀的蝗虫一般，吞食它们所能吞食的一切。如果它们吃了一种东西，然后发现另一种它们更喜爱的东西，它们会从嗉囊中吐出里面的食物，然后继续狂吃。旅鸽是北美洲插着羽毛的善饥患者，仿佛是从地狱中生长起来的。

选择反灭绝复育的对象，如果一个物种的生存很大程度上取决于它们必须以相当大的数量而存在，那么我认为这个选择是颇具争议性的。也许我们最终会不得不杀死这些生物，以防止其数量过多，而它们正是我们费尽心血创造的。艾弗里说："有可能就像是玛莎的生命再次结束。"鸽子并不是今天我们这个星球上活着的鸟类中最受欢迎的，所以我想知道，对于旅鸽的到来，我们做好了多少准备呢？

第五章

澳新之王

那天晚上冷得刺骨。气温悄悄地降到了冰点，一只囚笼中的袋狼来来回回地踱步，头顶是塔斯马尼亚的星空。它被冻得失去了知觉，体温也在不知不觉地降低。这只长得很像狼、有着条状斑纹的野兽哭号起来，但周围没有人能听见，也没有人来关心。饲养者很早就锁上笼门回家了。

当时是 1936 年 9 月 7 日，正处于大萧条的高峰期。在澳大利亚塔斯马尼亚首府霍巴特的博马里斯动物园（Beaumaris Zoo），生活条件是极为艰苦的。为了降低成本，动物园雇用了态度漠然的廉价劳动力来照看动物，他们被称为"领取失业救济金的人"。他们接受着最低的薪资，也给予着最少的监护。所以，笼子没人打扫，动物们只得在残羹剩饭中挑来挑去。它们最基本的需求被忽略了，所以很多动物开始生病。但是没有人费心去叫个兽医来，兽医是要收钱的。

那只袋狼被称作本杰明（Benjamin），住在一片地广人稀的长方形围场中，围场位于公园的后部。尽管当时才是初春，白天却反季地热。一棵孤树荫庇着本杰明的围场。这棵树还没有发芽，这只袋狼等于没有任何阴凉。游人来了，游人又走了，但是本杰明脱水太严重了，所以注意不到。薄暮时分，饲养者应该打开推拉木门，用嘘声把它赶进有遮挡物的晚间狼圈，但是他们再一次……忘了。这只精疲力竭的袋狼被扔下，独自面对风雨。当它的饲养者在床上睡觉时，本杰明却不能靠近它的床。在第二天它的饲养者们露面工作的时候，本杰明死了。他们做出最后一个冷漠的举动——把本杰明冰冷、没有生命体征的尸体跟垃圾一起扔了出去。

这是一场伤感的死亡，白白浪费了一条生命，本可以轻松避免。但是一个事实，使得这场死亡更加悲情，那就是，本杰明是不可替代的。它不只是这个动物园最后一只袋狼，它是世界上已知的最后一只袋狼。

袋狼又被称为塔斯马尼亚虎或塔斯马尼亚狼，是一种谜一般的动物，很不同寻常。想象一只大狗长着竖起的耳朵，描着黑黑的眼线膏，还穿着老虎的连体衣。它有着狼一般的头，虎一般的花纹，僵直的尾巴和袋鼠的育儿袋。人们说它走起路来像是一只"脊背骨折的狗"，但其实它可以立刻加速，一眨眼的工夫就消失在灌木丛中。它是一种性情暴烈的食肉动物，以袋熊类、啮齿类和鸟类为食。它的叫声臭名昭著，它可以发出各种各样奇怪的噪声：嘶嘶声、鼻息声，还有一种喘息时发出的特别的呼噜呼噜声，听起来好像它需要一个呼吸器一样。它看起来像是一种有胎盘哺乳动物，然而却是一种有袋类动物。大多数有袋类动物的育儿袋都是向上敞开的，袋狼的育儿袋却是向下的。[1] 不同寻常的是，雌性袋狼和雄性袋狼都有育儿袋。雌性用它们来抚育小袋狼，而雄性用它们来保护自己垂悬摇摆、晃来晃去的阴囊不被塔斯马尼亚多刺的矮树丛扎伤。[2]

　　袋狼们最初出现于约 2 500 万年前。在澳大利亚昆士兰州的里弗斯利世界遗产地（Riversleigh World Heritage Site）曾发现过袋狼化石和其他珍禽异兽的遗骸：食肉袋鼠；会爬树的鳄鱼；还有我们所发现的最大的鸟类之一，也是吃肉的，绰号叫作"末日魔鸭"（*Bullockornis planei*）。早在那时，有至少 6 种不同类型的袋狼。有些跟拉布拉多猎犬一样大，其他的却小如吉娃娃。古生物学家迈克尔·阿彻（Michael Archer）来自新南威尔士大学（University of New South Wales），他在 2013 年的 TEDx 反灭绝复育活动上说："帕丽斯·希尔顿（Paris Hilton）[3] 可以用一个小小的手袋装下一只这种东西，直到她落入一只从天而降的鳄鱼口中 [4]。"后来，世界渐渐地开始发生变化，变得越来越凉爽，越来越干燥。各种不同的袋狼很难适应，到 400 万年前，它们的种类缩减到一种，就是现代袋狼，学名

1　蹼足负鼠（*Chironectes minimus*）也有向下敞开的育儿袋。它们今天在中美洲和北美洲水源新鲜的小溪和湖泊附近仍活着并安好。蹼足负鼠的育儿袋可以收起来，通过一圈强有力的肌肉密封防水，这样幼鼠们就可以保持干爽，而雄鼠们藏在里面的生殖器也不会和水下的水草搅在一起。——原注
2　第一份有关袋狼的科学描述由塔斯马尼亚的副州长帕特森（Paterson）记录于1805 年，描述了当时数量丰富的袋狼："阴囊晃晃悠悠的，不过还是部分地隐藏在一个小的腔体，或者说腹部的袋子当中……眼睛又大又黑……让这种动物有了一种野蛮和凶狠的外表。"——原注
3　希尔顿集团创始人康拉德·希尔顿的曾孙女，曾为某日本品牌设计了一系列手袋。——译者注
4　"会爬树的鳄鱼"经常爬上树，然后落下来捕食猎物。——译者注

Thylacinus cynocephalus，即"长着狼头和育儿袋的狗"。然后，现代袋狼也开始消失。

6万年前的澳大利亚大陆、新几内亚和塔斯马尼亚是一片大陆的组成部分，那时还是袋狼的家园。但随后人类从亚洲迁徙而来，几百万年以来都是这个地区顶级肉食动物的袋狼，发现自己这时有竞争对手了。因为与袋狼猎捕相同的动物，人类开始逐渐打破澳大利亚生态系统微妙的平衡状态。大陆分裂了。到1万年前，新几内亚的袋狼已经灭绝了。然后3 500年前，新殖民主义者到达了澳大利亚，随行带着澳大利亚野犬。澳大利亚野犬被他们用作打猎时的伙伴，这种力畜成为人类猎杀猎物的得力助手。在竞争中处于劣势而被迫退出的袋狼数量下降了，直到有一天，这种来自澳大利亚大陆的塔斯马尼亚虎也消失了。

塔斯马尼亚是袋狼的最后一处根据地，但是就是那里也沦陷了。19世纪早期，来自欧洲的殖民者在塔斯马尼亚定居，他们决心把塔斯马尼亚变成他们家园的一小部分。他们建造教堂、房屋和牧羊农场，还用欧洲带来的动物代替了本土的动物。坊间流传着谣言说袋狼是绵羊的天敌，并且谣言从一个小众的版本扩大成席卷整个小岛的被迫害妄想狂潮。如果人们注定相信这则流言的话，袋狼不仅是绵羊的天敌，它们有时还会叼走小孩子。最终人们太恐惧了，于是塔斯马尼亚政府决定悬赏捕杀袋狼。每个男人都带着枪，与袋狼反目成仇。袋狼被数以千计地屠杀掉。

悲剧的是，这场谣言毫无依据。没有实实在在的证据显示袋狼会叼走小孩子。这些故事只是民间传说，非常有可能是为了确保好奇的孩子们与袋狼保持距离而编造的。而且也没有任何证据显示袋狼吃羊成性。它们肯定不是被编造出来的那样嗜血成性的凶手。生物学家罗伯特·帕德尔（Robert Paddle）来自澳大利亚天主教大学（Australian Catholic University），他也是《最后一只塔斯马尼亚虎：袋狼的历史和灭绝》（*The Last Tasmanian Tiger: The History and Extinction of the Thylacine*）的作者。据他所说，真相是袋狼成了替罪羊。牧羊农场经营失败，不是因为袋狼捕杀绵羊，而是因为恶劣的天气和糟糕的管理。对于塔斯马尼亚绵羊产业的掮客们来说，把责任全部推到别人或是别的事物身上，要比承认自己的失败容易得多。袋狼不仅为他们背了黑锅，还付出了代价。

　　到 20 世纪早期，塔斯马尼亚的袋狼已经极为稀少。到 1936 年，只剩下一只了，它就是本杰明。距它死亡 3 年前，澳大利亚博物学家戴维·弗莱（David Fleay）曾拍摄过一段本杰明待在它户外围场中的短片。这是你所能见到的最令人难忘的一组镜头，我劝你赶紧用谷歌搜索一下。短片画面褪色了，上面还有黑雨丝，也没有声音，是一部黑白片。本杰明在上面绕着它不大的空旷围场踱步。它看着镜头似乎在打哈欠，看上去好像已经放弃了。电影胶片循环转动，不断重拍。但在我看来，就是摄像机停止拍摄后发生的事情激发了本杰明的活力。你知道吗，袋狼在感到威胁时会"打哈欠"。那张 120° 张着的血盆大口是一种迹象，显示它们不高兴了；显示着如果再继续，它们有可能要发起攻击了。三脚架上的黑盒子有着幕帘和一对伸出的腿儿，肯定对袋狼构成了威胁。而弗莱要么是忽视了，要么是没有意识到袋狼发出的警告信号。当摄像机停止拍摄的时候，活在世上的这最后一只袋狼咬了摄影师的屁股——不是一口,而是两口!袋狼和智人打成了 2 : 0!这是在实际上悲剧而遗憾的故事结尾,生命反抗之光的完美闪现。

讽刺的是,在本杰明死的那一年,袋狼最终得到了完全的法律保护。但这太微不足道了,也为时太晚。从那时起,袋狼成了塔斯马尼亚的象征,人们都十分怀念它,还有很多人拒绝相信它已经消失了。自从本杰明死后,有超过 4 000 次报道是关于有人目击了貌似袋狼的动物。罗伯塔·韦斯特布鲁克(Roberta Westbrook)是北塔斯马尼亚州摩尔溪旅馆(Mole Creek Hotel)的女房东,她声称在 1997 年看到一只袋狼,当时她正在沿着从茉莉溪到天堂镇的公路驾驶。她说,它的眼睛是深色的,好像这种动物描着眼线一样。然后,2010 年,一个法国的背包客就在这同一条公路上看到了一只类似的动物。是一只涂了眼影的狐狸还是一只真正的袋狼?在新几内亚遥远的西部边境,当地人谈论着一种类似袋狼的生物,他们称之为 dobsegna,就在 1997 年他们还见到过。还有来自澳大利亚的照片和视频,画面上有黑雨丝,模糊不清。有一段影片是 1973 年在一辆轿车里拍摄的,显示出一只条纹明显、犬类大小的动物从几棵树中跑了出来,穿过马路。它的步态有点儿像狗,又有点儿像袋鼠;它的尾巴僵直地抬起。但是一眨眼的工夫这个动物就消失了。

然而问题就在于,这些"证据",如果我们可以称之为证据的话,要么是模糊不清的,要么简直就是虚假的。一些照片和影片被证明是伪造的,其他的则太过失真,所以无法证明袋狼确凿的身份。故事就是那样,而目击证人们却拿不出有力的证据。疑似袋狼毛发和粪便的样本，最后证明都是来自其他当地野生动物。来自昆士兰博物馆的拉尔夫·莫尔纳（Ralph Molnar）做了一个研究，发现人们目击袋狼的模式与目击其他澳大利亚野生动物的模式并不吻合，倒是与目击了不明飞行物（UFO）如出一辙！就像是看到飞碟一样，袋狼目击事件基本上是由单独个体经历的，只持续几分钟，并且发生在深夜，经常在酒馆关门后出现。如今我们带有摄像头的手机就像粘在我们的指尖一样，但是没有人曾成功拍到过足以让怀疑者信服的高质量影像。既然没有袋狼肢体或是 DNA 的证据，至少在我眼里，袋狼仍然是毫无疑问处于悲情的灭绝状态。当可以做一些力所能及的事情的时候，为什么要去追逐彩虹呢？

浸制标本

作为澳大利亚人的后代，迈克尔·阿彻是在美国东部的阿巴拉契亚山脉中长大的。从孩提时代起，他就比班上的同学对当地的野生动物更感兴趣。"我不是很爱交际，"他说，"我不怎么喜欢与人为伴，蛇和海龟对我来说似乎更具吸引力。"之后，他在他家周围的岩石和礁石里发现了化石，还对消失很久的动物的生命过程产生了长达一生的兴趣。他把他找到的所有东西都收集并储藏在家中一个特别的房间里。然后有一天，在去纽约游览的时候，他把两个装满化石的行李箱扔在了美国自然历史博物馆的前台上，让人帮着照看一下。已故的无脊椎动物馆馆长诺曼·D. 纽厄尔（Norman D. Newell）彬彬有礼地提供了帮助，并且为阿彻鉴定了他的标本。就是这样一个善举激励阿彻走上了科学事业的道路。之后，他在普林斯顿学习地质学和生物学。其时，一名在位于澳大利亚珀斯的西澳大利亚博物馆交流的富布莱特学者，对博物馆里收藏的浸制澳大利亚动物标本产生了浓厚的兴趣。他意识到，这些标本中很多从来都没有得到过妥善的鉴定。他说："它们对于科学来说是未知的。"这让阿彻意识到，澳大利亚生物多样性的这块隐秘的藏宝处是多么鲜为人知。为了在西澳大利亚大学取得他的博士学位，他研究了食肉的有袋类动物，包括袋狼。然后，他在事业生涯的大部分时间中都在进一步给来自里弗斯利的很多惊人发现做编目。但是，1976 年的悉尼澳大利亚博物馆之旅改变了一切。

　　他说："在一个满是头骨和骨骼组织的架子上，一只袋狼幼崽从一个玻璃罐中向下盯着我。"这只幼崽是一百多年前由博物馆馆长和收集者乔治·马斯特斯（George Masters）捕获的。马斯特斯是一位维多利亚时代的"鳄鱼邓迪"，他游遍了澳大利亚大陆和塔斯马尼亚岛，与毒蛇摔过跤，射杀过形形色色的动物，将它们带回来作为澳大利亚博物馆的收藏品。曾经有一个阶段，博物馆的自然历史展品超过一半都是他收集的，袋狼便是其中之一。因为暴露在日光当中，加上保存标本所用酒精的作用，小袋狼身体上大部分的颜色都褪去了，所以这只幼崽苍白如纸，只能在它的脊背处看到非常微弱的条纹。它蜷缩着，尾巴收在屁股底下，前爪向上卷起，好像在乞讨一般。皮肤的褶皱松松地垂在微胖的肚子外，两只眼睛挤得都快闭上了。阿彻被迷住了。

在接下来的几年当中，他又去看了这只狼崽几次。由于他的研究兴趣的缘故，他比大多数人都更明白人类在袋狼灭绝过程当中起到的决定性作用。"我们杀了这些动物，"他告诉我说，"我们屠杀了它们。我认为重要的是，如果很清楚是我们消灭了这个物种，那么我想从道义上来说，我们不只应该了解怎样去弥补。我认为，如果可以的话，我们必须尝试着做一些事情。"那只鬼魂般的袋狼幼崽萦绕在他心头。然后在 1990 年去看这只袋狼幼崽的时候，他冒出了一个想法。阿彻对于保存方法了解得很多，他知道酒精不仅保存下了细胞，而且也保存下了细胞里的 DNA。如果这只幼崽在它死后及时地被浸制保存，也许它的 DNA 仍然形态完好，可以被用来克隆。也许人类可以消除他们所造成的一些恶劣影响，让袋狼反灭绝复育。

这是一个大胆的想法。1990 年，DNA 已经从古代组织样本中提取出来的说法遭遇了大部分人的质疑，而且也没有哺乳动物被克隆出来。阿彻问周围遗传学方面的朋友，他们是怎么想的。"遭遇了哄堂大笑，"阿彻说，"同事们认为这个想法十分滑稽。"但是他没有气馁。他决定，一旦他有这样的机会，他就要尝试一把。

大约 10 年后，机会来了。当时阿彻被任命为澳大利亚博物馆的负责人，而那里是浸制袋狼标本的家。在他的要求下，工作人员把浸制的狼崽标本从它的乙醇浴缸中移出来，取下了一小块组织。然后，由遗传学家唐·科尔根（Don Colgan）和卡伦·费尔斯通（Karen Firestone）进行了化验，以了解这块组织是否还含有 DNA。让他们欣喜的是，他们发现结果是肯定的。

他们的计划是创造一个袋狼 DNA 的"活体图书馆"。恢复了的基因材料会被储藏在实验室里培养的活细菌当中，通过这种措施，阿彻希望积累用来克隆的材料，这样袋狼的基因组就能在一个细胞内重建。这个细胞属于袋狼血缘上最近的亲属——塔斯马尼亚袋獾（*Sarcophilus harrisii*），也叫"塔斯马尼亚恶魔"。如果克隆的胚胎可以被造出，就可以通过让塔斯马尼亚袋獾代孕来培育。除了这些，阿彻还设想着一种情景：克隆出的袋狼们被圈养起来，可以自然交配，然后放还到野生世界当中。他说："塔斯马尼亚有足够的场地供袋狼继续生存。"有一次看过狼崽标本后，阿彻去了小岛南部的山毛榉树林。一个叫作彼得·卡特（Peter Carter）的当地人还记得他童年时曾见过这种动物，他带着阿彻参观了四周。卡特告诉阿彻，袋狼过去怎样绕着他的旧猎棚转悠。他还告诉阿彻，在他还是个小男孩的时候，他甚至被允许养一只袋狼，用绳子牵着。早在那时，尽管有各种各样关于捕杀绵羊和叼走小孩的谣传，袋狼似乎还是被养作了宠物。一些博物馆标本颈部的一圈圈皮毛很不平整，那都是项圈磨的。而且历史记录揭示出，1831 年，塔斯马尼亚的第一家商店——一家位于霍巴特的马匹寄养场，曾经养了一只活袋狼作为宠物来售卖。阿彻不明白为什么反灭绝复育了的袋狼在今天就不可以作为宠物来饲养。"我们正处于这样的境地，野生动物在野外不再安全，而且越来越不安全。"他说，"我们需要另外的策略来帮助保护我们已有的东西。"这是一个富有争议性的想法。反灭绝复育一种野生动物只是把它当作一只宠物来养，这个想法会令很多人皱眉。但是阿彻的想法是，不但饲养宠物袋狼，还圈养袋狼群并在野外放生。对于他来说，这是一个很自然的思维飞跃。很多年以来，他都养着形形色色的澳大利亚野生动物，把它们当作宠物放在家里，包括沙袋鼠、袋鼬、负鼠和果蝠。"有袋类动物，"他充满激情地说，"是绝佳的宠物。"但是，饲养的目的不在于陪伴，而是要提升袋狼的形象，让人们更加关心野生动物和它们消失的速率。他说："我们搂在怀里的动物还没有灭绝了的。"但是慢慢地这样下去……

　　就在他的团队从袋狼幼崽身上提取出 DNA 片段后不久，阿彻主持了一场记者招待会。他告诉全世界的媒体："女士们先生们，我们在这里，宣布一项也许和人类踏足月球同等重要的生物学成就。"这是一个大胆的陈述，抢占了头版头条，但我认为，回头看去，阿彻最终会后悔说过这样的话。从那一刻开始，世界媒体被强烈感染了。记者们不断要求阿彻和他的团队给出最新的进展。"发现"频道（Discovery）也拍摄着他们的一举一动。这产生了许多的压力，但是媒体理解不了这一切的微妙性。早先，这个团队已经隔离出了碎片式的小段 DNA；现在他们发现自己不仅能从浸制的狼崽标本中，而且能从其他风干的标本中提取出完整基因。这个进步意义深远，但是所有的媒体只看到了一件事情，那就是并没有出现活着的、呼吸着的又大又肥的袋狼。"这是袋狼项目的最大问题。"阿彻说，"从第一天开始，这个项目的进行就完全处于媒体聚光灯刺眼的强光下。"2003年，阿彻离开了澳大利亚博物馆，成为新南威尔士大学理学院院长，我们今天仍可以在那里找到他。在澳大利亚博物馆。袋狼项目搁浅了。"我从来没有想到袋狼项目没有我会运转不下去，"阿彻说，"这太令人失望了。"

　　自从那以后，没有人继续阿彻的项目。目前，反灭绝复育袋狼没有形成任何有条不紊的计划，但是相关的研究仍然在不断积累。袋狼的线粒体基因组已经发表了；也有证据显示，那些得到良好保存的标本，其 DNA 序列也许仍然是有用的。2008 年。来自墨尔本大学（University of Melbourne）的安德鲁·帕斯克（Andrew Pask）和同事们从一些有上百年历史的浸制袋狼标本中提取出了一小块 DNA 片段。这块碎片不是基因，却是 DNA 的一部分，它连接为胶原蛋白编码的基因。胶原蛋白是一种在骨头和软骨中找到的结构性蛋白。科学家们把这一小块碎片加入另一个可以产生蓝色素的基因上，然后他们把这个混合的 DNA 注射入发育中的老鼠胚胎。14 天之后，这些老鼠胚胎"加工"好了，它们的颜色确实很蓝，意味着袋狼的 DNA 已经成功地连接了啮齿类胶原蛋白基因。帕斯克也许并没有复活袋狼，但是它确实让袋狼的 DNA 重生了。不得不说，这迈出了正确的一步。到目前为止，这是所做过的与活体袋狼最相关的一项实验。但是阿彻并没有灰心，他还在尝试另一个反灭绝复育项目。

青蛙在喉

拉撒路项目试图让世界上最古怪的动物之一重回世界。这种动物与袋狼截然不同。它没有皮毛，也没有育儿袋，个头不大，也没有斑纹，没有锋利的尖牙齿也没有长尾巴；不会引发恐慌，也没有流言蜚语，其实除了它本土家园上居住的人们以外，几乎没有人曾听说过它；它从来不对绵羊、人类或任何事物造成很大的困扰，但它也许会伤害一只苍蝇；这种动物是一种卑微的青蛙，黏糊糊的。它在距今很近的历史上居住在澳大利亚昆士兰州的汩汩小溪间，但是有着一系列的鬼主意，等等……请来点出场音乐……雌性青蛙可以打嗝打出完全成形的幼蛙。我没有跟你开玩笑，它们真的是这样。

思考片刻，这是多么的奇特。我们在学校学过，雌性青蛙在沟渠或池塘里抛下它们星星点点的蛙卵，在雄蛙使这些卵子受精后，它们就孵化成为蝌蚪，然后再变成青蛙。这个过程发生在全世界的果酱坛和吊桶当中，让孩子们都惊讶于此、驻足不前。而青蛙就是这样生育它们的幼蛙。直觉告诉我们，青蛙妈妈打个嗝，是打不出幼蛙的。打嗝可以释放气体，而不能生出小青蛙。如果有任何例外的话，那每次我喝完杜松子酒加碳酸汤尼水，就能蹦出一组四胞胎。谢天谢地，不是这样的。但是这种动物就是以某种方式从嘴里吐出完全成形的幼蛙。它通过打嗝来生育。

目前我已经经历过通过传统路径来生育……有很多次了。有一次我甚至不得不在一小时里生出两个超大的婴儿，但这个过程并不美妙。在那么短的时间里，我经历的疼痛用里氏震级都无法形容，交流只能用粗话，还差点儿给了助产士一拳。这个过程重复了很多次。孩子们完美地生出来，但是我的前庭已经被撕裂。如果说我曾经有什么尊严的话，在我海啸般的羊水迸发时也被冲刷干净了。对比之下，打嗝打出一个婴儿似乎像是一个很不错的主意。谁没有曾在某个时刻享受过一个洪亮而荡气回肠的饱嗝带来的满足感。诚实一点吧——那种自由，那种释放，那种与你正常声音格格不入的响声。打嗝打出一个婴儿应该是不可能的，但是确实有这种情况。一种青蛙可以在打嗝的同时生育，这的确是进化史上的神来之笔。

南部胃育溪蟾（*Rheobatrachus silus*）发现于 1973 年。同年，埃尔维斯·普雷斯利举办了名为"通过卫星来自夏威夷的问候"（Aloha from Hawaii Via Satellite）演唱会，比"阿波罗号"在月球登陆吸引的观众还要多。生物学家戴维·莱姆（David Liem）在昆士兰州东南部的石溪例行实地勘察时，偶遇了这种青蛙。青蛙这种东西，外观并不是很具吸引力，没什么人会注意到它。它颜色灰暗，不是特别大，也不是特别小。但是，莱姆意识到，这种蛙和其他的澳大利亚青蛙不太一样。它有着又大又凸的眼睛，又短又平的口鼻，以及相当滑腻的身体，所以这种动物特别难抓住。对于莱姆来说，它看起来更像是曾经在非洲见过的青蛙，学名 *Xenopus laevis*，而不是本地的两栖动物。但是，它就在那里，藏在一条湍急的澳大利亚小溪的溪石间。莱姆的同事们并没有意识到它不同寻常的天赋，生物学家克里斯·科彭（Chris Corpen）和格雷格·罗伯茨（Greg Roberts）抓了几只这种动物。因为天色渐晚，他们决定把它们带回住所过一夜，之后就会把它们带去实验室。

说到房客，这些青蛙给我们留下极深的印象。这些两栖动物待在起居室的鱼缸中。然后其中的一名室友注意到，一只大青蛙似乎正在吃一只小的。但当研究者们凑近了仔细看时，他们意识到小两栖动物正在从大些的青蛙嘴里出来，而不是进去。这也太奇怪了。科学家们感到很惊讶，但还没有完全惊呆。毕竟，雄性的达尔文蛙（*Rhinoderma darwinii*）会在它们扩大了的声囊中抚育和转移它们的小蝌蚪，这一点大家都知道。也许，研究者们推理，这是一只雄蛙，在做着类似的事情。

　　然后那个过程又发生了。青蛙们被转移到实验室，其中的一只要被移到一个单独的鱼缸中。但是当研究者把手伸进水中时，那只青蛙从他的指缝中滑过，游到水面上。而且，让所有人惊奇的是，打嗝打出不是 1 只，而是 6 只小小的幼蛙。在接下来的几周当中，又出现了另外 3 只小青蛙。因此，研究者们决定仔细检查一下这只大青蛙。而当他们试图把它拿起来时，这只蛙抬起头，打了个嗝，打出了一胎 8 只幼蛙。然后，没有任何预警，也没有时间去叫一个助产士来，紧接着又来了 5 只幼蛙。当阿德莱德大学的团队负责人迈克·泰勒（Mike Tyler）和同事们最终解剖了这只青蛙，他们发现，本来被认为是雄性的这种动物事实上是雌性。这位母亲不是从声囊中打嗝打出她的后代，而是在她自己又大又有弹性的胃里养育它们。

　　胃育溪蟾是一种相当独特的动物。我们现在知道，雌性像正常青蛙一样产卵，然后一旦卵子受精，她就吞下这些受精卵。接着，这些卵子会向下滑，进入她的胃，它们在那里孵化成蝌蚪，然后在接下来的 6 周里，变态成青蛙。一只怀孕的青蛙妈妈可以在她像时光机（TARDIS）一样[1]的身体里容纳下数量惊人的 20 只幼蛙。考虑到她只有 7 厘米长，而每只足月的幼蛙都达到 1 厘米的长度，这真是一项不俗的功绩。随着她的小婴儿们不断长大，她的胃开始拉伸，薄如一只

1　英国科幻电视剧《神秘博士》中的宇宙飞船，现广泛用于描述内部比外部大的事物。——译者注

装三明治的塑料袋，占满了她的体腔，直到她的肺被挤压变形，不得不开始用皮肤呼吸。随着她的浮力和重心的改变，这只膨胀起来的雌蛙不再能够平着浮在水面上，而只能被迫竖着悬垂在水里，只有头部伸出水面。然后，当她准备好了以后，她就把她的婴儿们打嗝打出来，一次1只或多于1只，取决于它们是否准备好。在那之后，她的胃又会恢复到正常大小，就好像从没发生过什么不同寻常的事。

迈克·泰勒和同事们在《科学》杂志中描述了这一"独特的亲代关照形式"，但是并没有引起预期的兴趣。没有敬畏和惊叹，这篇论文遭遇了怀疑和不信任感，似乎"胃育"是一个极为古怪、不具备可能性的提法。胃不可能变成子宫，这就像子宫也不可能变成胃一样。批评者们正式宣布，泰勒一定是错到家了。

所以，泰勒就开始着手进一步研究和拍摄这种青蛙的照片，直到他为第二篇更翔实的研究论文积累起足够的数据。这篇论文不但描述了这种动物，还描述了它的行为方式。这次，泰勒把他拍到的照片也作为论据放了进去。最具代表性的形象是一只雌蛙，舒服地依偎在人的大拇指和食指间，嘴巴大大地张着，一只迷你小幼蛙正向外爬。这看起来就像是你所见到过最丑的俄罗斯套娃，但这个证据是无可反驳的。当泰勒在1981年发表这第二篇论文的时候，反响就完全不同了。打嗝打出后代的胃育溪蟾成为报纸、杂志和期刊的重要素材。好几个团队都开始研究这种青蛙。

但就在人们对胃育溪蟾的兴趣与日俱增的时候，野外胃育溪蟾的数量却急剧下降。泰勒和他的团队在1976年和1980年之间每个月都去昆士兰州东南部的溪间走访，但是这种小青蛙却越来越难寻到。最后一只野生胃育溪蟾发现于 1981 年，尽管人们还在继续寻找，它从此却再也没被发现过。在那之后，最后两只泰勒养在实验室中的成年胃育溪蟾也于 1983 年死亡了，这个物种正式灭绝。就在人们第一次看到它们 10 年后，这种南部胃育溪蟾就不复存在了。这是多么令人遗憾的损失啊！

然后，在 1984 年的新年前夕，好消息传来了！一个人当时正在昆士兰伊加拉国家公园（Eungella National Park）高山间的一条瀑布下冲凉，这个人后来因其发现和捕捉野生青蛙的能力被称为"蛙语者"。他就是生物学家迈克尔·马奥尼（Michael Mahony），当时任教于麦考瑞大学（Macquarie University）。那天炎热、潮湿，马奥尼一整天都在为他的博士项目采集青蛙，正在工作完放松冲凉的时候，他的一个同事看到了一只黄棕色的青蛙消失于一块小石头下面。根据他对当地动物群的了解，马奥尼知道这一定是某种不同寻常的生物——周边唯一黄棕色的两栖动物就是蔗蟾蜍了，但是蔗蟾蜍并不生活在山涧溪流中。他在岩石下用手指探寻，然后用双手紧紧扣住它，但是这个生物非同一般地滑腻，这是滑溜的胃育溪蟾的典型特征。他说："所以，在看到它之前我就知道它是什么了。"马奥尼发现的是另一种胃育溪蟾，即胃育溪蟾的北部变种。

这些青蛙不难找到。马奥尼和同事们可以在一晚上采集好几打。他们抱有很高的期望：这种动物可以用来研究，然后它胃部养育的秘密就能揭开。"发现胃育溪蟾的新品种就像是又有了一次机会，"马奥尼说，"但是有一种苦乐参半的感觉。"几乎就在它刚被发现时，北部胃育溪蟾也消失了。昆士兰州的科学家们被官方指定负责监管这个物种，却眼睁睁地看着当地的蛙群数量飞速下降。"事先没有未雨绸缪的措施来挽救这种青蛙，"马奥尼说，"科学家们对它们的监管'很有效'，它们灭绝了。"在马奥尼认出第一个滑溜的标本后不到一年，北部胃育溪蟾从伊加拉的溪流间消失了。它们也灭绝了。

这件事的真相是，我们人类不经意间一直在全球传播大量的"灭蛙剂"，它以真菌的形式威胁着青蛙和其他的两栖动物，感染它们，杀死它们。通过服务于宠物行业和食品行业的两栖动物商贸往来，壶菌（ *Batrachochytrium dendrobatidis* ）扩散到全世界。现在每个有两栖动物存在的大洲（也就是说除了南极洲以外的任何地方），都能发现壶菌。壶菌通过皮肤侵入到动物们的身体当中，扰乱它们的体液平衡，造成心力衰竭从而杀死它们。壶菌已经在多个大洲造成了大规模的死亡、种群数量下降及种群的灭绝事件。就对生物多样性的打击而言，它是有史料记载以来脊椎动物所面临的最重大问题。在过去的30年间，壶菌造成了至少200个青蛙物种数量的灾难性下降或灭绝。尽管这种真菌到1999年才为人们所认识，对一个博物馆保存的标本分析显示，住在胃育溪蟾后院——昆士兰州东南部山脉间的两栖动物，早在1978年就受到了这种真菌的感染。最后一只野生的南部胃育溪蟾就是在从那时起3年后被人们看到的。马奥尼说："我们认为胃育溪蟾对于壶菌是高度敏感的。"再一次，我们人类似乎又要为另一物种的消失负责。

但是迈克尔·阿彻希望改变这一切。在拉撒路项目的资助下，他已经建立起一个强大的专家团队，成员包括迈克尔·马奥尼和迈克·泰勒，他们要反灭绝复育胃育溪蟾。与袋狼项目一样，阿彻把拉撒路项目看作人类的一个机遇，为他们对生物多样性犯下的罪行进行补偿，但是同样，这还具有更为深远的意义。跟袋狼一样，就进化过程而言，胃育溪蟾代表着某些相当独特的东西。单纯地因为它很不同寻常就让它重回世界是要有根据的。它在形体和基因上都很独特。雌蛙能把它的胃转变成临时子宫，这种能力让它从任何其他今天生活在地球上的生物中脱颖而出。如果我们可以反灭绝复育胃育溪蟾，那么我们就有了一个机会，理解这些变化是怎样发生的，解释雌蛙吞下卵子而不消化它们的全过程。对这些青蛙还没灭绝时所进行的初步研究显示，这些卵细胞的凝胶状外膜中包含有一种物质，叫作前列腺素 E2（prostaglandin E2），可以抑制胃酸的产生，当蝌蚪们孵化的时候，它们也会产生同样的作用类似荷尔蒙般的物质。阿彻认为，如果我们反灭绝复育了胃育溪蟾，搞清了它如何调控自己的胃酸分泌，那么就有可能促进胃溃疡新疗法的发展，或是帮助那些经历了胃部手术的人康复。但是首先，阿彻得把它克隆出来。

早期的研究

对于拉撒路项目来说，幸运的是，其他的蛙种已经被克隆出来了。早在 20 世纪 50 年代，人们对克隆青蛙本身还不感兴趣，但是对一个在过去半个世纪中一直困扰着细胞生物学家们的问题很感兴趣：一个受精卵在开始发育并最终变为成年动物的过程中，其基因组发生了什么变化？在生命处于胚胎时期的开端时，胚胎里的细胞是全能性的，意思是它们可以分化为成年动物体内所发现的几百种不同细胞中的任意一种，如心脏、肌肉和神经细胞。但是随着胚胎从看似不起眼的一小团细胞发育成某种更易辨识的东西，如四肢、器官、组织等，这些细胞就开始丧失它们的全能性。它们逐渐不再能够分化成不同的细胞类型。所以那个让细胞生物学家夜不能寐的问题就是：当胚胎发育成熟时，它的基因是跟原来一样，只是连接状态以某种方式发生了变化，还是说基因组中不再需要的部分原因不明地丢失了呢？细胞核移植实验给出了答案：如果一个成熟细胞中包含有 DNA 的细胞核可以被移植入一个剥去了自身遗传物质的卵细胞，会发生什么呢？如果发育正常进行，那么不可或缺的基因就必须重新激活；但是如果这个被克隆的卵细胞不能分裂，也许发育所需的 DNA 就原因不明地永远丢失了……

　　科学家们一直在尝试把细胞核从一只细胞中取出来，放入另一只剥离了遗传物质的细胞中，也一直遭遇着失败，这些重组的细胞很容易破碎，所以大多数人认为这是一个不可能完成的任务。因此，当一个人——罗伯特·布里格斯（Robert Briggs）——申请美国国家癌症研究所（NCI）的资助进行他的细胞核移植实验时，这个"满脑子妄想的规划"被断然拒绝了。但是布里格斯，这个弹着班卓琴的前鞋厂工人并没有放弃。国家癌症研究所态度有所缓和，布里格斯得到了天才研究者托马斯·金（Thomas King）的协助。在他们的研究中，他们选择聚焦于一种蛙中美人，学名叫作 *Rana pipiens*，即北美豹蛙。

它的身体是绿色的，上面有醒目的黑色斑点，所以它看起来就像是从一本填色书中蹦出来的。布里格斯和金从一只青蛙胚胎中取出一个单细胞，用一根极细的玻璃滴管吸出它的细胞核，然后把细胞核注射入一只已经移除了自身细胞核的卵细胞当中。这项工作进展极其缓慢，令人沮丧不堪。这个二人组花了两年的时间锤炼他们的研究方法并收集数据。不过最终他们的发现是，40% 注入了 DNA 的卵细胞发育成了胚胎，然后又发育成了蝌蚪。这是第一次事实意义上的细胞核移植实验，也是一次巨大的技术突破。他们于 1952 年发表了他们的研究，获得了科学界的交口称赞。但是虽然这项研究在某种程度上解答了那个他们感兴趣的问题，却并没有板上钉钉的定论。布里格斯和金已经证明，来自青蛙胚胎细胞的 DNA 可以控制发育过程，但是来自成熟一点儿、更加专化的细胞的 DNA 呢？要解决这个问题，就需要一个后来被称作"克隆教父"的人出场了。

还在上学时，英国人的后代约翰·格登（John Gurdon）就被劝告不要成为一名科学家。在他的期末报告中，他的老师写道："我相信格登有成为科学家的想法。就目前的表现来看，这是相当荒谬的。如果他学不会基本的生物学原理，就不可能去做专家的工作，那么无论是对他还是对那些不得不教他的老师们来说都纯粹是浪费时间。"格登可以回忆起那些话，虽然写于 60 多年前，但就好像昨天说过的一样。他甚至一直把那份旧报告钉在办公室的书桌上，因为这份报告引他发笑。并且，他完全有权利发笑，他已经做到了每个学龄儿童都渴望做的事情：证明他们的老师错得一塌糊涂。

在他的实验中，格登选择了一只与众不同的青蛙来研究。如果北美豹蛙是青蛙中的超模，那么格登的青蛙——非洲爪蟾（*Xenopus laevis*）连给一本编织产品目录做个摆拍模特都很困难。想象一团脏兮兮的棕色模塑黏土被弹到一面墙上，然后给它粘上青蛙的胳膊腿儿，那就是非洲爪蟾。说起青蛙，这一种更应该得到公主的吻。但是众所周知，你长成什么样子无关紧要，你怎样过好一生才是最重要的。而这只青蛙就可以说是有史以来最重要生物学研究之一的组成部分。格登想要分离出细胞核，不是像布里格斯和金那样从青蛙胚胎中分离，而是从蝌蚪，特别是蝌蚪肠线的内面细胞中分离出细胞核。他依据的基本原理是这些"肠上皮"细胞不具备全能性。这些细胞不能分化出其他的细胞类型或改变它们自己的性质，一旦成为肠上皮细胞，就总是肠上皮细胞。研究者们谈到这种细胞时说它们已经"定了型"，这是一个很美好的类比，以某种方式暗示着这种细胞立誓保持"肠上皮特性"。它再也不会"觊觎"其他的细胞类型。如果来自一个定型细胞的细胞核可以在被放入去核卵细胞后[1]控制发育过程，那么就意味着控制发育过程的基因仍然在那里。格登将蝌蚪细胞核移植入去核的青蛙卵细胞，成功地产生出不止1只，而是10只克隆的小蝌蚪。他证明了来自成熟的定型细胞中的遗传物质，仍然包含着形成整个有机体所需要的所有信息。这是一个概念上的飞跃，这个飞跃从那时起激励了干细胞生物学和再生医学领域的快速发展。它为克隆哺乳动物铺平了道路，为多莉羊和反灭绝复育的尝试铺平了道路。同时，它还为治疗性克隆的产生创造了条件。

1　即移除了自身细胞核的卵细胞。——原注

格登意识到，如果你可以从生病的人如身患阿尔茨海默症的病人身上取下 DNA，然后把这个 DNA 重新编程，通过细胞核移植让它回到胚胎状态，你就可以用这个合成的胚胎来获得"备用"细胞，这些细胞可以用来治疗这种疾病。这些细胞还可以用在细菌培养方面以测试新药，加速药物研制的进程。2012 年，格登因为他在细胞重新编程方面的研究，被授予了诺贝尔生理学和医学奖。而且，他一直鼓舞着像我这样曾遭遇老师白眼，学校评语常年欠佳的人。在一生中有所成就，你不一定要成为班上拔尖的学生。

但是胃育溪蟾怎么样了呢？约翰·格登的工作有没有让复活这种打嗝打出幼蛙的古怪动物的梦想更近一步呢？幸亏有格登影响深远的青蛙克隆工作，大家才会原谅你认为克隆青蛙很容易的想法。假如他们在 20 世纪 50 年代可以做到，当然几十年后再做这项工作便轻而易举……

近乎蝌蚪

迈克尔·阿彻和拉撒路项目的第一步就是找到胃育溪蟾的 DNA 源，所以阿彻给他的朋友迈克·泰勒打了电话。泰勒在 20 世纪 70 年代曾在实验室中养过这种两栖动物。阿彻问泰勒是否在它们死后保存下了一些标本。令他高兴的是，泰勒确实保存了标本。几十年前，泰勒就预见到有一天，来自胃育溪蟾的材料也许会引起其他人的兴趣。几十只胃育溪蟾的遗骸放在他实验室冰柜的柜底，都快被遗忘了。有整只的，也有小块的；有成年蛙，也有少年蛙。这确实是一处细胞的宝藏，但愿也是阿彻克隆实验所需 DNA 的宝藏。

然而，这些身体部位现在都已经有 30 多年之久的历史了，冷冻时也没用低温保护剂。所以当科学家们将一小块组织解冻并试图从中培养细胞时，这些细胞固执地拒绝合作。它们在皮氏培养皿中什么也不做，就漂来漂去——已经死了很久了。当生物学家们在 20 世纪 50 年代克隆青蛙的时候，他们的原始材料是形态完好的。而对比之下，这块胃育溪蟾的组织看起来质量很糟糕。拉撒路团队几乎可以确定，他们的克隆实验要日薄西山了。布里格斯和金，然后是格登，他们曾分别使用过来自青蛙胚胎和蝌蚪的 DNA，而阿彻的团队不得不使用的是来自年头久得多的标本中的 DNA。这些标本中的细胞更成熟、更专化，可以说更不具备让细胞的生物钟"重新设定"从而控制胚胎发育的能力。"以胚胎细胞的细胞核为开端克隆出动物是相对容易的，"格登说，"从专化细胞的细胞核中获得正常的成熟动物就困难得多了。"

计划是这样。利用格登、布里格斯和金还有很多其他人的经验，拉撒路团队计划从他们的看起来毫无希望的细胞中选一个，把细胞核取出来，注射入一只活青蛙的卵细胞，该卵细胞已被移除了细胞核或其细胞核已被减除活性。但是因为冰柜中没有胃育溪蟾的卵细胞，这个团队不得不在实验中使用活着的，与胃育溪蟾有亲缘关系的蛙种的卵细胞。这又是一层复杂关系，只会降低成功的可能性。格登说："没有人曾在一个物种去核的卵细胞中用另一个物种的细胞核克隆出青蛙。"在迈克尔·马奥尼的建议下，他们决定选择大横斑蟾（*Mixophyes fasciolatus*）——一种很常见的青蛙，有着很大的富含卵黄的卵细胞，晚上在新南威尔士的雨林（马奥尼就驻在那里工作，克隆实验也将在那里完成）中随便开车转转，不要在它们蹦过马路时碾过它们，就可以采集到野生的。

在安全采集到这种青蛙和它们的卵细胞后，他们开始了他们的实验。他们非常小心谨慎地把数百个细胞核移植入数百个卵细胞受体，然后就等待着。新鲜受精的"常规"青蛙卵细胞需要几个小时的时间才开始分裂，所以如果克隆的卵细胞也要做同样的事情，这个团队估计需要等差不多的时间才可能实现目标。但是时钟滴答滴答，几个小时过去了，令人失望的是，这些重组的卵细胞什么变化都没发生。

然后，出乎意料的是，其中的一个重组卵细胞真的开始分裂了。1 个细胞分裂成 2 个，2 个又分裂成 4 个，这个过程一直持续。团队成员们在实验室里击掌庆贺。大横斑蟾卵细胞的培养环境不知怎的重新激活了已经死亡的细胞核，一个微小的胃育溪蟾胚胎正在开始形成，就在他们的眼前。马奥尼说："当我们看到了第一个，然后第二个，然后第三个细胞分裂，我们知道我们已经了解了某些事物的真实特性。"拉撒路团队的细胞核复活了。但是，《圣经》中的死而复生之王——伯大尼的拉撒路，据说是死亡了 4 天然后被那个著名的大胡子男人[1]复活了，而这只已死胃育溪蟾的 DNA 是不明所以地在一台澳大

1　不是哈佛的生物学家乔治·丘奇，是另外一个大胡子。——原注

利亚的冰柜箱中待了 30 年后又活了过来。这简直是一个奇迹。该团
队"成功地"反灭绝复育出了南部胃育溪蟾。

　　回到皮氏培养皿当中，这个勇气可嘉的细胞不断地分裂，直到形
成了一个平淡无奇由几百个细胞组成的小囊。听起来也许微不足道，
但所有的多细胞生命就是从这样简陋的开端生发出来。可是，正如它
突然开始一般，细胞分裂戛然而止。这个胚胎根本没有变成蝌蚪，更
别说青蛙了。胃育溪蟾再一次彻底消失了。

　　基因检测证实了早期的那只胚胎的确包含有胃育溪蟾 DNA，而
且这个 DNA 在细胞分裂时正在被复制。这是一个真正的克隆体，但
不幸的是这个克隆体没有成功地活过生命最初的几天。不过，在
2013 年的 TEDx 反灭绝复育活动上，阿彻面对观众衷心的喝彩和一
系列媒体报道宣布了这个团队的进展。那年的晚些时候，这个团队的
成果跻身《时代》周刊 2013 年度排名前 25 的发明之一，与之同时进
入的还有人造胰腺、新型原子钟和"牛角甜甜圈"——一种将牛角面
包和甜甜圈合二为一的酥皮点心。

　　拉撒路蛙没有成功地成为胚胎发育史，也称原肠胚形成史上的
重要里程碑。作为生命早期至关重要的一个阶段，原肠胚形成过程发
生于早期胚胎细胞的中空囊开始内陷，形成一个被称为原肠胚的多层
结构之时。然后这些胚层进一步形成各种特定组织类型，如血管、骨
头、皮肤和大脑。直到原肠胚形成过程发生后，器官和身体部位才能
发育，整个发育过程因一系列复杂的基因和分子活动而显得很重要。
拉撒路胚胎都是在它们快要接近原肠胚形成的时候停止分裂的，原因
迄今不得而知。

　　但是这个团队很淡定。他们尝试了各种克隆过程，进行了一系列复杂的对照实验。在一次实验中，他们让一切都保持不变，只是将本来要移植入去核卵细胞当中的胃育溪蟾细胞核，换成了取自活大横斑蟾的细胞核进行注射。这只经过修饰的卵细胞连续几天一直在分裂，正如那个克隆的胃育溪蟾曾做过的一样，然后停下了，就在同样的时间点，刚好是原肠胚形成之前。听起来像是坏消息，而其实不是。因为由活着和已死供体细胞核形成的胚胎都在同一时间停止了分裂，所以对照实验显示，也许已死胃育溪蟾的细胞核并不是问题所在。更有可能的是，问题出在克隆过程本身。所以如果可以改进克隆过程，也许拉撒路胚胎的培养就能越过原肠胚形成这条界线，发育成蝌蚪，然后是青蛙。

　　拉撒路的科学家们相信，胃育溪蟾的 DNA 仍包含着造出幼蛙所需的信息，这个实验只是关乎让卵细胞重新激活这些遗传信号的问题。马奥尼说："我认为卵细胞才是障碍所在。"正如卵子和精子对于正常的受精过程是至关重要的，当生命借由克隆而创造的时候，卵细胞也扮演了至关重要的角色。它的细胞质（即除了细胞核外卵细胞中几乎所有的物质）包含有迄今还未定义的分子组合，这种组合可以在事实上重组和改变 DNA 的活动。这些分子可以重新组织、重新包装并重新激活 DNA，以某种方式连接引导胚胎发育的信号。但是如果卵细胞被破坏，这些信号就有可能失灵，胚胎发育也许就根本不能发生。或者，即使确实发生了，可能也不能持续很久。尽管大横斑蟾的卵细胞"看起来"不错，但它们也许就是拉撒路胚胎还没有变成过任何蝌蚪状形态的原因。同样困难的还有从卵细胞中移除所有大横斑蟾细胞核 DNA 的残留物，这是这个团队正在努力翻越的又一个藩篱。

他们正在试图通过只使用最适合他们克隆实验的卵细胞来使事情有所改观。就在此刻，和团队的另一名成员安德鲁·弗伦奇（Andrew French）谈话时，我才意识到要使拉撒路胚胎进入下一个阶段所需的细节水平、投入水平和顽强精神。让我解释一下。我的解释能让你对这些家伙们工作的努力程度有个概念。要得到最适合的卵细胞，需要最适合的青蛙，但是大横斑蟾是一种季节性产卵的动物，只在 9 月到来年 2 月之间的夏季月份产卵。就在这样温暖、潮湿的夜晚，团队的一个成员跳进一辆四轮的交通工具，在新南威尔士的森林中缓慢巡游，采集那些从枯枝落叶丛中爬出来、穿过马路跳进溪中产卵的雌蛙。要采集到一轮克隆实验所需的区区几十只雌蛙，就要花上几个星期的不眠之夜，然后这些青蛙女士们由专车司机运回实验室，在那里它们受到青蛙皇室般的待遇。弗伦奇说："我们需要保持它们的巅峰状态。"所以它们吃的是小片鸡肉珍馐和自由放养的活蟋蟀。正如人类试管授精技术一样，这些青蛙随后接受了荷尔蒙治疗以刺激排卵。但你可买不着非处方的青蛙荷尔蒙，所以这个团队不得不利用蔗蟾蜍的脑垂体，自己"制造"并提纯荷尔蒙。然后这些荷尔蒙几乎同时被注射入这些雌蛙体内，这样它们至少在理论上都可以在同一天排出大约 500 颗卵子——这一天便被指定来做克隆实验……除非过程根本不会那样顺利。对每组大约 5 只注射了荷尔蒙的雌蛙而言，只有 1 或 2 只会在该排卵的时候排卵。弗伦奇可以分辨出排卵什么时候发生，因为排卵中的雌蛙会疯狂地前后扭动她们的后腿，像是痉挛了一般。这些卵细胞要在尽可能新鲜的时候使用，所以如果雌蛙不马上排卵的话，弗伦奇会轻柔地给她按摩肚子，直到她排卵。但是，新鲜排出的卵子还不具备进行克隆实验的条件。随便问个 5 岁的小孩，他都会告诉你，青蛙卵子是包在一层保护凝胶里面的。这个凝胶状的一团才是克隆实验操作者强劲的对手。事实上，它不是一层，而是有很多层凝胶包裹着卵细胞，在质感上它就像用来封窗户的硅酮腻子。剥去一层，另一层又奇迹般地在原地方冒出来。精子可以以某种方式穿透这些多层薄膜，但是，克隆实验操作者用上极细的玻璃针都无法办到。针头要么弹开了，要么就把细胞弄碎了。这些卵细胞滑腻腻的，非常难操作。整个过程令人极为沮丧，所以这个团队提炼了研究方法，先给他们的青蛙卵去除凝胶。这是一个复杂的程序，涉及化学物质、紫外光，以及用精密的镊子直接处理掉这些薄膜。弗伦奇说："我们不得不在 20 世纪 50 年代格登处理方法的基础上进行创新。"他们希望，通过抱着极度关切和重视的态度采集和处理卵细胞，以及通过关注原有细胞核移植处理方法的每一个具体步骤，这些卵细胞会保持最好的状态，进而可以重新激活胃育溪蟾已经死亡但包含有 DNA 的细胞核。而且，看起来好像他们的努力工作终于有了回报。

弗伦奇说："我们每一次重新进行实验都会得到更好的结果。"每进行大约 100 次细胞核移植实验（在实验当中来自已死胃育溪蟾细胞的细胞核被注射入去除了凝胶和细胞核的活青蛙卵细胞中），就有七八个活拉撒路胚胎被创造出来。大多数在原肠胚形成之前就夭折了，但是偶尔，当天空挂上蓝月亮或行星连成一条线的时候，也有与众不同的克隆胚胎继续分裂。整个团队兴奋极了，观察着这些无定形的克隆拉撒路胚胎开始发育出可辨认的蝌蚪状特征，是一个个小小的脊状隆起，肯定要变成这种动物的脊椎。弗伦奇说："已经近乎蝌蚪。"慢慢地，随着实验的处理方法逐渐接近最优，青蛙胚胎的寿命开始变得越来越长，发育开始变得越来越深入，形态也变得越来越像蝌蚪了。然而到目前为止，令人沮丧的是，"近乎蝌蚪"仍然停留在"近乎"的阶段。它们没有变成蝌蚪，更别说幼蛙或青蛙了。胚胎发育在原始的脊椎形成后就会慢慢停止，所有的胚胎都躲不过死亡的结局。

但是我并没有灰心。我跟这些科学家们聊过，我知道他们不会轻易放弃。他们乐观向上，富有团队精神，还有一份永无止境的实验变量清单，他们还会不断增补这份清单的内容，直到实验程序"完全令人满意"。下一步，就是从活体克隆胃育溪蟾胚胎（在它停止分裂之前）中取下一个细胞核，然后用在克隆中。弗伦奇说："我们认为再克隆也许是最好的选择。"通过克隆一个克隆体，他们希望促进后续的胚胎发育过程一直进行，让胃育溪蟾死而复生。

早在 20 世纪 60 年代晚期，当英国科学家帕特里克·斯特普托（Patrick Steptoe）和罗伯特·爱德华兹（Robert Edwards）率先尝试在培养皿中创造人类胚胎时，他们发现这项任务极为艰巨。他们人为地合并人类精子和人类卵子的尝试一次次地遭遇失败。事实上，试管授精技术的先驱们从他们首次见证一颗试管授精的卵细胞在培养皿中分裂，到世界上首例试管婴儿的出生，花了 8 年的时间。这个试管婴儿叫露易丝·布朗（Louise Brown），生于 1978

年 7 月 25 日。期待这种性质的实验第一次就能成功是极不现实的。弗伦奇说："最终，你还是需要所有的条件在实验的那一天都到位……然后就是统计学的事情了。"把足够的供体细胞核移植入足够的卵细胞，不断从实验中学习，修炼你的实验处理方法。最终，胃育溪蟾会像拉撒路般站起来，不是从石墓中，而是从阿德莱德实验室冰柜中的最底层。

第六章

摇滚乐之王

当它最终到我手里，我感到非常失望。早些时候，我在易趣（eBay）上买了一些埃尔维斯·普雷斯利的头发。然后，跟小孩子等待圣诞节一样，我忍受了几个星期的过度兴奋和想入非非，等待着我的宝贝出现。我期待着一些和猫王本人一样具有代表性的事物。我告诉自己，这个包裹最少最少也会由金丝锦缎包着，上面还会点缀着些水钻。它会正式而隆重地到来，会有自己的伴奏乐队在旁边演奏小夜曲，还会有女粉丝的狂热尖叫。这些女粉丝会在我家外面宿营，等包裹到了的时候，还会有人晕倒，因为她们也太想要这个宝贝了。但是当邮递员最终把我珍贵的货物送来时，并没有奏起出场乐，他甚至连门铃都没按。他只是草草地把这个普通的棕色信封塞进了信箱然后就走了。

我从信箱中拾起这个颜色暗淡、平凡无趣的信封，在手中翻来覆去，看不出什么埃尔维斯的特征，令人扫兴。除了信封右上角孟菲斯市的邮戳模糊可见以外，几乎没有迹象显示有关这个进口信封里物品的风云传奇。也许里面的东西会好一些吧，我告诉自己。我充满着紧张和不安，大脑甚至都不转了，小心翼翼地打开信封，拿出里面的东西。但是我梦想中高高梳在额前的一束完美秀发却无处可寻。相反，我发现自己正盯着一张 A4 纸大小的"防伪证明书"。这份证明书上得意扬扬地写着："您现在已经自豪地拥有了一绺真正的埃尔维斯·普雷斯利的头发。"但头发在哪儿？可能他们忘了放进去了，又或者可能是分单发货，正在由雅园的一队人马护送而来。我仔仔细细把这张粗糙廉价的复印件看了一遍，想找出什么线索。然后，正是因为我像帕丁顿熊一样瞪着大眼盯着它彻底检查（我也只能这么做），我才注意到纸页的底部有一滴干了的胶水。胶水是透明的，和豌豆一样大小，很难发现。但是胶水里面，像一只困在琥珀中的昆虫一样，是一根短短的头发。我盯着这根头发，不敢相信我的眼睛，不知该怎么处理我手中的东西。事实上我无语了。这一"根"头发不仅极为细小——甚至比从我脸上拔下的一根睫毛都小——它还是……我说不出口……黄棕色的。埃尔维斯·普雷斯利，如果这份证明书可以相信的话，是草莓金发。

当我突然意识到真相时，我感到落寞，几乎哭出来。我花了14.90 美元（外加邮费和包装费），忍受了比猫王的粉丝们等待他的回归巡演还漫长的时间煎熬，收到的东西看起来却很像麦当劳叔叔修剪下来的鼻毛。所以我做了所能想到的唯一一件事情，那就是把证明书重新封回它本来的信封，找来一支又粗又黑的记号笔，大写加粗地写上"退回寄件人",理由写上地址不详。我敢肯定他们不会领悟这种讽刺,但是这样写让我的脸上又挂上微笑。然后第二天清晨,阳光明媚,我把信寄了回去。

到今天为止,我都不明白自己究竟为什么决定买一绺埃尔维斯·普雷斯利的头发。的确,在我一生的大部分时间里,我都是猫王的歌迷。在我的书房里有一只埃尔维斯装饰钟,在我的衣柜里有一套埃尔维斯连衣裤。我还有一只仓鼠,额前毛发高高梳起,唱着"夏威夷呼拉舞摇滚"(Rock-a-hula)。我结婚的时候,我亲爱的妈妈扶我走过教堂通道,伴着歌声《燃烧的爱》(Burning Love)。[1] 但我并不过度迷恋埃尔维斯,我只是喜欢他的音乐及其俗气矫饰的周边产品。所以当我在每日必逛的易趣网站淘与埃尔维斯有关的摆设并偶遇了他的一绺头发时,我只是不由自主就想得到。我知道,头发是优质的 DNA 源,所以这次采购提供了一次买到遗传历史的机会,也就是这种特别的 DNA,它有助于造出这个星球上最有才华、最具魅力的男人之一。我买一绺普雷斯利的头发,是因为它似乎是最有价值、最有代表性的小摆设,我出于对学术的好奇买了它,它让我思考……

……如果你可以从一绺头发或其他的来源取得普雷斯利的基因组,你会以某种方式利用它让猫王重回世界吗?你能"反灭绝复育"埃尔维斯·普雷斯利吗?如果你可以,这个新的埃尔维斯跟原来那个有什么相似或不同吗?埃尔维斯有没有性感 DNA?他的基因组中有没有某些部分让他能做出著名的轻蔑式噘嘴表情或是扭动着灵活盖人

1　播放《燃烧的爱》是我要求的。我丈夫想播史密斯乐队的《天知道我的痛楚》(Heaven Knows I'm Miserable Now)。——原注

的髋部？他对于油炸花生酱和香蕉三明治的偏好，或是他对蓝色小山羊皮鞋的趣味呢？我们让他重回世界后，他会不会又一次不合时宜地在洗手间等场合死亡？

　　现在，此刻，我敢肯定，你们当中会有人已经激动地想要啃掉自己的腿。"克隆流行歌星没有意义，"我听到你哭喊道，"西蒙·考威尔（Simon Cowell）很多年一直在打造流行音乐歌手，但他们都是垃圾……而且，埃尔维斯死了，不是灭绝了，所以你们不能谈论着要反灭绝复育他……好吗？"对此我的回答是，对西蒙·考威尔的看法很公正。然而，人类也许没有灭绝，或者说还没有灭绝，但是，我们的日子总有一天会到头。所以当我们的灭绝是一个时间问题而不是一种假设时，我们会留下反灭绝复育我们自己的说明书和技术吗？包括我自己在内的人，一直在思索反灭绝复育古人类的可能性，但还没有人敢将这场思维实验引向逻辑意义上的结论：我们自己是否可以被反灭绝复育。至少，想一想这件事情还是很明智的。如果我们要思考这件事的话，我们不妨让我们的测试对象赏心悦目一些……也悦耳一些。关于反灭绝复育智人的讨论并不荒谬，而且很有先见之明。有些人会大喊："性感DNA？你这个女人疯了吗？没有'性感DNA'这样的东西。任何人的表现型都是一种遗传、外遗传及环境因素相互作用的结果，更别提随机因素的影响了。"我说，冷静一下，少说两句吧。我都会谈到的。但就现在，让我们来点儿摇滚吧。

犹太人区

埃尔维斯·艾伦·普雷斯利（Elvis Aaron Presley）——真人——1935 年 1 月 8 日正午时分生于美国密西西比州图珀洛（Tupelo）。他的母亲格拉迪斯·史密斯·普雷斯利（Gladys Smith Presley）是一个穷苦的采棉工人，当时生了对双胞胎。但是埃尔维斯的兄弟杰西·加龙（Jesse Garon）还没生下来就死了。埃尔维斯的父亲弗农·埃尔维斯·普雷斯利（Vernon Elvis Presley）换了一个又一个工作，蹲过监狱。埃尔维斯是这个家庭的独生子，在简陋的两室木棚中长大。他童年时期就对音乐十分感兴趣。晚上，他会和家人坐在门廊前唱歌。做礼拜时，他会从母亲的臂弯中挣脱出去，加入唱诗班当中。他听五旬节教会音乐，美国黑人唱的伤感布鲁斯民歌，还有"乡村大剧院"（Grand Ole Opry）——收音机上每周一次播出的乡村音乐会。然后，他 10 来岁快 11 岁的时候，他妈妈带他去了当地的五金商店，给他买了他的第一把吉他。

1948 年，全家人搬到了田纳西州的孟菲斯市，埃尔维斯为了隐藏他的青春痘，换了鸭尾式新发型。他在著名的比尔街听爵士乐，然后有一天，传说，他开车经过一处标牌，自此他的一生发生了改变。这是一幅"孟菲斯市录音服务"的广告，可以"录下你自己的声音"，每两首歌收取 4 美元。埃尔维斯决定录两首给他的妈妈听。不过，工作室的老板萨姆·菲利普斯（Sam Philips）对埃尔维斯的音域印象十分深刻，签下了普雷斯利，把他招至自己的唱片公司"阳光唱片"（Sun Records）旗下。1954 年，埃尔维斯发行了他的第一首单曲《没事的妈妈》(*That's all right*)。据《滚石》(*Rolling Stone*)杂志所述，这是史上第一张摇滚乐唱片。一年后，埃尔维斯在佛罗里达州的杰克逊维尔市（Jacksonville）举办了演唱会，当他结束表演，挑逗式地宣布"女孩儿们，我们后台见"时，舞台外围的歌迷们都快失控了。

19 岁时，埃尔维斯已经走上了成为轰动全球的超级巨星的道路。他的声音和风格和以前完全不同，盆骨灵活得夸张，台风电倒全场。埃尔维斯引领了美国音乐和流行文化的新纪元。他扭动的胯部被认为太过性感了，所以某些电视节目拒绝让他的下半身入镜。然后，1956 年，在又获得了一个新的唱片合约之后，他发行了《伤心旅馆》(*Heartbreak Hotel*)。这是第一张同时夺得三项排行榜第一席位的唱片：《公告牌》(*Billboard*)的西方乡村音乐排行榜、节奏布鲁斯排行榜及流行歌曲排行榜。那之后，电影又吸引了他。埃尔维斯发行了一连串的 33 部电影，并搬到了男人避世所的典例——雅园。到他被征召进美国陆军之前，他已经发行了 14 张唱片，蝉联百万张的销量。1967 年，他跟普里西拉（Priscilla）结婚。一年后，他以令人兴奋、极度撩人的回归特辑《埃尔维斯》(*Elvis*)重返了电视屏幕。黑色皮革从来没有显得那么有魅力。

在接下来的几年当中，他经历了人生高潮和低谷。他发行了《犹太人区》(*In the Ghetto*)和《谜思》，但他的健康状况却开始恶化。随着体重不断增加，埃尔维斯开始依赖处方药。1973 年，他在最忙碌的巡演日程表间隙与普里西拉离婚，两次过量服用巴比妥酸盐。他还得了偏头痛和青光眼，在表演当中一直都口齿不清。到他生命结束前夕，他不得不被助理搀扶下台。在 1977 年的前 8 个月中，他的医生给他开了剂量超过 1 万单位的镇静剂、兴奋剂和止痛药。然后，1977 年 8 月 17 日，他的女朋友金杰·奥尔登（Ginger Alden）发现他死在了雅园浴室的地板上，当时他只有 42 岁。美国前总统吉米·卡特（Jimmy Carter）发布了一项声明，赞誉埃尔维斯"永久地改变了美国流行文化的面貌"。拳王穆罕默德·阿里（Muhammad Ali）称他为"你想认识的最温柔、最谦逊、最友善的男人"……但是我们能让他重回世界吗？

赞同克隆埃尔维斯的美国人

从前，在 20 世纪 90 年代中晚期，当时移动电话还不智能，互联网上的手绘情色图片比公仔猫图片还多。当时有一个网站，叫作"赞同克隆埃尔维斯的美国人"。[1] 受到多莉羊诞生的启发，这个网站的特色是一幅有着黑雨丝的动图，上面埃尔维斯正不自然地扭动着胯部，好像永远困在了数字世界的痉挛当中。网站名称——"赞同克隆埃尔维斯的美国人"——以一种复古的低像素字体呈现，底下是号召请愿部分。这个网站恳求志同道合的埃尔维斯歌迷们签署一份请愿书，要求科学家们让这位摇滚传奇人物重生。上面写道：

我们这些请愿者，为我们对埃尔维斯恒久的爱，恳请所有参

---

1 这个网站现在还在，网址是 http://americansforcloningelvis.bobmeyer99.com。——原注

与到克隆技术中的人听听我们的诉求……技术就在那里，这份请愿书是我们真实意愿的证明。

看起来有美国人真心实意地想看到克隆埃尔维斯；要么就是他们手头时间太多了，喜欢签请愿书。如今，这个网站仍然活跃，而且基本上没怎么变化，已经有 3 000 多人将他们的名字写进了这项事业。他们郑重其事的程度无法想象。我相当肯定，他们不会出没于秘密的实验室，用额前秀发进行关于胚胎的细胞核移植实验，但是他们至少已经在思考克隆猫王的事情。但这要付出什么努力？又要从哪里开始呢？

这项计划会牵涉到寻找埃尔维斯的 DNA 源，解码他的基因组，然后将基因组中某些埃尔维斯独有的部分编辑进一个常规人类细胞中。这个细胞的细胞核包含着埃尔维斯 DNA，可以用作克隆，从而创造出一个婴儿，这个婴儿实际上就是普雷斯利的双胞胎兄弟。假如真是这样，这与乔治·丘奇制造毛猛犸象时使用的方法就没什么不同了，但是我们讨论的是埃尔维斯。我们可以相对轻松地在融化中的北极遗骸细胞中找到猛犸象的 DNA，但世上曾经只有一个埃尔维斯·普雷斯利，而他如今早已在雅园入土为安了。

但是，我自己的经历显示，你可以在互联网上通过自营商买到名人的碎发。[1] 在谷歌上点击几下就会出现买到戴安娜王妃、亚伯拉

---

[1]　从一种更加令人毛骨悚然、难以接受的层面来讲，名人的尸体部位也是任何人都可以得到的。比如说拿破仑的阴茎，据说在一个叫埃文·拉蒂默（Evan Lattimer）的人手中。她是新泽西一位泌尿科医生的女儿，1977 年在一场巴黎拍卖会上买下了这个东西。这个阳物好像是拿破仑的医生在尸检时取下的，据说大约有 4 厘米长。当拿破仑说"今晚不行"的时候，约瑟芬也许并不会那么失望。——原注

罕·林肯及迈克尔·杰克逊等人头发的机会。[1]就像真实性有差别一样，价格也不一样。尽管我已经很不舍，花将近 15 美元买了一种看起来像是黄棕色阴毛的东西，但是据报道，一丛真正的切·格瓦拉（Che Guevara）的头发售价是 119 500 美元。当小甜甜布兰妮 2007 年推掉头发时，她的理发师试图在网上拍卖理下的发丝，起价 100 万美元。[2]

但是，如果你想对埃尔维斯做点什么，真的有一个地方，而且只有这个地方可去：美国佐治亚州哈伯沙姆县的劳德米尔克公寓博物馆（Loudermilk Boarding House Museum）。外观上这座博物馆看起来很低调，是一座漂亮的木质建筑，有一对人字形屋顶，还有一条宽敞洁白的走廊。但是里面收藏的却是全世界最怪异、最离奇的埃尔维斯遗物。这些遗物组成了乔尼·梅布（Joni Mabe）的"关于埃尔维斯的移动全景百科全书"。梅布是一位天才艺术家，她称自己为"猫王的王后"。自从猫王"离开了舞台"[3]，她一直在收集埃尔维斯的小物件。她有 5 间房子，从地板上装饰衣服的亮片，到天花板上做衣服的缎料，堆的都是堂皇的收藏品。她的收藏 14 年来在全世界巡展，是俗丽和复古风格的集中展现。除了常见的演出服、文摘剪报和泡泡糖卡片，还有普雷斯利的祈祷地毯、鞋带和脚指甲剪，甚至还有埃尔维斯躺在孟菲斯殡仪馆里时脚指头上戴的标签。

1　大概是前百事可乐时代的商业广告（译者注：迈克尔·杰克逊曾在拍百事可乐广告时头发被烧）。——原注
2　但是没人买。——原注
3　埃尔维斯结束表演后，观众通常会希望他再来一首，主持人就会说他"已经离开了舞台"，这里意指他离开了人世。——译者注

　　不过，在所有这些遗物中，有 3 个可能的埃尔维斯 DNA 源。

　　第一个是普雷斯利的全部秀发，而不只是一根。据称，普雷斯利因为对 50 年代电影明星托尼·柯蒂斯（Tony Curtis）的崇拜，将头发染成了黑色。他抹满了润发油，高高梳起的额前秀发在他的私人理发师霍默·伊兰（Homer Gilland）手中得到了精心保养。他把剪下的头发都存了起来，然后卖掉了很多。梅布就是直接从他手中买的样本，这样就可以确信样本的真实性。

　　尽管我们头上的头发是无生命迹象的，但每绺头发根部的细胞却是活着的。这些细胞分裂，以产生新的头发细胞，然后新的头发细胞转移到发丝上，逐渐被角质填满。角质是一种结构蛋白，使头发变硬。当细胞逐渐角质化，它们的 DNA 就开始分解，但是有时，数千年以后我们还是可以提取出 DNA 碎片。线粒体 DNA 已经从披毛犀和原始毛猛犸象的皮毛中复原，而且，科学家们 2010 年复原了一个 4 500 年历史的因纽特人木乃伊的整套细胞核基因组……完全是用他的头发做到的。因此，真正的埃尔维斯头发只有几十年的历史，认为其可以成为埃尔维斯 DNA 源的看法是合乎科学原理的。普雷斯利喜欢染发也不是问题。研究者们从头发中提取 DNA 时会先漂白，然后用酒精冲洗。这个步骤不是为了美发，而是为了去除一切发束表层存在的污染性 DNA。在普雷斯利的例子中，这个步骤意味着所有复原了的 DNA 都来自这个男人本人，而不是他的理发师或是其他人。

　　第二个潜在的 DNA 源来自另一种角质化的结构，这次是梅布在 1983 年参观雅园时自己采集的。在通过灯光昏暗、铺着绿地毯的"丛林之屋"（Jungle Room），也就是一间普雷斯利用来放松和独处的"男人避世所"时，梅布突然产生了一种难以遏制的冲动，想要切实感受一下埃尔维斯的感觉。她的旅行团友们继续前进，而她则在后面兜兜转转。她用手指划过粗毛地毯，不曾料想却感觉摸到了一个亮片。只是当她在屋外露天的阳光下仔细看她收获的宝贝时，她才意识到她发现的是一块剪下的趾甲。她说："要么是来自二脚趾，要么就是一块大脚趾趾甲。"梅布已经把这块趾甲保存 30 多年了，这说明梅布是一个真正的埃尔维斯迷。跟头发一样，趾甲也是优质的 DNA 源。但现在的问题是没有人可以确定这块趾甲属于谁。很多人曾在"丛林之屋"参加过派对，而且自从埃尔维斯撒手西归，更多的人曾从这里经过。"我把这块趾甲叫作'梅布－埃尔维斯趾甲'，"她以明媚的美国南部语调慢声慢气地说，"因为也许这块趾甲是埃尔维斯的，也许不是。"也许这块趾甲是埃尔维斯的，也许它属于铺地毯的那个家伙。如果我们讨论的是让猫王重回世界，"也许"是不够的，这就剩下了第三个选项。

研究一下埃尔维斯 1958 年以前的照片，你会注意到，他的右手腕上长着一个肉赘。后来的照片却清晰地显示，这个黑点消失了。是普雷斯利的私人医生把它取掉的，然后这位医生把这个肉赘扔进一个装着甲醛的试管，保存了 30 年，直到梅布从他那里以不便透露的价格买走了这个试管。这个肉赘现在是梅布的博物馆中最为珍贵的收藏品，也一直是该馆最受欢迎的展品之一。她甚至售卖印着"猫王去了但肉赘仍然活着"的文化衫。这颗肉赘仍然在它最初的容器中，但这个试管现在立在一个旧雪茄烟盒中，下面垫着红绸缎。梅布说："这个肉赘和一颗黑眼豌豆一般大，但是是一个真正的脓包。"她似乎很享受告诉我这些骇人听闻的细节。但是埃尔维斯可以由此反灭绝复育吗？

DNA可以很快从用甲醛保存的组织中被提取出来，但是肉赘并不是最佳的起步材料。先把"恶心"的因素，以及你发现自己是从一颗不堪入目的污点创造来的后受到的心理创伤放在一边，还有其他的问题。

当皮肤细胞受到人类乳头瘤病毒（HPV）感染时，就会出现肉赘。在细胞内部，病毒DNA劫持了宿主的DNA并不断自我复制，然后有可能入侵并感染邻近的细胞。被感染的细胞比没有被感染的细胞分裂得更快，这就造成肉赘的生长。有时这种不正常的生长失去了控制，原本良性的肉赘有可能发生癌变。就是因为这个原因普雷斯利才会取掉他的肉赘。

如果有人要从一个感染了HPV的细胞中提取DNA，他们得到的是一种人类和病毒基因材料的混合物。人类基因组包含30亿对碱基对，而HPV的基因组相形见绌，只包含区区的8 000对。但是，正如拿破仑不置可否地对约瑟芬所说，大小并不代表一切，那组微小的DNA可以造成的后果才是麻烦所在。如果埃尔维斯/病毒DNA的混合物被植入一个空卵细胞中用来克隆，那么发育中的胚胎每一个细胞都会遭遇风险，即既有埃尔维斯DNA，又有病毒DNA。考虑到HPV会造成不正常的细胞生长和癌症，这就可能产生难以预料、有潜在危险的后果。发育中的人类胚胎是精密调节的基因活动所组成的奇迹。把一条附加的"外来"DNA随意添在这个系统中就好比将一把螺丝起子扔进一个汽车引擎。如果你走运的话，不会发生什么事情。如果你倒霉的话，这个引擎就完蛋了。肉赘对于克隆来说，并不是一个合适的 DNA 源。

所以看起来好像埃尔维斯标志性的发型，或发型的一部分，才是我们让王者归来的追求最合适的起点。过了将近半个世纪后，普雷斯利的基因组应该已经碎成数百万个片段，但这不应该成为问题。2014年，工作于英国第 4 频道（Channel 4）纪录片《消亡了的著名 DNA》（*Dead Famous DNA*）的科学家们取得了一个埃尔维斯·普雷斯利的头发样本，并成功地从中提取出 DNA。他们没有试图解码整个基因组，而是恢复了部分基因组片段，过了很久后又读取了它们的序列。但是如果他们或是任何人想对足够的碎片进行足够次数的序列测定，最终整个基因组还是会被解码并在电脑中拼凑完整。这个以数字形式存储起来的基因组会成为普雷斯利所造出的最长录制品。

但这个基因组是不会拼凑完整的。2004 年，研究者们宣布，他们完成了人类基因组的序列测定。美国时任总统比尔·克林顿（Bill Clinton）说，这是"人类所造出的最奇妙的蓝图"。作为有史以来最重要的科学里程碑之一，人们把这个成就比作方向盘的发明或是原子的分裂。作为全球数千名科学家十多年工作的顶点，这个成就会使人们史无前例地洞悉人类发展和疾病，还会为新疗法的发展铺平道路。但这个基因组并不完整。当研究者们着手解码人类基因组时，他们决定只聚焦于最活跃、基因最密集的区域，也就是所谓的常染色质。因为他们的推理是，这些常染色质很有可能是最重要的碎片。基因组的其余部分，也就是整个 DNA 中基因活性受到抑制的一小部分，也被称为异染色质，则被认为是不太重要的。而且，破解异染色质的基因编码也是出奇地棘手，所以研究者们决定就不去打扰异染色质了，让它维持原状。结果是：当人类基因组序列最终"完成"并发表在《自然》杂志上时，异染色质没有被包括进去，而且研究者对常染色质序列所做的测定也是不完整的，到处有缺口，大约有 340 处。据项目组的合作伙伴，美国国家人类基因组研究所（National Human Genome Research Institute）称，人类基因组"在今天技术的限度内"已经是尽可能地完整了。这就好像在说当我们全家到达多佛误了渡轮时，我们从英国去法国的度假仍是完整的——此刻只是没有我们穿过英吉利海峡所需的技术。

　　自从那时起，DNA 测序技术得到了改良。成本下降了，技术本身使用范围也扩大了。但即使一些基因组经过了最为彻底的序列测定，它们仍然是不完整的。尽管研究者们已经逐渐攻克对异染色质进行序列测定的难题，序列测定质量最好的人类基因组仍然只有大约 95% 的完整度。问题就在于基因组的一些部分全部是重复的、断断续续的编码片段。想象你买了 1 000 本理查德·道金斯（Richard Dawkins）的《上帝的迷思》（*The God Delusion*），[1] 然后把它们放进一台碎纸机[2]。试着把它们再拼凑起来。"上帝"这个词会重复出现很多次，但是很难知道要把哪个"上帝"拼在哪儿。就像人类基因组，很难把这些棘手的碎片以正确的顺序拼凑起来。

　　同样，还会有错误。我们毕竟只是人类。官方公布的人类基因组序列总错误率为每 10 万个碱基对当中有不到 1 个错误。这意味着尽管

1　只是想气气那些相信上帝创造世界、否认进化论的人。——原注
2　只是想气气理查德·道金斯。——原注

基因组编码的字母有大约 2 999 970 000 个是正确的，这些字母中也还是有 3 万个左右会出错。正是因为这一点，遗传学家们想对他们的序列测定数据进行检查和核对。在统计学上，他们把这个任务叫作"覆盖度"。如果一个基因组有 30 倍的覆盖度——最合适的倍数——意味着这个基因组的大部分将被核对 30 次或更多。但对这个基因组其他部分所进行的检查次数会少于 30 次，所以一些区域根本不会被读取到。一个完整无缺的人类基因组，似乎只能是我们的美好心愿。

如果我们试图克隆出一个普通人，那么这些不一致和缺失的地方可能不算什么；大多数单个的字母改变对于基因组来说没有影响，而且一个基因组中的空缺可以用另一个基因组中合适的序列来填补。但是因为我们在试图克隆出的是一个特定的人，这就成了一个潜在的问题。记住，我们的计划是测定普雷斯利的基因组序列，然后把这些序列中一些他所独有的部分编辑入一个常规人类细胞。但是如果这些独特的埃尔维斯序列位于基因组的一些部分，这些部分要么不能读取，要么已经读取但是出了错，我们就会冒失去所有这些特色序列的风险。

埃尔维斯的精华

埃尔维斯是前无古人、后无来者的，这毋庸置疑。但是他的 DNA 却是平凡无奇的，这很令人欣慰。科学家们已经测定出了名人基因组一些碎片的序列，这些 DNA 序列来自查尔斯·达尔文（Charles Darwin）、艾萨克·牛顿（Isaac Newton），还有埃尔维斯·普雷斯利。科学家们发现这些序列都是由同样的 4 个化学字母组成的——A、C、G 和 T——这些字母也组成了我们所有人的基因组。它们并没有比较大，点缀着五角星或是装饰着美元钞票。但它们都是独一无二的。

　　2012 年，研究者们宣布他们已经测定并比较了来自全球各地 1 092 个人的基因组序列。这些人不是名人，只是普通老百姓。这个被称作"千人基因组计划"（1 000 Genomes Project）研究的目标，是了解造成人类基因组差异的原因。研究者们发现，如果你将任一人的基因组与他的一个非亲属的基因组进行比较，会出现 300 万处差异，或称"变型"。这意味着你和我，我和埃尔维斯，以及埃尔维斯·普雷斯利和这个星球上任何一个跟他没有血缘关系的人之间，都大约有 300 万处基因差异——我们的基因序列大约每 1 000 个左右字母中就有一处不同。大多数情况下这种差异是很微小的：也许一个字母 A 可以把一个字母 T 替换掉，也许一个字母 G 在什么地方被落掉了，也许还有一个多出来的字母 C 藏在其他什么地方。如果人类基因组是一本书，那么每个人的书都包含着同样的章节、段落、句子和词语，谋篇布局的顺序也完全一致，但是我的书在第 521 页也许缺了一个省略符号[1]，而你的书在下一页也许把"部件"印成了"裤件"。然而，时不时地也会意外地出现比较大的差异。一个人的基因组也许会整段地复制，逐词地重复。

---

[1] 不可原谅！——原注

比如，一个患有唐氏综合征的人，有一整条多余的第 21 号染色体；而一个人如果患有亨廷顿舞蹈症——一种残酷的、无法治愈的神经退行性疾病，就会有很多条多余的"CAG"序列藏在一个特定的基因中。

出现差异是因为，当常规细胞为了创造新细胞、构建身体部位或帮助创伤愈合而分裂时，它们不总是能完美地完成任务。在理想的情形下，当一个细胞分裂成两个，基因组会被复制，然后被完全相同地分配出去，每个"子代"细胞都会得到一份原来的"亲代"基因组。但是这套复制机制并不完美，错误，或者说"突变"，会不知不觉地混进来。当一个精细胞或卵细胞里发生突变，这个突变就被传递给下一代。结果是，你的基因组包含有大约 60 个"新的"突变，是从你父母那里继承来的，还包含很多老一点儿的突变，来自你家族族谱上更远的位置。[1] 另外，我们的基因组一直处于来自辐射、污染物、化学品等类似物质的威胁下，这些物质会对 DNA 造成破坏；并且，尽管这种破坏大部分很快被修复，但我们每活一天，我们的基因编码就会不断地发生量变。

地球上已经有 70 亿人，这个数量还在逐渐增加，所以你所携带的个体基因变型不可能是你独一无二的。在我第 2 号染色体的末尾也许有一个字母"C"而不是字母"T"，但是你可能也一样。不过你不会有其他所有让我成为我自己的 2 999 999 个基因变型。遗传学家吉利安·麦克韦恩（Gilean McVean）来自牛津大学，是"千人基因组

---

[1]   这大体上是你家族中男人们的错。男人制造很多精子，而女人制造的卵子相对少得多。所以细胞分裂产生精子的频率要远大于产生卵子的频率。男人犯的错误更多，这是经过科学证明的。——原注

计划"的带头人之一。"你的变异中几乎没有什么是你独一无二的,"他说,"你独一无二的,是你所拥有的变型集合。"300万个基因变型潜伏在埃尔维斯·普雷斯利基因组中,在它们间的某处藏有埃尔维斯的基因精华,即散落的特色核苷酸集合,这些核苷酸帮助他成为埃尔维斯其人。

在过去的几年中,遗传学家已经开始将这些变型的集合与各种各样的特征建立联系,比如身高、肥胖程度及数学能力。我们基因组中到处都有很多很多的变型组合起来,这种组合过程现在被认为影响着从我们的生长方式,到行为方式,到我们产生的疾病等所有方面。"这就像一种背景遗传效应,"麦克韦恩说,"可以对从你鼻子的形状到你是否喜欢小黄瓜等一切方面产生微妙的影响。"就是这些细小的差异,这些个体的癖好和特征,在某种程度上帮助我们成为我们自己。我个人的基因变型集合可以帮助解释为什么我的鼻子看起来像一团灰白的雕塑胶泥,还有为什么虽然我能欣然接受小黄瓜,但是见到腌小黄瓜却会躲得远远的。即使普雷斯利基因变型的绝大多数单打独斗都不会产生任何效应,把它们放在一起你就能体会到了:埃尔维斯的基因精华。麦克韦恩说:"成就埃尔维斯的相关因素集合是很多很多遍布基因组的微弱影响产生的结果。"

意思就是,如果我们想造出埃尔维斯的基因复制品,我们不能在细节上偷工减料。如果普雷斯利基因组和一个平凡人的基因组之间有300万处基因差异的话,那么要想反灭绝复育猫王,我们就不得不把每一处差异都编辑进一个人类细胞中。这个工作量对于基因编辑领域可亲可爱的CRISPR技术来说实在太大了,所以遗传学家们就不得不转而向 CRISPR 技术的大哥——MAGE 技术寻求帮助。MAGE 可以成批地把多种变化同时编辑进一个基因组（见第二章）。然后这个普雷斯利化了的基因组会被注射入一个移除了自己细胞核的人类卵细胞中，这个新细胞会被诱导开始在培养皿中分裂。[1]几天后，一个看起来很健康的胚胎接着会被移植入一位代孕母亲的子宫，然后这位母亲会被建议买一堆 DVD 套装连续剧集储备起来，然后把脚放平慢慢观赏。一切顺利的话，9 个月后，一个健康的男婴——让我们叫他"基埃尔维斯"（全称"基因工程改造过的埃尔维斯"）——就会出生。但是他跟埃尔维斯会有多像？他经过精细加工的 DNA 会在多大程度上影响他表现出来的样子？

看到双影

我们知道埃尔维斯出生时还有个双胞胎兄弟，尽管他胎死腹中的兄弟与他是同卵双生还是异卵双生不得而知，但有两件事情是能确定的。首先，无论什么样的双胞胎都是非常特殊的。这一点我应该比较清楚：我自己有一对双胞胎。其次，通过对双胞胎的科学研究，我们不仅可以洞悉"基埃尔维斯"可能会成为什么样子，还可以了解我们所有人终究会命归何处。

1　"普雷斯利化"是一个生造的专门术语，很遗憾人们并不常用，指的是修饰人类基因组，使之变得跟埃尔维斯·普雷斯利基因组一样的行为或过程。——原注

因为 DNA 是完全一样的，或者说差异是微不足道的，基埃尔维斯实际上就是埃尔维斯同卵双生的双胞胎。看过电影《闪灵》(*The Shining*)的人会告诉你，同卵双生的双胞胎有时会有很多诡异的相似之处。他们不仅长得像，有时还有相同的言行、兴趣和习惯。总的来说我们认为这些相似之处可以归结于一个事实：他们不仅有相同的基因，还在相同的环境中长大。他们有同一对父母，住在同样的家庭中，还上同样的学校。让我的那对双胞胎厌恶至极的是，他们还共用同一个卧室，而且经常还会配错彼此一模一样的袜子。

但有时，分开长大的同卵双生双胞胎最终也可能很相似。1979年，美国心理学家托马斯·J. 布沙尔(Thomas J. Bouchard)遇到了"吉姆兄弟"。在只有 4 个月大时，他们就被不同的家庭收养了。这对双胞胎在成长过程中都不知道对方的存在。然后布沙尔在他们 39 岁的时候让他们团聚了，发现这两兄弟不仅长得一样，他们之间还有一系列出人意料的相似之处。他们都喜欢咬指甲，盘腿的姿势是一样的，还都喜欢把钥匙挂在腰带上。两个人都跟名叫琳达(Linda)的前妻离了婚，现任妻子都叫贝蒂(Betty)，两人都曾养过叫作托伊(Toy)的宠物狗。一个把他的长子命名为"詹姆斯·阿伦·刘易斯"(James Alan Lewis)，另一个则给自己的长子取名"詹姆斯·艾伦·斯普林格"(James Allen Springer)。两人喝的都是美乐牌淡啤(Miller Lite)，抽的都是沙龙牌(Salem)香烟，在同一片位于佛罗里达州的沙滩上度假。更有甚者，他们的座驾都是雪佛兰——同样的品牌、同样的颜色。

总之，"明尼苏达分养双生子实验"现在已经成为经典，作为这个经典的一部分，布沙尔研究了超过 100 组分开抚养的双胞胎或三胞胎。总体来说，这项研究揭示出，双胞胎之一与他或她的同卵双胞胎分开抚养，或与他们的双胞胎兄弟姐妹一起抚养，两种情况下他（她）们在个性、兴趣、态度方面表现得相似的可能性是均等的。研究显示，在吉姆兄弟之间，这些相似之处归结于他们的基因。简单来讲，环境似乎根本没有产生多大影响。照此判断，埃尔维斯和基埃尔维斯的出生相隔 40 年，一个生在破败不堪的图珀洛木棚中，另一个生在装备先进的高科技医院中，这些都不重要——他们所处的不同环境和接受的不同教养无关紧要。也许基埃尔维斯也会娶一位"普里西拉"，生下自己的"丽莎·玛丽"（Lisa Marie）。他也许也会住在孟菲斯一个大而俗丽的公寓中，甚至也准备为买一块三明治飞行 1 600 千米。[1]

但是埃尔维斯的案例当然要比双生子实验复杂得多。如果环境无关紧要，那么诸如父母养育、教育和饮食结构等因素就无足轻重了……这简直是无稽之谈，这样青少年就被剥夺了把一切问题归咎于父母的天赋权利。更进一步了解吉姆兄弟时，人们才意识到吉姆兄弟之间的差异事实上远比人们原来推想的要大。一个很健谈，而另一个擅写。一个留着披头士（Beatles）风格的蘑菇头，而另一个留着罗伯特·德尼罗（Robert de Niro）风格的蘑菇头。对于一个吉姆兄弟的第二任也是现任妻子来说，可能要保持警惕了，因为另一个吉姆兄弟结过三次婚。媒体都在争先恐后地报道吉姆兄弟，他们

---

[1] 1976 年 2 月 1 日，埃尔维斯乘坐自己的私人喷气式飞机从雅园到多佛飞了个往返，为了买一块 8 000 卡路里的"傻瓜金砖"三明治。这种三明治的做法是把一条长棍面包掏空，里面填上一罐花生酱、一罐果酱和一磅熏猪肉片。——原注

弱化了吉姆兄弟之间的差异，都聚焦于他们"灵异般的"相似点。人类居住的地方都有成群的家伙喜欢喝美乐牌淡啤，抽沙龙牌香烟以及开雪佛兰汽车。吉姆兄弟的习惯相似并不奇怪，他们很多习惯都是平淡的日常事务。

那么，同卵双生子到底有多么不同呢？我们知道，同卵双生子长大后会成为差异很大的成年人。他们也许长得很像，但是他们有自己截然不同的个性。随着年龄的增长，他们体征上的特质差别也会越来越明显。他们有不同的偏好和习惯，也会得不同的疾病。就像我们其余的人一样，他们是基因和环境的产物，但是，这两种因素在发挥作用的时候重要性是相对的。我们的基因在多大程度上影响着某些特点，比如说爱吃汉堡或是音乐天赋呢？环境又在多大程度上发挥着作用呢？自从一个多世纪以前达尔文的表亲弗朗西斯·高尔顿（Francis Galton）首次开始研究这个问题，科学家们一直在尝试解决这个难题。他们把这个问题叫作"先天与后天相互对抗"，相互对抗的焦点是双胞胎。在过去的 50 年中，超过 1 400 万对双胞胎为数以千计的研究尽过力，目的是理清 DNA 和教养方式在各个方面的相对作用，这些方面从个性到痔疮，从枪支持有到痛风，包罗万象，应有尽有。

所依据的基本原理是：同卵双生子，在单个受精卵分裂成两个的情况下形成，事实上他们所有的基因都是一样的；异卵双生子，在不同的精子分别使不同的卵子受精时形成，他们大约有一半的基因是一样的。双胞胎一般一起成长，所以他们有相同的环境。因此如果一种你感兴趣的特征，比如撇嘴，在两种双胞胎中的 4 个人身上都出现了，那么遗传学并没有起太大作用，环境更重要。但是如果同卵双生子在比如说扭屁股方面比异卵双生子更相似，那么一定可以归结为他们的基因所起的作用。总之，超过 2 700 项关于双胞胎的研究评估了超过 17 000 种不同的特征，结果却相当出人意料。

结果最后证明，无论你决定着眼于什么特点，同卵双生子的测验结果都比异卵双生子的测验结果更为相似。似乎每一种特点都有基因在起作用。某些疾病或身体特征为家庭成员所共有这不足为奇，但是双胞胎研究还揭示出，我们的 DNA 影响着智力、肥胖水平和上瘾度。这些研究甚至有更为深入的发现——尽管似乎很怪，双胞胎研究还显示，遗传学影响着人们特定生活事件的走向和生活方式的选择。你的 DNA 影响着你在学校会如鱼得水还是考试不及格，你会结婚还是离婚，你最后是成为亿万富翁还是破产。DNA 甚至不仅仅在音乐能力方面发挥作用，还影响着你能做多少练习。

但是在每样事物当中基因都起作用并不意味着基因掌控着我们的命运。双胞胎研究还揭示出，虽然几乎每一样事物都受到 DNA 的影响，却没有什么是百分之百由 DNA 决定的。无论你着眼于什么特点，环境也总是在起作用。先天和后天以一种"推推拉拉"的方式发挥作用，很像童话《杜立德医生》中的双头鹿。一些特征受遗传学的影响更多一些，而另一些则更依赖于环境。

通过研究双胞胎，研究者们可以估算出遗传学与环境的相对影响。他们把这种相对影响叫作遗传力，即可归因为遗传而不是环境因素造成的特定特征中已观察到的基因变型所占的比例。比如说身高和眼睛的颜色受到遗传因素的强烈影响，同样的还有智力和肥胖水平；而上瘾度、偏头痛、生活事件还有我自己的致命弱点——宿醉，就更受到非遗传因素的影响，这些非遗传因素包括你"最好的朋友"给你灌了多少盏龙舌兰烈酒。

我们知道埃尔维斯跟普里西拉离了婚，知道他变得超重，患有偏头痛，还服用过量处方药。但是通过双胞胎研究，我们推测出的不应该是基埃尔维斯也会有同样的结局，而是基埃尔维斯可能多多少少会有同样特定的特征。从对遗传力的估计中，我们可以得出结论，基埃尔维斯和埃尔维斯（事实上是所有的同卵双生子），更有可能会在外形和连衣裤的尺寸上相似，而在头痛、用药习惯和婚姻状况上不同。但是这不意味着基埃尔维斯就不会成为胖子或者他不会离婚。举例来说，肥胖水平有充分理由成为受遗传影响最强烈的特征之一，但那不意味着环境，或者更确切一点，环境中汉堡的数量，不发挥同样重要的作用。

遗传学家认为，遗传学这种弥漫式的影响是由很多基因的相互作用造成的，这些基因本身不产生什么效应。尽管你通过媒体接受过一些误导信息，但是没有为心脏病或幸福度而"特设"的基因，也没有为一丛高高梳起的额前秀发或性感度而"特设"的基因。除了偶尔的例外情况，没有为任何特定特征而"特设"的基因。[1]然而，我们有独一无二的300万个变型，这些基因编码的碎片使得我们彼此的基因编码区分开来，这些碎片还微妙地影响着个体是否会形成某个特定的特征或疾病。当科学家们为了纪录片《消亡了的著

1　确实有几千种单基因遗传病，这么命名是因为这些疾病是由单个基因的缺陷引起的，所以有为亨廷顿舞蹈症和囊状纤维变性而"特设"的基因。但是绝大多数人类疾病和特征都很复杂，是由多种基因和其他因素的组合共同引起的，我们对此还知之甚少。——原注

名 DNA》而研究普雷斯利 DNA 的片段时，他们发现普雷斯利携带的变型中，有很多与疾病相关联。普雷斯利的基因编码与过度肥胖、偏头痛和青光眼都有关联，这些都是我们知道的他患有的疾病。但是，与纪录片所展示的不同，普雷斯利的基因编码并不是解释普雷斯利糟糕健康状况的有力证据。来自"千人基因组计划"的数据显示，我们都有大约 5 000 个这样的与疾病相关联的变型潜伏在我们的基因组当中。我有，你也有。但不是我们所有人都会进一步患上与这些变型相关联的疾病。除了偶然的例外情况，我们的基因和基因变型不会注定让我们处于糟糕的健康状况或其他的不利情况当中；这些基因和基因变型只是轻微地影响着我们总要表现出来的各种可能的结果。我们的基因影响着我们，而不会决定我们的命运。我们可以这样总结，遗传学不是我们的天命。遗传学的影响力甚至不及"天命真女"（Destiny's Child）演唱组合。

我们现在意识到，先天和后天不是孤立的。比如说，有音乐天赋的儿童其父母可能也有音乐天赋，他们很有可能既给后代提供了基因，又给他们提供了相应的教养，帮助他们发展音乐才能。但是，对于音乐才能来说，除了这些还有更多的关联因素。似乎我们的 DNA 可以帮助塑造如音乐天资、欣赏水平和动机等品质，这些品质又可能帮助形成练习和表演的欲望。这可能会让人进一步获得赞赏，赞赏可以来自父母、老师或一群尖叫的观众，而这又可能帮助形成练习和表演的欲望……如此良性循环。先天和后天不会单打独斗，它们彼此相互作用。环境不只是作用在我们身上的事物。由于我们的基因，在特定的情形中，我们可能会探寻、躲避、积极活跃或勉强应付。遗传学家罗伯特·普洛明（Robert Plomin）来自伦敦国王学院。"我们选择与我们基因倾向相关联的环境。"他说，"人们创造着他们自己的经历，部分是由于基因在起作用。"所以，不是埃尔维斯的 DNA 预先设定了 1953 年那个人生的转折点——埃尔维斯走进"阳光唱片"公司，灌了他的第一张唱片；也不是他的 DNA 预先设定了他与家人在门廊前唱歌的漫长傍晚。实际上是，埃尔维斯的基因和他所处的环境在他的整个人生中一直跳着错综复杂的波萨诺瓦舞。

因为有着完全一样的 DNA，埃尔维斯所拥有的任何与音乐能力相关的基因变型都会出现在基埃尔维斯的基因组当中。通过让基埃尔维斯接受音乐熏陶，基埃尔维斯的父母就可以帮助他发挥这种天生的基因优势，但是这并不能保证他会成为摇滚乐明星。从双胞胎研究中，我们必须得出这样的结论：不是我们的 DNA 支配着我们的天赋，而是我们应该鼓励我们的孩子们尝试不同的事物，找出他们所热爱和擅长的，然后一直支持他们。有时与表象相反的潜在基因倾向是十分有利的，更有可能帮助我们的孩子脱颖而出。发掘你的个人魅力其实与学会发挥你的基因优势有关，而不是赶着基因的鸭子上架。

完全一样但是与众不同

基埃尔维斯对自己的基因组和基因组中的变型有详尽的了解。有了这样的知识，他也许会选择利用这种不同寻常的警示来使自己处于有利地位。他知道自己携带着与疾病相关联的变型，他还知道自己有一个"双胞胎哥哥"健康问题很严重，所以他可能会决定去做一些改变。他也许会定期锻炼，选择低脂面包酱而不是花生酱；他也许会摈弃汉堡，找个医生监督他的胆固醇。不过，有一件事情是肯定的：基埃尔维斯将成长于一个与 20 世纪 30 年代的密西西比州非常不同的世界。这将会形成又一层微妙的生物差异，这层差异又可能影响基埃尔维斯最终表现出来的样子。

研究这种差异的学科叫作表观遗传学。相信我，如果你期望给你的朋友们留下深刻印象的话，在酒馆谈笑中抛出这样一个词能语惊四座。表观遗传变化影响着基因运作的方式，而不会改变 DNA 本身的序列。所以有着完全一样 DNA 的同卵双生子在表观遗传上并不相同。他们也许有同样的基因，但是这些基因连接和切断的方式是不一样的。

研究中最常见的表观遗传变化叫作甲基化作用，在这种作用中，一个叫作甲基团的微小原子束会附在基因组中 2 000 万处不同位置里的任意一个位置，将基因切断。现成的"微晶片"价格并不贵，可以用它来找出甲基团落在哪个位置。所以在过去的几年中，比较同卵双生子间甲基化作用模式的研究数量激增。那些一个兄弟姐妹有着某种特性，如精神分裂症或癌症，而另一个兄弟姐妹没有这种特性的双胞胎，尤其引发研究者的兴趣。研究倾向于发现：这种双胞胎兄弟姐妹有着不同的甲基化图谱。认为这些改变引发了与之相关联的精神分裂症或癌症或任何其他特性为时尚早，整个过程当然要复杂得多。对于大多数这些紊乱来说，我们还不知道甲基化作用模式是疾病的起因还是疾病的一个结果。但是我们知道的是，环境是表观遗传变异性的重要驱动力。

杀虫剂、污染物、酒精、吸烟和饮食结构都影响着我们的表观遗传图谱，而这又相应地影响了基因活动，有时这种影响是持久的。我们逐渐了解到，怀孕母亲们的经历，可以塑造她们腹中胎儿的表观基因组。在对一种叫作黄刺鼠的小老鼠进行充分研究的案例中，鼠妈妈饮食结构的微妙改变决定了她的后代最终会表现出棕色皮毛的瘦弱体形，还是黄色皮毛的肥胖体形。在另一例经典的动物研究中，研究者们发现，那些粗心大意的老鼠妈妈，她们的幼鼠到最后会有更多的与压力相关的关键基因发生甲基化作用，使幼鼠们在发育成熟后变得情绪激动、神经质且不堪压力。

吸烟的人与不吸烟的人相比，甲基化图谱是不同的，尽管他们戒烟后图谱会回到"几乎"正常的水平，某些改变还是会持续几十年。科学家们认为那些"难以转换"的甲基化作用模式可以帮助解释为什么以前吸过烟的人在掐灭他们最后一根香烟好几年后，遭遇癌症和呼吸系统问题的风险还是会增加。怀孕母亲的吸烟经历会影响后代的表观基因组。

人生经历塑造着甲基化作用模式，这相应又影响到我们的基因活动，而这又有可能进一步塑造我们的行为、生活方式的选择及健康状况。一些研究显示，同卵双生子在一开始表观遗传图谱是很相似的，然后随着日子一天天过去，他们的表观遗传图谱开始出现差异，他们的人生越来越不同。但是同卵双生子的表观基因组在他们出生时可以有多大差异，这才是令人惊叹的。杰夫·克雷格（Jeff Craig）和理查德·沙福瑞（Richard Saffery）来自澳大利亚墨尔本的默多克儿童研究所（Murdoch Childrens Research Institute），他们研究了早产的同卵双生子，发现这些同卵双生子的表观遗传图谱在 32 周时就已经有差异——32 周比大多数"足月"出生的婴儿早了整整两个月。这是因为尽管还未出生的双生子所处的环境看似相同，都是他们母亲的子宫，他们在子宫里遭遇的经历却是有差异的。一个双生子也许会压着另一个，或者离妈妈的心搏更近。一个双生子的脐带也许会稍稍窄一些或长一些，从而影响了营养物质从妈妈向孩子的流动。尽管这些差异看起来不太重要，但是克雷格认为，这些差异有着造成显著变化的力量。跟同卵双生子的父母聊聊天，他们通常会告诉你他们的小婴儿从出生第一天开始就有着多么截然不同的个性。通常同卵双生子出生时体重是不同的。有时他们也会生来就具有不同的发色和眼睛颜色，或是一个同卵双生子可能比较健康而另一个就有某种医学上的问题。与表观遗传变化相关联的早期人生经历，可能可以对这些变化中的一些进行解释。同时，早期人生经历的影响也可能是长效的。克雷格认为，我们待在母亲子宫里的时间长短，可能会为我们几十年后出现的疾病埋下生物学的伏笔。

基埃尔维斯是作为单胎而不是双生子移植入代孕母亲子宫的，所以他人生的前 9 个月与他 DNA 供体人生的前 9 个月注定会不同。不像是正常双胞胎们要为资源和空间而竞争，基埃尔维斯胚胎时期的住所完全属于他自己。在 20 世纪 30 年代的美国，普雷斯利的母亲还处在贫困当中，而基埃尔维斯的代孕妈妈却可以享受到更加现代的生活方式，有充足的食物和优良的医疗条件，所有这些都将让她腹中胎儿的表观基因组发生变异。出生后，因为基埃尔维斯成长于我们这个 21 世纪的世界，他的饮食结构、家人、朋友和经历都与他著名的"双子星"不一样。这会让他的表观基因组发生进一步的变化，尽管我们不可能预知确切的后果，但是可以肯定地说，这些后果凑在一起，会让埃尔维斯和基埃尔维斯越来越不像，而不是越来越相似。更有甚者，克雷格和同事们已经发现了，从自然怀孕的双胞胎和通过试管授精技术创造的双胞胎中分别取得的细胞在表观遗传上存在差异。他的研究结果显示，在实验室中人工创造一个孩子，单单这个过程也许就足以促成表观遗传变化。作为基因编辑和克隆技术的产物，基埃尔维斯在胚胎早期不是盖着羽绒被，而是处于皮氏培养皿当中。基埃尔维斯和埃尔维斯远不是一模一样的，在表观遗传上，他们从萌芽之时就互不相同了。

无数的埃尔维斯

所以，我们所有人，包括埃尔维斯和基埃尔维斯，都是先天和后天的产物。表观遗传学架起了跨越先天和后天之间鸿沟的桥梁，但是，这仍然不足以解释我们是怎样成为我们现在这样的。还有一个因素在起作用。

2013 年，来自位于德累斯顿市德国神经退行性疾病研究中心

（German Centre for Neurodegenerative Diseases）的格尔德·肯佩曼（Gerd Kempermann）和同事们抓来 40 只基因上完全一样的小老鼠，把它们全部养在同一个环境当中，各种条件完全一样。他推理说，如果先天和后天都发挥作用，那么每只老鼠应该表现出同样的状态。但是，事情并没有以推想的方式发展。

这个团队让小老鼠们住在一个 5 层的啮齿类"小安乐窝"当中，给窝里备齐了花盆、塑料管和玩具，然后在连续 3 个月当中，记录他们的行动。研究者们发现，尽管在实验一开始，小老鼠行动的模式是相似的，到实验结束的时候，它们的行动模式实际上已经非常不同。一些小动物很大胆，很喜欢探索，而另一些就没有这样强烈的旅游爱好。肯佩曼说："这些动物们发展出不同的个性。"基因上完全相同的幼鼠，长大后成了差异很大的成年鼠。

肯佩曼认为，这些差异是每只动物个体与它所处的环境进行互动的方式所产生的结果。比如说，一只稍微活跃一些的小老鼠，也许比一只不太活跃的小老鼠更愿意探索。这样它也许就会遇见更多的同伴，爬上花盆，滚下空管。这都会助长它的冒险精神，让它更善于爬行，更有可能也更有能力寻求新的经历。所有小老鼠都住在同样的环境中，但是它们对环境的体验却非常不同。肯佩曼说："过一段时间之后，同样的高标准生活环境对于每只老鼠来说都不一样了。"

对于在同一个家庭中长大的孩子来说也是一样。"如果你问问父母们他们是否区别对待自己的孩子，他们会说不。但是如果你问他们的孩子同样的问题，你肯定会认为，他们成长在不同的家庭中。"罗伯特·普洛明说。"'这不公平！'是标准答案。"本来被认为共有的环境（比如家和学校），以及寻常的生活事件（如出生和丧葬），所有的家庭成员，而不仅是双胞胎，对这一切都会有不同的体验。一定是这种对于个体来说独一无二的非共有环境，造成了格尔德·肯佩曼的小老鼠们最终的差异，同时帮助塑造了我们每一个人。

另外，我们的生命中充满了不确定性和可能性。众所周知，比尔·克林顿与约翰·F. 肯尼迪（John F. Kennedy）的一次握手，激励克林顿进入了政界。而我（知道的人不太多）在几年前苏格兰格拉斯哥市的一次夜总会上伴着辛妮塔（Sinitta）的歌曲《多强壮》（*So Macho*）翩翩起舞时弄伤了膝盖，然后连续数月不能和我的朋友们外出聚会，这激励我拾起了笔杆。不经意间发现新奇事物的天赋，从本质上来说是不可预知的，却在我们人生故事的书写中扮演着主要角色。谁能知道在普雷斯利的早年，如果他的声带因为偶然的喉咙发炎而不能发声，会发生什么？或者要是埃尔维斯的双胞胎兄弟杰西当时活下来了呢？也许这对兄弟会太忙于争斗或交换泡泡糖卡，所以对音乐产生不了太大兴趣。其实，即使你创造出无数的基埃尔维斯，再回到与普雷斯利 20 世纪 30 年代所处的完全相同的环境中，把他们抚养长大，他们所有人最终仍会不同。

监狱中的摇滚

尽管从技术上来说从埃尔维斯·普雷斯利的额前秀发中解码他

的基因组是有可能的，但是让一个人类细胞普雷斯利化并从中创造出一个婴儿，那个孩子也永远不会"成为"埃尔维斯。此时此刻，根据工作地域的不同，牵涉于此的科学家们可能已经触犯了若干法律，更别提社会和伦理禁忌了。英国 2004 年通过的《人体组织法案》（Human Tissue Act）规定：未经允许分析死亡时间不超过 100 年的人的 DNA 属违法行为。这个有点武断的禁令意味着，英国莱斯特大学（University of Leicester）正致力于解码另一个王者——理查三世国王——的基因组的研究者们，可以因为几百年的时间间隔而免于法律制裁，而任何试图在英国国土上测定埃尔维斯基因组序列的人可能会让自己"在监狱里做摇滚"。

人类繁殖性克隆在 2002 年被普遍禁止（见第二章）。在对这个主题进行了深度的文献梳理后，美国总统生物伦理学理事会（President's Council on Bioethics）写信给时任总统乔治·W. 布什（George W. Bush），向他建议："为生育孩子而采用的克隆技术不仅不安全，而且在道德上无法接受，所以不应该进行尝试。"人类繁殖性克隆带有优生学的味道，把人类生命的创造降格为产品制造过程，还形成了一种奇怪而令人难受的生存状态：父亲可以成为他自己"儿子"的"双胞胎兄弟"。

更严重的是，这个小小的克隆人类胚胎要经历转基因的过程。发育中的克隆体，其身体中每一个细胞都会来自最初那个普雷斯利化了的卵细胞，这意味着当这个克隆体长大后，考虑着生育自己的小普雷斯利时，实验室中改造过的那 300 万个地方也会存在于这个克隆体的精子中。然后这些改动之处会一代又一代地传递下去。

这不是科学家们第一次想将可遗传的基因改动编辑入人类胚胎。2015 年 4 月，中国的研究者们宣布，他们已经利用 CRISPR 技术修复了人类胚胎中的一种有缺陷的基因，这种基因会导致疾病。初步研究有意选取了无法存活的人类胚胎进行实验（因为科学家们从没有计划让胚胎长成婴儿），目的是为了试着纠正单个突变基因，这个基因导致了 β－珠蛋白生成障碍性贫血，一种有可能致命的血液疾病。尽管初衷是好的，这项研究还是引发了激烈的争论。就在不久之前，研究者们还在《自然》杂志中发表文章，呼吁在全球范围暂停人类胚胎的转基因实验，文中提及人们对伦理和安全问题的"深重担忧"，这些担忧似有正当的理由。当中国研究者们进行他们的实验时，基因编辑过程并没有他们预想的那么顺利。有时，CRISPR 技术无法剪切 DNA，其他时候，CRISPR 技术又剪切错了位置，这就有可能造成新的问题。这项技术只能成功适用于受测胚胎的一小部分，而当该技术起作用时，胚胎中编辑过和没编辑过的细胞有时又会混在一起，不再是预先设计的纯转基因胚胎。就目前技术所能达到的水平，看起来基因编辑技术是有风险的。

所以尽管会造成严重的社会问题和道德危机，我们仍要造出基埃尔维斯，这是为什么？造出某个长得有点像埃尔维斯的人，但是这个人却注定会成为一个不同的人，有着不同的人生故事。细胞可以被克隆，"自我"不可以。从被创造出来的那一刻起，每个新生命都是独一无二的，随着时间的推移，这个生命只能变得更加与众不同。而且，朋友们，这就是你们所感受到的生命之奇妙。

埃尔维斯确实是人中典范。遗传学家尼尔·霍尔（Neil Hall）来自英国利物浦大学（University of Liverpool），他计算出了格拉迪斯·普雷斯利和弗农·普雷斯利要再生多少个孩子才能生出一个和埃尔维斯在基因上完全相同的婴儿。他的计算考虑到了在细胞分裂产生精子和卵子时来自父母的两套第 23 号染色体偶尔发生分裂的情况，还考虑到了伴随着该过程发生的染色体内遗传物质易位。他估算出，格拉迪斯·普雷斯利和弗农·普雷斯利必须再生出 41 000 000 000 000 000 000 000 000 000 000 000 000 000 000 000 000 000 000 000 000 000 000 000 000 000 000 000 000 000 000 000 000 000 000 000 000 000 个孩子，然后格拉迪斯才能自然孕育出一个与埃尔维斯完全一样的婴儿。那是 41 后面跟了 126 个零。霍尔说："这个数字大得很荒唐，就这样还有可能低估了相当多。"这还没考虑到一个事实：在生出第三个孩子后，已婚夫妇很少再发生性行为。以及另一个事实：格拉迪斯和弗农，说得更清楚一点儿，死了。把这个数字与现实相关联——科学家们认为在可观测宇宙当中，原子的数量大概是 4 的后面跟 79 个零；"普雷斯利的数量"，从今天起大家都知道了，比可观测宇宙中原子的数量还要多 48 个零。这个数字的庞大是令人无法想象的，也证明了埃尔维斯的独一无二。

然而，还有另外一种途径让一些人们非常期待的"埃尔维斯特性"重回世界。让我解释两句。1977 年当埃尔维斯逝世时，据估计大约有 170 个埃尔维斯的模仿演员。到 2000 年，这个数量增加到大约 85 000 个。把这些数字在折线统计图上标出来，再考虑到规划中的未来人口增长，然后做个大致的统计，我们就会发现：到 2043 年，我们 4 个人中就有 1 个会成为埃尔维斯的模仿演员。如果你正在公交车上读这本书，请看看你旁边的旁边坐着的那个人。现在想象他额前的秀发闪耀地向上高高梳起，有 7 厘米那么高。好了别看了，我怕他注意到了。更加令人兴奋的是，把折线统计图上的曲线延长到我们根据逻辑推出的最终数据点，我们会看到：到 2050 年，这个星球上每一个活着的男人、女人和小孩都将成为埃尔维斯的模仿演员。我们也许可以"反灭绝复育"一个人，让他与埃尔维斯有相同的基因编码，但是这个人不会成为埃尔维斯。我们不能再造埃尔维斯，我们不应该再造埃尔维斯，我们也不需要再造埃尔维斯，他的音乐仍然伴我们左右，很快我们都将演唱起他的歌。女士们先生们，穿上你们的连衣裤，系上你们的斗篷，再把你们的额前秀发像埃尔维斯一样高高梳起，你们只有不过 10 年多的时间来学习《谜思》的歌词。但是同时，埃尔维斯真的已经离开舞台了。

第七章

圣诞岛贵族

埃尔维斯也许已经不在现场，但是随着研究的进展，成功复活已灭绝物种的前景还是非常明朗的。有一天，那种"几乎"是胃育溪蟾的蝌蚪非常有可能会变成蛙类。并且，如果不是原始毛猛犸象或者旅鸽卷土重来，也会是其他一些已灭绝动物回归世界。西莉亚的克隆体，那只幼小的布卡多野山羊羔降生了，尽管只活了短短的 7 分钟，但是我们短暂地反灭绝复育了生命体。随着科技的进步，局限会消除。研究者们花了几十年的时间才积累起了用来制造多莉羊的基础知识和专门技能，但是 20 年后，克隆技术已经成了司空见惯的事情。在韩国首尔的秀岩生命工学研究院，科学家们每天能造出 500 个克隆动物，包括狗、猪和牛。制造出来的克隆动物们被当作宠物，被用于医学研究，还被用在家畜饲养业中。打破那些让克隆布卡多山羊夭折的技术藩篱并不是不切实际的想象。现在的情况不是反灭绝复育"是否"会发生，而是"什么时候"会发生。

那么，思考一下这个不拘一格的突破将会引发什么问题。反灭绝复育不是关乎创造出动物园里孤独的动物供人观赏，而是关乎培育出以一定数量在野生环境中繁衍延续的动物种群。这样去思考，我们就会对这些动物究竟是什么有一个明智的判断。它们会不会很危险？它们会对被放生的环境起到助益作用还是阻碍作用？我们怎样管理和保护它们？又如何选择最合适的一种或多种反灭绝复育对象？

永远也不要雷同

所以让我们开门见山地讨论一件事情。一只反灭绝复育了的动物永远也不会和他的原型是一样的。这些反灭绝复育了的动物是 21 世纪的创造，而不是数百万年的进化史精心雕琢出来的产品。就像全世界所有的埃尔维斯模仿演员，他们是具有代表性的人物，而不是复制品。因为反灭绝复育的动物是通过不同的途径被创造出来的，它们的生物节律会有本质的不同。还因为它们会出生于一个动态的世界中，它们生存的环境在它们出生时已经改变。作为先天、后天和两者之间互相作用的产物，所有这些因素将共同作用，使得任何经过反灭绝复育的动物，都注定与它已灭绝的对应者不同。

在南非，科学家们正利用逆向育种来反灭绝复育斑驴。斑驴与现存的平原斑马有亲缘关系。斑驴的前半身长着条纹，后半身没有花纹，所以科学家们现在进行的实验是选择与斑驴长得最像的斑马来进行交配。目标是在连续几代后，创造出臀背部斑纹不那么明显的动物，但它们是斑驴吗？好吧，我们数百年来一直在筛选性地繁育犬类，尽管繁育出的可卡贵宾犬[1]、柯利牧羊犬和吉娃娃可能看起来不一样，但是它们都是杂交犬。同样，以相同方式繁育出的21世纪斑驴将会成为斑马的一个新品种，而不是一个新物种。

当乔治·丘奇完成将猛犸象基因编辑入大象细胞的工作，用重组的细胞创造出一种动物时，他最后得到的是一头看起来可能比较像猛犸象的兽类，但是这只动物的基因组在很大程度上仍然是大象基因组。这个过程是一种基因上的"改装"，这种"改装"是将来自两个不同物种的DNA进行混合，初衷是很好的。同样的，本·诺瓦克的旅鸽也会在很大程度上是斑尾鸽，只有一点点基因"迹象"属于他所钟爱的旅鸽。甚至布卡多野山羊克隆体的基因组，纯度也是99.9995%，仍然不是百分之百的布卡多野山羊。

除了DNA，生物学的其他方面也会不同。请记住，环境因素附在DNA上并改变基因活动的小化学基团给DNA留下物理标记，这就是所谓的表观遗传改变。反灭绝复育动物的表观基因组提出于21世纪，是人为创造出来的。一种反灭绝复育动物的表观基因组会与原

1　可卡贵宾犬大概是地球上的犬类中品种最优良的了，它是可卡犬和贵宾犬的杂交种。不过，这三种狗的名字让人们注意到了语言学上令人忧心的缩合构词趋势，在这种趋势下，产生了诸如"人字拖袜穿法"（flip-flocks，一种同时穿着人字拖鞋和短袜的搭配法，让人难以接受）、"移动利己者"（cellfish，在安静的火车车厢中使用移动电话的利己主义者）以及"问题货"（askhole，某个特别喜欢问愚蠢问题的人）。——原注

型有所不同。并且，我们还要考虑另一个"组"。所有复杂动物的体内都有至少跟他们自己细胞数量相同的菌群。这些微生物的集合被称作"微生物组"。一种反灭绝复育动物的微生物组也会与原型有所不同……之后详述。

如果一种反灭绝复育生物最后很健康，样子和动作都和真品一样，那么你可能会认为那些"看不见的"差别无所谓。然而，这些差别很重要，因为它们有可能影响着一切，从这种动物一开始是否能存活，到这种动物放生野外后会遭遇什么样的情况。

克隆体的眼泪

科学家们认为遗传和表观遗传上的差异可以有力说明为什么这么多克隆胚胎不能正常发育。欧洲科学家们不得不造出数以百计的布卡多野山羊克隆体，才能保证一只生下来，然而这一只也在出生后几分钟内死去了（见第三章）。在研究者们尝试克隆濒危物种的过程中，出现过很多类似的事情，比如白臀野牛（*Bos javanicus*）和白肢野牛（*Bos gaurus*）。[1] 所有这些项目都涉及同样的方法，即异种克隆。这种方法用濒危或已灭绝物种的现存近缘物种卵细胞将前者的 DNA 重新编码。得到的胚胎有着克隆物种的细胞核 DNA，但是其线粒体 DNA

1　我原以为白肢是南威尔士的一个自然风景保护区，但其实白肢是一种非常大的肌肉型亚洲野牛。白臀是亚洲野牛的另一个种群。——原注

来自供体卵细胞。研究认为，就是这样一种基础性的 DNA 错配，导致了那么多例克隆的失败。

分子生物学家里安农·劳埃德（Rhiannon Lloyd）来自英国朴次茅斯大学（University of Portsmouth）。她认为，失败的原因也许在于线粒体内壁上发现的一种微小结构。这个微小结构被称为线粒体氧化磷酸化系统，是一种由发生交互作用的蛋白质构成的复合物。这些蛋白质共同作用，如同一台分子机器，为细胞产生能量。劳埃德说："这个复合物极为复杂。"但是这些蛋白组分是由来自细胞核 DNA 和线粒体 DNA 的基因进行编码的，所以如果细胞核 DNA 和线粒体 DNA 来自不同的物种，那么这些蛋白质就不一定能顺利地啮合，整个机器就起不了作用。她说："甚至是很小的不协调也会导致问题。"没有能量，细胞就不能存活。如果细胞精力耗尽，那么发育中的胚胎就不能生长。

但是，还有一个障碍。这是一个大障碍。这个障碍就是，没有人真正理解克隆过程是怎样进行的。当生命一开始，胚胎内的细胞可以变成成熟生物体内很多种不同细胞中的任一种，但是随着胚胎的发育，专门细胞形成了，这种能力就丢失了。不同种类的细胞——脑细胞、心脏细胞、皮肤细胞之类——在基因上完全一样，但是不同的基因被连接或切断，所以这些细胞的表观基因组是不同的。

所以当操作者将细胞核移植入卵细胞时，他们移植的不仅仅是细胞核 DNA，还有控制细胞核 DNA 的表观遗传指令。然后，卵细胞中发生了一些作用，没有人确切地知道是什么，这些作用会阻止表观遗传指令的作用，关闭要求卵细胞"成为脑细胞"的信号，而给卵细胞成为任何其所选择细胞类型的自由。这就像在你的手机上恢复出厂设置。有时这项伟绩达成，克隆体正常发育。但是其他时候，DNA 没有充分进行重新编码，研究者认为，这就是为什么那么多克隆动物不能存活的原因之一。

肠道的本能感觉

当科学家们研究柳芭（Lyuba）时，他们发现在她的肚子里有粪便的碎片。柳芭是一只猛犸幼象，2007 年发现于西伯利亚的永久冻土地带。我们知道，幼象吃食它们母亲的粪便，因为这可以帮助幼象建立起它们所需的肠道菌群来消化食物。似乎猛犸象也这么做。这种行为会帮助形成这些动物独特的菌群构成，即它们的微生物组。

当我们来到世界上，我们几乎没有微生物组，但是当我们经过产道，开始吮吸母亲的乳汁，我们自己独特的菌群构成就开始建立了。通过我们吃的食物、住的地方以及做的事情，我们的菌群构成会进一步完善。数万亿细菌住在我们的体内和体表，它们非常重要，所以有些人声称，我们的微生物群落总和可以认为是一种独立作用的器官。研究已经揭示出，微生物组在健康和疾病方面都起着重要作用。比如说，人类微生物组中发生的变化，与很多紊乱都有关系，包括腹泻、糖尿病和抑郁症。所以当谈到反灭绝复育一种动物，也许同时我们也应该要考虑一下反灭绝复育它们独特的微生物构成。

反灭绝复育微生物组要取决于已灭绝生物留下的遗骸，这决定了这项任务多多少少是比较困难的。"那头血淋淋的猛犸象"，也就是那头 2012 年发现于西伯利亚的疙里疙瘩的野兽，其身体组织当时虽然冻实了，但还很新鲜，身体内的血液也似乎还是液态的。当科学家们仔细检查它的遗骸时，他们发现在这只猛犸象的直肠中仍然有排泄物。微生物学家巴斯·温特曼（Bas Wintermans）来自阿姆斯特丹自由大学医学中心（VU University Medical Center）。他的工作很令人羡慕，是将这些排泄物取出来，然后试着测定这些排泄物内的微生物含量。他已经发现，在这些粪便中，混合着常规的 21 世纪肠道细菌和一些还没鉴定出的也许来自冰川期的微生物。这就增加了能够为反灭绝复育的猛犸象接种其古代祖先肠道菌苗的可能性。"当到了反灭绝复育猛犸象的时候，我们会设计一种适合它的肠道微生物群，"温特曼说，"但我觉得这会花费一定的时间。"

当然，微生物有不同的种类。虽然健康的肠道菌群对我们有利，但是致病菌和病毒就不太受欢迎了。有件令人很焦虑的事情，那就是通过反灭绝复育一种动物，我们可能会碰巧反灭绝复育这种动物曾感染过的一些微生物病原体，这就有可能对公共健康形成威胁。这种担忧是非常有道理的。2014 年，欧洲科学家们复原了一种在西伯利亚冻土层中休眠了超过 3 万年的病毒。他们只是将这种病毒解冻，并给了这种病毒一些感染的对象。还好，这种学名叫 *Pithovirus sibericum* 的阔口罐病毒最后只感染了变形虫，但是这种病毒的存在，说明其他更具潜在感染性的病毒可能正潜伏在北方冻原的荒野中。第二年，科学家们又在同样的冻土标本中找到了另一种不同的病毒。随着全球变暖，北极融化，我们有可能找到更多这样的病原体，但我们不一定要担忧或恐慌。正如冰川期动物的 DNA 冷冻了数千年后会分解一样，任何曾经侵袭过这些动物的病毒或细菌的遗传物质也都会分解。你肯定会希望一种冰川期微生物消亡得彻头彻尾，和它曾感染过的冰川期动物一样。不过，虽然可能有这样的情形，比如新近发现的西伯利亚病毒非同一般地强韧，或是在病毒冷冻的过程中有一些特别的因素帮助病毒的遗传物质存活下来，但无论怎样，认出来自病毒的基因序列，并把它们同来自其他物种的 DNA 区分开来，还是可以做到的。当科学家们启动反灭绝复育的第一步，解码他们感兴趣的动物的基因组时，他们已经有能力检查并排除任何可疑的病毒，然后在造出了胚胎后复查一遍，在他们的动物生出来后再复查一遍。正如严格的措施应该到位，以保证克隆动物们的健康和安宁一样，预防措施也应该到位，以确保这些动物不传播疾病。反灭绝复育的动物们出生后，要处于隔离圈养的状态中，这样它们的健康状况和任何潜在的问题都可以受到监控。它们只有在相关监管部门认为放生是安全的这种情况下，才能被放生到野外。但如果说监管部门以什么特点著称的话，那就是他们不紧不慢的繁文缛节。

姓名里的文化

　　然而，假如科学家们成功了，他们顺利地反灭绝复育出一个物种并将其放生，接下来，就到了怎样给这个物种分类的问题。如果我们通过反灭绝复育创造出的动物注定与原型不同，那么我们应该怎么给它命名，又如何给它归类呢？第一眼看去，归类和命名似乎不过是一道语义学上的练习题，但是我们赋予这些动物的标签会对它们未来的美好生活产生深刻持久的影响。

　　对于国际自然保护联盟（International Union for the Conservation of Nature，IUCN）来说，这真的是一个难题。这个组织是濒危物种"红色名录"（Red List）的编纂者，目前正在制定如何给反灭绝复育动物分类的指导方针。红色名录上的物种根据有没有存活的希望被划分为不同的类别，从"无危"和"易危"一直到"濒危"和"灭绝"。要有权利享受《濒危物种法案》（Endangered Species Act）的法律保护，生物必须首先被列入濒危一类，但是困难就在这里……红色名录的标准只适用于野外生存着的动物。以圈养方式被创造和养育出来的第一批反灭绝复育动物最初并不是野生的，所以也许会被排除在红色名录之外。这是一种不同寻常的情形。最初是一只反灭绝复育动物代表，到后来更多的同种反灭绝复育动物被培育出来，这种新型动物的存在，暗示着某种濒危的可能。可是只有当这种动物被放生到野外，它才可以获得在红色名录中占有一席之地的权利和《濒危物种法案》的保护。

　　然而，这个物种有资格拥有其他身份。如果这只动物是通过克隆

和 / 或基因编辑被创造出来的，它就有可能被划分成"转基因生物"，但是在全球范围内，相关立法差别很大，而且更倾向于关注转基因食品、药品和杀虫剂，而不是转基因动物，这就让事情变得有点儿不明朗了。假如科学家们让原始毛猛犸象重回世界，并且决定将其放生，在欧洲要经过严格的风险评估程序才能实现；在英格兰，研究者要向英格兰自然署（Natural England），一个以保护英国自然环境为己任的政府咨询机构申请许可证，如获批准，很有可能也会有各种限制。比如说，如果这个动物的漫游超出了许可的范围，政府就会下达销毁该动物的指令。所以最好有人提前警告过猛犸象。

也许研究者们应该申请一张绿卡，因为在美国，转基因生物立法要宽松得多，没有能够影响所有地区的相关联邦法律。取而代之的是一些法律，其制定都是为了其他目的，全国各地不尽相同。比如说，加州有三个县制定了在它们管辖范围内对转基因生物的禁止令，但是在美国绝大多数地区，没有任何阻止人们在自己的后院创造并放生原始毛猛犸象群的规定。生物法律专家安德鲁·托兰斯（Andrew Torrance）来自美国堪萨斯大学（University of Kansas），他说："你可以在自己的地盘上放养一只反灭绝复育动物，而且可以把它放生到野外，这是完全可以想象的。至少在美国，你不需要对任何美国政府的法律负责。"

在另一种变化了的情形中，出乎意料的是，反灭绝动物的创造者处于这样的情境：尽管他们在反灭绝复育动物身上倾注了大量的时间和金钱，但是这个生物在事实上不属于他们。在英国和美国的部分地区，可能会适用"先得法则"。如果一只原始毛猛犸象漫步进入了我的后花园，而且我在它的脖子上拴上了皮带，它就有可能正式成为我的财物……这会取悦孩子们，但也会给邻里关系制造紧张气氛。对于圈养的反灭绝复育动物来说，情况也会很怪异。当中国将熊猫引入其他国家的动物园时，接收方签署的协议中规定中国仍拥有这种动物。如果反灭绝复育过程中发生类似的情形，有一天，更新世公园的管理者会发现他们在从美国、韩国或日本"租赁"原始毛猛犸象，而他们并不是这些猛犸象的所有者。

至于字面上我们怎样称呼反灭绝复育出的动物，大家都可以想一想。我们知悉的所有生物都有俗名和学名。国际自然保护联盟提出的一个讨论意见是，我们给反灭绝复育动物的学名可以是其代孕物种的名称，后面跟上原型的名称，然后加上一些注释，说明用来造出这种反灭绝复育动物的方法。那么乔治·丘奇的猛犸象就会成为"大象原始毛猛犸象 CRISPR-Cas9[1] 异种细胞核移植"，而诺瓦克的旅鸽就会是"斑尾鸽旅鸽 CRISPR-Cas9 原始生殖细胞移植"。这真是有一点儿冗长拗口。相反，俗名就顺口多了，而且因民族和语言的不同而不同，那么这里我们可以找点乐子。我提议把丘奇热爱雪地的毛茸大象叫作"毛象"（woollyphant），而把诺瓦克羽翼缱绻的朋友叫作"旅鸽二代：漫游者的反击"（Passenger Pigeon II: The Ectopistes Strikes Back）。

1　CRISPR-Cas9 是一种基因疗法，能够通过 DNA 剪切技术治疗多种疾病。

做决定的时间到了

那么如果你可以反灭绝复育一种动物，你会选择谁或什么呢？让我们来简单概括一下目前为止讨论过的选项。恐龙和渡渡鸟出局了，因为得不到它们的 DNA。袋狼项目也流产了，因为缺乏兴趣（好难堪！）。布卡多野山羊项目一直拖延，因为缺乏资金。原始毛猛犸象很有希望，但是尽管有必要，它们的创造还是会牵涉到要在原始毛猛犸象血缘关系最近的现存濒危动物亚洲象身上，进行一系列的验证和实施侵入式步骤。尼安德特人（和埃尔维斯·普雷斯利）是不允许被反灭绝复育的，因为他们的反灭绝复育计划在伦理上是错误的，会给人类健康带来威胁，而且基本上毫无意义。随着壶菌的四处蔓延，目前没有胃育溪蟾可去的野生环境。我们有理由认为，旅鸽为了生存不得不以庞大的数量成群存在，这也许会扰乱公共秩序。

当人们试图决定保护哪一种现存物种的时候，他们经常愿意选择具有代表性、漂亮且独具魅力的物种，想想熊猫、老虎和大猩猩。它们很上镜，但不一定是最值得我们关注的。相对每一个明星种群来说，都有数百万被剥夺了上镜权利的小角色从未登上过封面。谁在乎的的喀喀湖蛙（*Telmatobius culeus*），一种南美两栖动物？其很不贴合、松弛下垂的皮肤皱褶让它赢得了"阴囊蛙"的昵称。我们中谁听说过凤梨海黄瓜（*Thelenota ananas*），有着狭长链锯形吻突的后鳍锯鳐（*Pristis zijsron*）或是面如尤达[1]的黑白柽柳猴（*Saguinus*

---

bicolor）？所有这些动物都陷于艰难的困境，可是由于各种原因都无法登上"世界野生生物基金会"（World Wildlife Fund）的主页或是引起公众的注意。

对于反灭绝复育的选项来说也有类似的现象。致力于反灭绝复育技术的科学家们倾向于聚力在与众不同、引人注目和具有代表性的物种之上。这些物种可能体形较大，像猛犸象那样；或是在我们中产生了最深切的情感共鸣，像旅鸽一样；布卡多野山羊，灭绝时间离现在很近，属于西班牙文化遗产的一部分；而胃育溪蟾，目前是澳大利亚一个反灭绝复育项目的焦点，也非同寻常地突兀，你立刻就能注意到。这些都是选择"这个"或"那个"物种的正当理由，但是如果我们要认真地挑出一种反灭绝复育的候选动物，还有其他因素要考虑。

我们需要实际一些，因为我们的选择受到技术可能性的限制。首先，我们需要充足的 DNA 源，但因为随着时间推移，分子降解了，所以这种需要直接限制了候选清单上可能入选的动物，我们无法从生活在过去 35 亿年间（那时生命刚开始进化）的动物中挑选，只能从生活于过去 100 万年间的动物中选择。其次，我们需要它们现存的近缘亲属作为参照基因组。然后，近缘亲属的基因序列就可以被用来给古 DNA 碎片排序，还可以补上各种缺口。所以尽管 DNA 已经从恐鸟，一种大约在 600 年前灭绝的不会飞行的巨型鸟类中提取出来，但是共鸟——与恐鸟亲缘关系最近的现存鸟类——体形却小得多，与恐鸟差异太大，无法提供有用的基因模板。

在整个过程的后半段，当古基因组被重新拼凑好，在一只细胞内被诱导成为生命体的时候，具有亲缘关系的现存物种又需要介入了。

如果是一只有袋类动物，就必须在育儿袋中怀着胚胎；如果是一只有胎盘哺乳动物，就必须让胚胎长在子宫里；而如果是鸟类，就必须产蛋。这里又有限制了。比如说，与斯特勒海牛亲缘关系最近的现存亲属是另一种海洋哺乳动物，叫作儒艮。但是新生的斯特勒海牛长度跟成年的儒艮是一样的（2~3 米）。这就像要求一只腊肠犬生出一只大丹麦犬一样。

在某些情况下，同一个代孕动物不但需要孕育胚胎时期的反灭绝复育动物，还需要在反灭绝复育动物出生后继续养育它，所以我们就需要考虑这个代孕动物是否能成为一名合格的家长。这位家长不但需要喂养刚出生的动物，而且可能需要教这些小动物掌握实践技能。但是大象能教会原始毛猛犸象怎样从雪地里翻出草粮吗？或是向原始毛猛犸象指明祖先迁移的路线？在某些情况下，人类也许需要介入。

考虑一下加州神鹫（*Gymnogyps californianus*）。这种巨型宽喙、头部秃毛的秃鹫是食腐肉动物，但是 30 年前，由于子弹污染了它们所吃的腐肉，造成铅中毒，这种动物被逼得近乎灭绝。1987 年，保育人士决定把所有留存下来的野生加州神鹫集中在一起，建造一个加州神鹫的圈养繁殖区。为了让繁殖出的雏鹫数量达到最大，人们拿走每对加州神鹫配偶所产的第一枚蛋，进行人工孵化及喂养，这样雌鹫就会产下第二枚蛋，这个蛋孵出的雏鸟由这对加州神鹫父母自己来养育。这是一项劳动力极为密集但结果很成功的举措。多亏了人们的工作，现在有超过 200 只加州神鹫翱翔在加州、亚利桑那州和墨西哥州上空的热气流之上，但它们仍然需要我们的帮助。尽管引入了对于铅质弹药的部分禁止令，神鹫仍然遭受铅中毒的折磨。所以人们不时地将神鹫捕捉起来，如果有需要，就用药物进行治疗，将铅元素从它们的血液中清除出去。在特定的时候，总是会有大约 10% 的野生鹫群接受兽医的检查。另外一个问题来自它们 3 米宽的惊人翼幅。保育人士惊恐地意识到，这些圈养起来的鸟类在飞翔时偶尔会撞上电力传输线，从而触电致死。所以现在，这些鸟还在接受电缆厌恶疗法。特制电杆被人为地放置在大型鸟类公园中，通过给这些鸟带来非致命但难忘的电击休克训练它们躲避电缆。

当动物们在消亡一段时间又经反灭绝复育后被放回野外时，我们不能认为我们只是放他们回去，一切就都会顺利。我们需要仔细考虑它们可能遇到的问题以及它们所需帮助的水平。反灭绝复育会是一个漫长的过程，不会因为布卡多野山羊羔的出生或是旅鸽的孵出就告一段落。反灭绝复育过程要继续下去，还需经过圈养繁殖期，直到反灭绝复育动物们在野外被放生，再到更远以后。

反灭绝复育过程不只关乎"造出"反灭绝复育动物，还关乎确保这种动物有地方栖居，以及让它以最好的状态开始生存，这样总有一天，这种动物将能够靠自己的力量茁壮成长。

反灭绝复育但无处可去

对于一些动物来说，缺乏适合它们的栖息地使得反灭绝复育它们的计划无法开展。比如说，白鳍豚（*Lipotes vexillifer*）曾经莅临过中国长江和长江附近钱塘江的淡水水域，当地的传说称，这种游动姿势如芭蕾舞般优雅的动物是一位溺亡的公主的化身。但是，中国后来开始做这个国家最擅长的事情：制造东西。长江成了世界上最繁忙也是污染最严重的水路之一，这种河豚最后和小船相撞，被渔网缠住，然后溺亡了。2006 年进行的一次科学考察未发现一条白鳍豚的踪影，科学家们怀疑这一珍稀物种已经灭绝了。白鳍豚天然栖息环境的恶化意味着让它们重回世界也没什么意义。长江沿岸的城市无计划地延伸，据估计每年有 120 亿立方米的垃圾不经处理就排入浑浊的长江水中。这条江对于一位公主来说太脏了。

如果我们要选择一种动物来进行反灭绝复育，它最好是一种有处可去的动物，而且，如果我们准确地知道刚开始是什么原因导致该物种灭亡，会很有帮助。那样我们就可以确保让威胁消失，或是减轻威胁的影响。进一步研究白鳍豚的例子，我们发现白鳍豚灭绝的原因和它所生活的水域一样曲折回旋、难以参透。长江被污染了，江面上满是渔船和渔网，而且后来在上游新建的三峡大坝又阻挡了白鳍豚作为食物的小鱼，让它们无法迁移到产卵场地。这是一幅复杂的图景，包含多种令人困惑的问题。塞缪尔·特维（Samuel Turvey）来自"伦敦动物学会"（Zoological Society of London），他是白鳍豚的研究者。他说："我们不知道这些因素中的哪一个或哪一些导致了白鳍豚的灭绝。"同时，长江正变得更加繁忙，污染及捕捞现象更加严重。特维哀叹道："整个系统一团糟。"

圣诞岛上的完美世界

印度洋圣诞岛（Christmas Island）上的麦克礼鼠（*Rattus macleari*）是反灭绝复育计划一个很有希望的候选动物。来自哥本哈根大学的古 DNA 研究者汤姆·吉尔伯特向我建议麦克礼鼠。吉尔伯特一直在参与测定麦克礼鼠的 DNA 序列，这成就了一场有趣的个案研究。这种大型棕色啮齿类动物曾是圣诞岛特有的动物，所以它也被叫作圣诞岛大老鼠。圣诞岛位于爪哇岛以南 380 千米，是印度洋上的一个小点，生物多样性很突出。但是 1899 年，英国"印度斯坦号"（*Hindustan*）不定期蒸汽货船在该岛起锚出发时，藏在货舱中的大黑老鼠都跑出来，窜到干燥的岛屿陆地上。那之后不久，人们看到土生土长的麦克礼鼠好像喝醉了一般跌跌撞撞地四处跑。四年后，麦克礼鼠全部消失了，它们还没来得及"戒酒"。大黑老鼠，或者说是潜藏在大黑老鼠身上跳蚤里的微生物——携带疾病的锥体虫，是罪魁祸首。不过，直到吉尔伯特和同事们查看麦克礼鼠的 DNA 时，这一点才得到了证实。他们从博物馆标本中提取出 DNA，发现在大黑老鼠入侵前，活着的麦克礼鼠是没有接触过锥体虫的，而接触过锥体虫后死亡的动物多半具有感染性。

那么，现在我们知道了这种动物灭绝的原因：人类不经意间引去了一种入侵物种。麦克礼鼠的 DNA 在很多博物馆现存的标本中都可得到，而且，麦克礼鼠有一个现存的近缘亲属，那就是普通的实验室老鼠。实验室老鼠的生物节律和基因组是得到了充分研究的。老鼠这种动物从 19 世纪开始就被广泛应用于实验当中，因为它们体形小，性格温顺，繁殖速度还很快；它们还是第一批用于克隆的哺乳动物。所有这些都有利于将关于物种的特定知识集中在一起，为那些尝试让麦克礼鼠重回世界的科学家提供帮助。现在，这种生物的反灭绝复育计划在技术上已经是可能的，它的消亡也是我们不经意间造成的，那么也许我们确实有道义上的责任让它重回世界。麦克礼鼠并不是动物中的典范，所以它可以为那些我们遗忘了的劣势物种摇旗助威。而且，老鼠永远赢得不了受欢迎度竞赛中的第一名，这个事实可能对研究者来说更有利。克隆和反灭绝复育过程都会造成浪费，但是谁在乎是否又有一只老鼠胚胎终结了？麦克礼鼠可以帮助进行原理论证，进而帮助了解反灭绝复育从一开始到最后终点的整个过程，了解一个反灭绝复育物种在野外进一步的生存情况。在圈养状态下繁殖出了足够的数量时，麦克礼鼠也许会被重新引入它们最初的家园，在那里，岛屿大约130平方千米面积的三分之一会作为国家公园被保护起来。因为四面环水，麦克礼鼠的活动范围自然就有了限制。它们不可能游到爪哇岛，对爪哇岛的天然野生生物造成破坏。而且，如果麦克礼鼠真的成了它们自己家园草皮上的害兽，我们总是可以通过消灭部分来控制它们的数量。我们之前曾帮助许多岛屿摆脱了鼠害问题。也许灭鼠不容易，但是可以做到的。

麦克礼鼠听起来像是最完美的选择。但是问题来了。生态系统不是静止的。生态系统由各种动态的子系统构成，永远处于变化的状态之中。表面上看，圣诞岛的热带雨林跟150年前没有什么不同，但事实并不是这样。其他物种来过，也走过。

尽管圣诞岛仍然是数不尽的本土动物的家园，这些动物也都很独特迷人——每年这里都会出现圣诞岛红蟹（*Gecarcoidea natalis*）的大规模迁徙，景象十分壮观，但是圣诞岛也一直受到一拨又一拨入侵物种的侵袭。每5～10年，非本土黄疯蚁（*Anoplolepis gracilipes*）的巨型蚁群就越聚越多。之所以叫作黄疯蚁，是因为它们的行动模式很不规律。不加遏制的话，黄疯蚁就成群地涌过本土红蟹，向红蟹的眼睛和口器中喷洒蚁酸。在过去的几年当中，黄疯蚁杀死了岛上红蟹中的1/4，这种行为会对生态系统的其他部分造成影响。岛上的红蟹在不受其他因素影响的情况下，会挖洞、翻土，并用它们的粪便给土地施肥。它们的食物是枯叶落叶、种子和水果。但是，当它们的数量缩减后，发芽的树苗就多了起来。草籽也对森林产生了影响。随着植物群的改变，原来在森林中苗壮成长或是艰苦挣扎的动物类型也改变了。简单地说，圣诞岛的植物群和动物群都改变了。

尽管在很多方面，麦克礼鼠是完美的候选动物，但是我们还不是很清楚它们会如何适应这种景象。原来让麦克礼鼠灭绝的感染了锥体虫的大黑老鼠仍然还在，而且还有大量其他可能带来麻烦的非本土物种。麦克礼鼠最终可能会跌跌撞撞地四处跑，受到疾病的践踏，脸上被喷蚁酸。它还会又一次灭绝的。

那么，也许可以这样做：把它们放到别的岛屿上。这是一个成熟的保育伦理原理，叫作"异地保护"（translocation）。岛屿是四面环水的孤点，所以富有生物多样性。所有物种，有1/5都生活在岛屿上，包括一些其他地方完全没有的物种。然而，入侵啮齿类动物存在于超过15万个岛屿上，它们是外来物种中分布最广、破坏性最强的物种之一。如果说老鼠以什么特点著称的话，那就是能吓唬那些具有小女生情怀的女人，它们足智多谋、坚韧不拔。它们食腐肉、投机取巧，还传播疾病，要取代其他物种简直太容易了。因此，在过去的500年间，引入的啮齿类动物造成了所有灭绝现象中的将近一半。反灭绝复育了的麦克礼鼠也许不仅能"存活"，可能还有相当顽强的生命力，以至于它们本身成了一种入侵物种。

　　如果我们想让反灭绝复育技术与保育伦理措施相辅相成并促进生物多样性，那么我们最好仔细思考一下我们的行动所带来的影响。如果我们对先前反灭绝复育一个物种感到后悔，不得不销毁它，那么，不辞劳苦地进行这项工作就毫无意义了。如果我们与入侵物种漫长而艰苦的斗争给了我们什么教训的话，那就是单一物种就可以对环境产生巨大的影响。所有生物都是生态系统的一部分，生态系统是一个生物群落，包括相互作用的生物和它们所居住的自然环境。改变这个生态系统的一个组成部分，就好像在和一个学步婴儿玩大号抽积木游戏。如果你幸运的话，这个积木塔摇晃一下，还是保持直立，但是如果你不走运，整个工程就会崩溃。生物很重要，不只是因为它们能够独立发挥作用，还因为它们在自己的生态系统内所扮演的角色：一些是食腐生物，一些是食草生物，还有一些是食肉生物。有传粉媒介、播种使者、净水专员，还有害物控制员；有厉害的建筑师、打洞专家，还有分解者。名单还没有完结。所有生物做的都是与生态有关的"工作"，从而帮助维持生态系统的运行，而它们就生活于这个生态系统中。如果我们打算选择一种动物进行反灭绝复育，我们最好已经对它的生态有充分了解。麦克礼鼠的灭绝时间大约为人类在圣诞岛上定居10年之内，所以科学家们其实永远也没有机会研究麦克礼鼠。我们知道它是一种食腐动物，我们认为它帮助控制了红蟹群的规模。但对于麦克礼鼠曾扮演过的角色是不是已经被入侵物种所取代，我们不能百分之百地肯定，尤其是在麦克礼鼠消失之后。而且入侵物种一下子暴增，目前困扰着圣诞岛。麦克礼鼠——一开始非常有希望的领跑者，经过进一步审视之后，成了平庸的落选者。

狼的召唤

在过去的几十年中，保育人士拓宽了他们的关注面，从试图去拯救个别物种，到试图去保护生态系统。当一个物种消失，我们现在知道了，留下的不仅仅是一个实实在在的空缺，还是一个职能的虚位。特定生物至关重要的生态作用不再能够发挥出来，波及生态系统其他的地方。如果一种处在食物链底端的动物或植物被消灭了，那么以它们为食来维持自己生存的物种就开始感到食不果腹。类似地，如果一种食物链顶端的动物消失了，涓滴效应就会直接到达底层。这种生态现象叫作"营养级联"，长此以往，这些变化可能重塑地貌景观。

90年前，狼灭绝了。不是全球意义上的，是在局部地区。狼作为顶级食肉动物，职能使然，它在当地人中并不受欢迎。1907年，美国鱼类及野生动植物管理局（US Fish and Wildlife Service）批准了一项广泛的害物控制计划，规定要把狼从黄石国家公园（Yellowstone National Park）赶尽杀绝。但是，狼的消失所留下的影响我们是能感觉到的。在接下来的数年，生态系统发生了剧烈的变化。因为没有狼的竞争，丛林狼的数量激增，相应地导致了丛林狼最喜欢的食物——叉角羚数量的骤减。因为没有狼的捕食，驼鹿群的数量飙升，驼鹿所食的树种如白杨、柳树和棉白杨之类的硬材落叶树，就被啃食得面目全非、生命垂危。这意味着对于鸟类来说，可供筑巢的地方越来越少；对于海狸来说，可供筑坝的木材也越来越少。所以鸟类和海狸的数量也相应减少。因为海狸所筑的坝越来越少，地下水位就下降了，对于树木来说生长变得更为困难。因为巩固河堤和山坡的树根数量减少，河堤和山坡越来越容易受到侵蚀。黄石变了，判若云泥。

　　狼被证明是一个基石物种。基石物种是指对环境的影响与其生物量不成比例的物种。就好像一座桥的基石一样，当移除这个物种以后，整个结构就崩毁了。然后，1995 年，在经过了一场漫长的激烈争论之后，狼又回来了。人们从加拿大阿尔伯塔省西部的落基山脉中捕捉了 14 只狼，把它们运往黄石，然后在黄石放生。后来发生的事情超乎人们的预料。狼不仅影响着公园中驼鹿的数量，它们还改变着驼鹿的行为方式。驼鹿学会了远离山河峡谷地带，因为它们可能在那里落入狼爪。所以这些山河峡谷地带就得到了及时的修复。硬材植株再次生长，树木欣欣向荣。树根巩固了河堤，因此河堤不再容易崩塌，使得河道的位置更加固定。鸣鸟越来越多。海狸又回来筑坝造池了，为鱼类、两栖动物及爬行动物提供了栖息地。狼杀死了丛林狼，因此，小型哺乳动物的数量增加了，吸引了鹰、鼬和狐狸等动物前来。

　　狼，这个在小朋友们童话故事中受到诸多污蔑中伤的大坏蛋，

"做了好事"。

当然，它们也没那么好。它们毕竟还是狼。它们不时地误入邻近的田地，吃掉落单的绵羊，所以在农民中（还有绵羊中）很不受欢迎。但谈到激发生物多样性，狼可是极为成功的。狼的故事证实了，有时单个物种的再引入可能会产生多么巨大而积极的影响。狼是生态系统的工程师。狼的存在帮助建起、塑造和维护生态系统，创造出其他物种可以繁荣发展的机会和实实在在的龛位。

旅鸽也是生态系统的工程师。当浩瀚的旅鸽群落下来休息时，它们成片地毁坏森林。树枝折断了，树木倒下了。林冠郁闭的森林地被改造成鸟粪覆盖、草木稀疏的荒地。但是，这种表面上的破坏却创造了生命。鸟粪掉落，肥沃了土壤，阳光也可以照到出芽的嫩草、待放的鲜花和新长出的矮灌木。这给昆虫、爬行动物、鸟类和哺乳动物带来了更多栖息的空间和生存资源。活下来的树发出新芽，地貌景观的肥沃程度、多样性及生物多样性都得以提升，直到郁闭的林冠再次长出，循环重新开始。旅鸽带动着这种持续的循环过程和北美东部森林的活力再生。旅鸽的缺席，事实上使得再生过程终止了。森林缺乏活力，本土动物群的数量也在下降。有人说，如果让旅鸽重回世界，那么森林再生——这种激发生物多样性的自然循环——也可以重新出现。

所以，也许我们要考虑的不是应该反灭绝复育哪个物种，事实上，我们应该沉思，生态系统中还有哪些职位虚位以待。有什么"洞"需要填补？还剩下什么任务没被承担？我们不应该只因为我们可以，或因为我们感到遗憾，或因为我们道义上的责任感就反灭绝复育一种动物。我们需要一种更深层次的目的性。明智地利用好反灭绝复育技术，这项技术就能提供填补这些虚位的途径，"修复"状况欠佳的生态系统，这样已丢失的生物间互动和生物职能就能重新开始发挥作用。这项技术关乎生态的富集作用——让动物群落重返野外，在那里生存，彼此之间互动，积极地影响它们周围的环境。

这里还有最后一点想法值得一提。当海狸在英国德文郡灭绝 400 年后，重新回到当地的奥特河（River Otter）时，跟黄石公园的狼一样，它们也对当地的生物多样性产生了积极的影响。但海狸不仅是生态系统的工程师，还是土木工程师。它们沿着一条特定的支流筑了 13 个坝，这些坝将一条原来只能容纳几百升水的小溪变成了一个可以蓄含 65 000 升水的资源库。所以现在，突然下暴雨时，水不会漫出小溪，也不会淹没周围的地貌景观。水被蓄存在大坝后面的水池中，然后慢慢地流下海狸筑起的天然阶梯。在一个当前政府斥资数十亿管控洪水的国家，海狸可以成为解决方案的一部分。关于奥特河的海狸是去是留，争论甚嚣尘上，但是用海狸解决问题的想法至少是值得探索的。同时，游客来了，他们希望可以瞥一眼这些可爱野生动物的风采。当地旅馆和餐馆因此受益，毕竟，德文郡的奶油茶点也相当不错。这里很有生态旅游的潜力。用动物，或是反灭绝复育的动物来修复我们的自然世界，让自然世界重回荒野，是很明智的，可以产生现实的经济上的效益。

如果我打算为报纸写一篇征询启事，以帮助找到完美的反灭绝复育候选动物，这则启事读起来是这样的：

征询启事：渴望重生的已灭绝动物

——面向所有剥制、浸制、年代陈旧以及发霉老朽的博物馆展品

你是否受够了整天被学童拿在手上以及他们直瞪瞪的目光？你的身体是否正在逐渐碎裂而你的 DNA 却形态完好？你曾希望自己没有消亡过吗？是我们将你杀害的吗？如果所有这些问题的答案都是"是的"，读下去……

《王者归来》正在寻找有现存亲属和栖息地的动物，目的是让你们从死亡状态中复活。经过反灭绝复育技术，你将会在我们选择的圈养环境中享受短期内一切费用全免的待遇。然后你会被放回野外，在那里你将为生态系统服务，帮助世界变得更美好，更富生物多样性。

基石物种优先，冰川期动物优待。恐龙不需要申请了，任何其他吃人的物种都免谈。

免责声明：你反灭绝复育的版本不会与你灭绝前的版本一模一样，基因表达可能出现起伏。别忘了阅读用小字号印刷的内容。

第八章

我的态度

　　1982 年 7 月 2 日，美国卡车司机劳伦斯·理查德·沃尔特斯（Lawrence Richard Walters）将露台椅用绳子拴在地面上，把 45 只氢气球系在露台椅上，然后坐了上去。他的计划是剪断绳子，然后轻柔地飘起来，在他位于加利福尼亚房屋后院约 9 米高的上空飘几个小时。他会喝上一杯啤酒，吃上一个三明治，享受美景。然后当他享受够了，他会用小弹丸气枪将气球射爆，把他自己带回地面上。会出什么问题吗？

　　但是，当他的朋友切断系着这个奇怪装置的绳子时，椅子没有缓慢升起，而是像一只火箭般飞快窜入天空，很快到达了 4 500 米的高空，然后无任何计划地飘进了长滩机场（Long Beach Airport）的主降落航道。绝望中，沃尔特斯开始射气球了，但是却意外地丢掉了他的枪。最终，他不得不等待椅子自己降落，但是当椅子降落的时候，下方吊着的绳索纠缠上了一根电力运输线。这造成了长滩地区 20 分钟的断电。

沃尔特斯，又被人们称为"草坪椅拉里"（Lawnchair Larry）[1]，能从椅子上下来了，地面上洛杉矶警察局的警员们理所当然地逮捕了他。当他被戴上手铐，跟着警方离开时，等在一旁的记者们问他为什么要这么做，他若无其事地回答道："一个人不能总是闲坐着。"

把这则故事的荒诞不经先放在一边，"草坪椅拉里"的冒险经历凸显了一种有趣的二元对立：只是懒散地在一旁袖手旁观不一定会有助益；但是，从另一面看，只因为你可以就去做一些事情也不一定是个好主意。

在《侏罗纪公园》中，数学家伊恩·马尔科姆（Ian Malcolm）指出，创造恐龙的科学家们太忙于思索他们是否可以让动物们从灭绝状态中重新归来，却不曾停下来想一想他们是否应该这样做。这些话真是很富有预见性，尤其是对于一个身着紧身皮衣的人来说，因为他的皮衣太紧，让你不禁想象他会呼吸困难，更别提能说出有关道德的金玉良言了。但是，你不得不承认，他说的很有道理。虽然我们有技术来编辑基因组、在培养皿中创造生命以及让一个物种生出另一个物种，但并不一定意味着这个想法是好的。我们处于让已灭绝物种从过去重回世界的边缘，但我们正在做的事情真的应该去做吗？

---

1 拉里是劳伦斯的昵称。——译者注

不同寻常的精子银行

当青蛙专家迈克尔·马奥尼接到电话邀请他加入拉撒路项目时，他迫不及待地抓住了这个机会。不只是因为他想反灭绝复育胃育溪蟾，还因为他意识到这个项目还有一个非常有益的附带好处。当时，在他的出生地澳大利亚，各种各样的青蛙都因为壶菌（见第五章）的侵袭而濒临灭绝。就算在最原始、保护最完好的栖息地，物种也在消失。前一年的夏天，他去一条特定的小溪考察，溪中还满是青蛙；第二年他回到那里，就再也没有青蛙跃入眼帘。溪中已经没有青蛙。他说："我们眼睁睁地看着青蛙灭绝，却无能为力。"

带着绝望的心情，马奥尼一直在秘密地设计一种营救方案：他一直在捕捉野外的濒危青蛙，然后采集并冷冻它们的精子。他的想法是有一天这些样本可以被解冻，然后通过试管授精技术造出新生的青蛙。马奥尼的精子银行是一张针对未来青蛙灭绝的保险单，但美中不足的是，青蛙精子只是成功的一半，还需要青蛙的卵子，但是卵子太大了，无法冷冻，一冷冻就碎裂。所以马奥尼不得不在他的计划中加入一个步骤：将一个物种解冻后的精子与另一个不同的现存物种新排出的卵子结合起来。

他说："这就使事情变得有趣了。"因为拉撒路项目也涉及不同蛙种细胞的融合，不过是通过克隆技术。这两个项目有着明显的相似之处。马奥尼意识到，从拉撒路项目获得的知识可以帮助他保护还未灭绝的物种。研究者们通过让胃育溪蟾重回世界的努力，不断积累着关于青蛙繁殖生物学的核心知识。他们已经学会怎样刺激排卵，怎样亲手处理和操控排出的卵细胞。他们已经知悉组织培养的条件，以及怎样赋予新创造出的胚胎最佳的生存机会。从反灭绝复育胃育溪蟾到保护现存蛙种，这些技能都是相通的。马奥尼说："拉撒路项目帮助我们发展了有助于阻止灭绝现象的技术。"反灭绝复育不只关乎让消亡者重回世界，还关乎为现存者提供帮助。

反灭绝复育技术在两方面辅助着保育伦理。在这项技术发展的早期，也就是我们现在所处的阶段，它的贡献是间接的。通过反灭绝复育技术，产生了对于那些试图拯救濒危物种的人来说很有用的知识，这就是马奥尼曾经的发现。在这项技术发展的后期，也就是反灭绝复育动物们在野外被放生的阶段，这项技术就会有直接的影响了。反灭绝复育了的物种可以促成更加丰富的生物多样性，而且，如果一种动物被证明是基石物种，那么影响还会深刻得多。"保育伦理，"维基百科告诉我们，"是一个涉及资源的使用、分配和保护的伦理。其基点是保持健康的自然环境、渔业、栖息地和生物多样性。"反灭绝复育技术就可以是那样的资源之一。

保育人士，正如这个称谓所隐含的那样，多指比较保守的人群。他们这群人中有很多不喜欢反灭绝复育的想法。他们认为，反灭绝复育会吸引人们的注意力和资金，从而减少对现有物种进行保育的尝试。如果我们有可能让物种从消亡状态重回世界，现有物种不知不觉地消失也许会变得很常见。阻止灭绝现象的利好也许会不断贬值，"闲坐在一旁"，眼睁睁看着一个物种消亡也许会逐渐被默默地认同。如果山地大猩猩（*Gorilla beringei beringei*）或是棱皮龟（*Dermochelys coriacea*）消失了，又有什么关系呢？我们不都可以在之后我们愿意的时候让它们重回世界吗？

　　这些担忧都是有充分理由的，不过到目前为止，所有这些也就是担忧而已。反灭绝复育领域，打个比方说，实际上还处于胚胎期。我们不知道反灭绝复育会怎样或者是否会改变我们对于自然环境的感情，但是反灭绝复育可以作为一股积极的力量来发生作用。想象科学家们造出了一只猛犸象，第一次向世界展示它。这可能是一个类似于"人类登上月球"的时刻，被数十亿人见证着，被一代代人铭记着。反灭绝复育不但没有让我们对野生动植物的关怀减少，还会让我们给予它们更多的关怀。这项技术可能激励人们成为科学家、保育人士和野生环境的保护者。我们也许能得到原始毛猛犸象的化石和洞穴壁画，甚至也许能得到他们冻藏于北极的躯体，但是离遇见一只活着的原始毛猛犸象都差得很远。对于任何要重回世界的已灭绝物种都是一样。想想旅鸽吧。我们也许可以在美洲野外指南等册子中看到五颜六色的印刷照片，但是这些"书上的鸟儿"跟旅鸽黑压压掠过天空，暗淡了日光的 10 亿对翅膀狂闹的鼓翼声比起来，真的是不足为道。

　　没有人在暗示我们应该停止保护我们的自然环境或生活在其中的生物，这不是一个"二选一"的故事情节。反灭绝复育技术应该得到发展，然后与其他保育方法一道使用，而不是代替这些保育方法。反灭绝复育技术也没有分走本用于保育伦理发展的资金。重量级的保育巨头如"世界野生生物基金会"并没有在任何反灭绝复育研究中投入一分钱。在写作之时，致力于布卡多野山羊的工作已经因为缺乏资金而停滞；旅鸽项目的资金前景非常不明朗，研究者们继续打着无准备之仗，成功的希望非常渺茫；在韩国的秀岩生命工学研究院反灭绝复育原始毛猛犸象的尝试只能通过该组织更具盈利能力的项目来实现，如犬类的克隆；而在美国，乔治·丘奇对大象基因组"猛犸象化"的尝试可以实现只是因为正在使用的基因编辑技术有着另一个更加能吸引到资金的用途——有助于找到人类疾病的治疗方法。反灭绝复育技术并没有倒置保育伦理，也没有强行从保育伦理的口袋中捞钱，事实上，反灭绝复育计划几乎入不敷出。

在写这本书时，我采访了很多保育人士，我所得到的印象是他们对高科技手段感到很紧张。"野生生物团体和非政府组织不希望解决问题的答案存在于试管当中，"迈克尔·马奥尼说，"因为他们不想淡化他们的中心思想。"但是技术已经在对保育伦理施加积极的影响。一系列多样的技术手段已经存在。在图景的一端，诸如疫苗和基因检测之类的方法获得了广泛的认可，使用得越来越多。圣卡塔琳娜岛（Santa Catalina）的小型岛屿灰狐（*Urocyon littoralis*）在人们有计划地将它们捕捉起来，给它们接种了一种特制的疫苗后，从犬瘟热病毒的魔爪中被救回来了，这种病毒曾使得岛屿灰狐的数量大幅减少。在尼泊尔，对于老虎粪便的简单 DNA 检测提供了一种非侵入式的方式，不仅测定了动物个体的属类和性别，还测定了老虎种群在基因上的多样化程度及其适应能力。然后研究者就能利用这些信息来做出保育伦理方面的现实决定，比如是否要在不同群体间进行动物移动。在美国，研究者们又更进了一步。美国的科学家已经测定了 36 只加州神鹫完整基因组的序列，现在在用这套较为详尽的遗传图谱来指导他们的圈养繁殖计划（见第七章）。加州神鹫是第一个受到这种待遇的物种。在过去，一些神鹫出生时就带有基因决定型致死性侏儒症，不过现在这种对基因组的登记意味着致死性侏儒症的携带者可以被鉴别出来并排除在繁殖计划之外。

诸如此类的方法都很节省脑力，但是在图景的另一端，人们正在探索各种各样更具有侵入式的技术手段，包括辅助生殖技术。比如说，在鸟类世界，人们正在发展原始生殖细胞疗法（见第四章）。濒危翎颌鸨（*Chlamydotis undulata*）的精子被植于小鸡体内，然后用来产出活翎颌鸨幼鸟，说明这项技术也有希望增加其他濒危鸟类的数量。

在动物王国的其他地方，人们正在探索克隆技术。例如，2015年，来自伊朗鲁瓦扬研究院（Royan Institute）的穆罕默德·纳斯尔 – 伊斯法哈尼（Mohammad Nasr-Esfahani）和他的团队成功克隆出一头叫作"东方盘羊伊朗亚种"（*Ovis orientalis isphahanica*）的濒危绵羊，这种绵羊只在伊朗中东部一个非常小的地区才能看到。来自盘羊细胞的 DNA 被插入到移除了自身细胞核的常规绵羊卵细胞当中，然后产生的胚胎被移植入代孕绵羊的子宫，最后生出来一只健康、快乐的小羊羔叫作马拉（Maral，意思是"美丽的"）。在我和它的创造者们交谈的时候，它已经出生好几个月了，并且仍然在茁壮成长。

后面这批技术比起前一批更具侵入性、更昂贵，也更具试验性，所有这些特性使得两批技术在人们中间产生了很大分歧。两批技术还如你所观察到的那样，正是用来进行反灭绝复育的那些方法，科学家们的意图在于通过原始生殖细胞技术复兴旅鸽，以及借助异种克隆技术让原始毛猛犸象和胃育溪蟾重回世界。

尽管不是刚一开始就很明显，但是我认为，保育伦理和反灭绝复育技术之间的界线还是比较模糊的。它们不是两个完全分离的存在。在保育伦理图景的某些极端情形中，两者是相互重叠的，相同的高科技方法也许可以同时增加现存和已消亡物种的数量。何塞·福尔奇和他的团队就在倒下的大树砸死西莉亚之前 10 个月，利用低温保存技术冷藏了西莉亚——世界上最后一只布卡多野山羊的细胞。花几分钟假设一下，假如他们的克隆实验开始于更早的时候，成功就会离他们更近。如果第一次克隆出的那个小克隆体在西莉亚死去之前，而不是之后出生，那次行动很有可能就会被叫作保育伦理行动，成为濒危动物通过异种克隆被生育出来的另一个实例。但是最终结果——一只克隆布卡多野山羊羔，是没有任何不同的。不过，这次行动还是可以轻松地保有反灭绝复育行动的性质。从功能学的角度看，西莉亚是否还活着并不重要，布卡多野山羊在不能通过繁殖来解决问题的那一刻，就灭绝了。反灭绝复育技术，或者叫作"极端保育伦理"，随便你怎么称呼，都是关乎增强生物多样性的手段。历史向我们展示，有时我们还是很需要激进的措施。想想黑足鼬的故事吧。

长着络腮胡子的奥黛丽·赫本

黑足鼬是一种雅致上相的北美鼬科动物，看起来很像动物界的奥黛丽·赫本。它的眼边好像画着一圈烟熏妆，完美的鼻型像一枚小巧的纽扣。正如它的名字所暗示的那样，它看起来好像在一池墨中蹚过一般。黑足鼬没有灭绝，但是人们曾经一度以为它灭绝了。作为争议的热点，这种小小的食肉动物曾卷入一个流传了几十年的保育伦理故事当中。创新型的解决方式有时确实能够改变物种的命运，黑足鼬就是一个绝佳的例子。

在 20 世纪 50 年代，人们以为黑足鼬已经不复存在。它似乎已经从自己的本土栖息地——北美大平原上消失了。但是，1981 年，在怀俄明州的米蒂齐市（Meeteetse）近郊，一只叫作谢普（Shep）的狗有了意外的发现。它给它的主人约翰·霍格（John Hogg）和露西尔·霍格（Lucille Hogg）夫妇带来了一只死黑足鼬作为礼物。在经过充分讨论之后，这只死黑足鼬使得负责监管美国野生动植物的组织——美国鱼类及野生动植物管理局做出了一个史无前例的决定。他们决心外出捕捉他们能找到的每一只遗留的黑足鼬，把它们全部圈养起来，这样就能保证它们的安全，也为它们的繁殖创造可能。保育人士萨曼莎·怀斯利（Samantha Wisely）来自佛罗里达大学。"这是一个历史性的决定，"她说，"之前没有人这样做过。"[1]传统的保育人士并不赞同这个动议，无论野生动物处于什么样的困境，它们都是属于野外的，传统保育人士对此态度很强烈。虽然如此，还是有 11 只雄性黑足鼬和 7 只雌性黑足鼬被捉起来，在圈养中开始了它们的新生活。

科学家们知道，他们必须用心管理好这个繁殖项目，从而最大限度地利用这有限的基因多样性。相同物种成员们的 DNA 也许绝大多数都是相同的，但是它们基因组中的微妙区别——基因变型，

---

[1]　他们稍迟一点儿对加州神鹫采取了同样的措施。——原注

赋予了动物群体应变的能力。当一个动物群体数量缩减或是它们的种源动物数量有限，基因变型就会朝不好的方向发展。后代们更容易近亲繁殖，这能让任何物种的未来充满变数。在一个逐渐变暖的环境中，栖息地的条件变化了，疾病来了又去，物种需要这样一种基因的突破来支持它们的发展。所以科学家们采取了"包办婚姻"的策略，小心翼翼地策划优选个体之间的交配，这样设计的目的是让黑足鼬子孙在基因上尽可能地保持活力。但尽管他们尽了最大的努力，某些黑足鼬的基因最后在基因库中仍然处于质量和数量上的绝对劣势。由于未知的原因，一些雄性黑足鼬就是对性不感兴趣。所以一位女士决定尝试人工授精，并因此赢得了"精子皇后"的绰号，这可没什么值得羡慕的。她就是已故著名兽医乔盖尔·霍华德（JoGayle Howard），来自史密森尼生物保护研究所（Smithsonian Conservation Biology Institute）。这又是一项大胆的干预举措，因为将精子放入靠近雌性动物子宫位置的技术才刚起步，涉及腹腔镜手术。多亏了霍华德的辛苦工作，风险都消除了，通过人工授精，超过 140 只软毛小黑足鼬出生了。在妥善管理的自然繁殖项目的支持下，在过去的 30 年中，总共有超过 9 000 只圈养鼬鼠生出来，它们中大约一半已经被放生回野外。

　　但是这些物种并没有脱离险境，还有两个大问题需要克服。首先，最开始的时候，不是所有动物的祖辈都有繁殖能力（甚至人工干预都不行）。这意味着今天生活着的整个黑足鼬群体，只是最开始 18 只成员中 7 只的后代。怀斯利研究过黑足鼬的遗传规律，她说："每只黑足鼬都是彼此的第二代堂表亲。"其次，最初造成它们死亡的疾病——野生啮齿动物鼠疫，仍然还在。如果圈养管理和人工授精被看作勇敢的选择，那么下一步要计划的事情才是更大胆的。

当赖安·费伦和斯图尔特·布兰德在 2012 年创立"复兴与复原"组织的时候，他们对保育伦理领域中事情的走向感到很沮丧。一个晴朗的 5 月傍晚，费伦跟我在电话中闲谈时告诉我说："我一直非常喜欢野生动植物。问题是保育伦理工具箱中的工具太有限了。很长一段时间，保育伦理都关乎保护土地和土地上的物种，而不是关乎使用最进步的遗传技术。我想把基因组学带入保育伦理中。"所以"复兴与复原"组织不仅是关于反灭绝复育的，这个组织的目标是通过对已灭绝和濒危物种施用遗传学方法来增强生物多样性。通过"复兴与复原"组织，费伦和布兰德正在帮助所需科学发展，以此来实现他们的目标。他们还致力于争取公众支持。正是他们组织了 2013 年度 TEDx 反灭绝复育活动。现在，他们和数十位科学家一道工作，参与着 5 个反灭绝复育工程（包括丘奇的"原始毛猛犸象复兴"和"旅鸽的华丽回归"），还参与着 6 个目标是阻止濒危物种在未来灭绝的工程，黑足鼬项目是其中之一。

与圣地亚哥动物园（San Diego Zoo Global）和基因测序公司"辅因子基因组研究"（Cofactor Genomics）联手，"复兴与复原"组织已经测定了 4 只黑足鼬的基因组序列。其中的 2 个样本来自活体动物，而另外 2 个来自跟最开始的种源动物一起捉到，但没有留下活产后代就死去的黑足鼬，其组织经过了低温保存处理。初步的结果显示，活体动物可能真的在遭受近亲繁殖的后果，而 2 只死亡的动物包含的基因变型是独一无二的，没有在现存黑足鼬群体中发现过。如果来自这些动物的细胞被用来制造克隆黑足鼬，那么这些丢失的变型就可以回到基因库中去，能有效地将种源动物群体的规模从 7 只增加到 9 只。这足以对结果产生完全不同的影响。

正是这个提议会让一些人开始抽搐不安。针对以"保育伦理"为目的的克隆技术，批评者们指出，这个过程失败的次数比成功的次数多，而且根本不可能繁殖出缓解当前生物多样性危机所需的动物数量。不过，常规的黑足鼬已经在 2006 年被首次克隆了出来，经常用在医学研究方面。我们已经很好地掌握了黑足鼬的繁殖生物规律，所以成功的可能性还是很大的。

谈到保育伦理和反灭绝复育技术，克隆技术并不是在批量地大规模生产基因上完全相同的动物，这没有意义。这些动物最终会比三明治馅离得还近，成为近亲繁殖的产物。[1]实际情况比这还要微妙、复杂得多。我们生活在这样一个时代，基因组序列测定已经变得触手可及、唾手可得。低温保存处理过的细胞和博物馆标本就好像是图书馆，而基因变型就好像图书馆中的书一般可供人阅读。一份最近的研究是关于现存老虎和博物馆标本 DNA 的，这份研究发现现存的历史标本中有非常多的基因变型，而在现存濒危动物群体中，这些基因变型却是缺失的。如果研究者们能够给博物馆标本和其他来源的变型编目的话，理论上他们也肯定能够将这种变型编入任何他们创造出的动物。我们不需要创造出一整套基因上完全一样

1　在英语里，构成三明治馅的奶酪（cheese）和肉饼（meat）发音相似；"在面包里"（in bread）和"近亲繁殖的"（inbred）发音一致、拼写相似；另三明治馅在物理距离上也离得很近。——译者注

的黑足鼬产业，因为再创造出一对基因上来源不同的黑足鼬个体就可以了。[1]研究者们这样做，可以将急需的变型注射回黑足鼬的基因库，但是如果黑足鼬之后被放生了，结果死于野生啮齿动物鼠疫，这样做就没有意义了。

所以，"复兴与复原"组织正在与圣地亚哥动物园一道，向美国鱼类及野生动植物管理局提交两个议案。第一个提议通过克隆扩充黑足鼬基因库；第二个建议改变黑足鼬的基因组以让其对鼠疫产生抵抗力。"如果这两个工程可行，"斯图尔特·布兰德在《"复兴与复原" 2015 年终报告》中写道，"这两个工程会创造保育伦理的历史。两个工程中还没有任何一个付诸尝试，不过从黑足鼬中得到的经验，可以在需要进行遗传拯救的时候，被应用在数不清的其他物种身上。"

遗传拯救

这些开创性的策略看起来像是已有保育伦理实践合乎逻辑的延伸。很多年以来，动物们被有意地从一个地方移到另一个地方，这样它们就能繁殖，就能给现有群体中引入新的基因。这是最开始的时候给动物群体基因组注入活力的方法，技术含量很低。到 1986 年，诺福克岛布布克鹰鸮（*Ninox novaeseelandiae undulata*），一种红棕色的

1　"产业"对于一群黑足鼬来说是一个准确的集合名词。我很喜欢的其他集合名词包括一群大口吞的鸬鹚、一群浮华的火烈鸟和一群球突般的水禽。——原注

猫头鹰，数量已经缩减到只剩下一只孤零零的雌鸟了。这种猫头鹰曾经繁衍于太平洋上新喀里多尼亚（New Caledonia）附近的几处小岛上。不过，随后，保育人士在该岛上引入了两只雄性新西兰布布克鹰鸮（*Ninox novaeseelandiae*）。爱情开花了。鸟蛋孵出来了，而剩下的，按照科学家们所说，就不复相关、不再重要了。类似地，佛罗里达山豹（*Puma concolor coryi*）曾濒临灭绝，近亲繁殖也很严重。在其分布区引入了 8 只与其有亲缘关系的亚种猫科动物——得克萨斯山豹（*Puma concolor stanleyana*）后，佛罗里达山豹得到了拯救，两种动物开始进行种间杂交。

保育伦理生物学家加里·罗默（Gary Roemer）来自新墨西哥州立大学（New Mexico State University）。"我们很长时间以来一直在做这件事情，"他说，"但是后来我们开始想知道，为什么我们不能仅仅移动这些动物的基因，而要去移动这些动物呢？"罗默和同事们在 2013 年《自然》杂志的一篇背景介绍中充实了这个观点。在这篇题为《为保育伦理而改进基因》（*Tweaking Genes for Conservation*）的文章中，他们把对基因的操作称为"促进性适应"，因为他们会用基因技术帮助动物们适应变化。"复兴与复原"组织，本来也在大约同样的时间段独立地思考同样的问题，他们把这个操作过程称为"遗传拯救"。两个团体都在思考不同物种的基因组可以通过怎样的方式，有计划地、准确地进行改造，从而提升物种生存下来的可能性。正如我们迈向一个"精密医学"的纪元，个人的治疗方法以自己的个体基因构成为基础量身定做一样，我们可能也迈向了一个"精密保育伦理"的时代……前提是我们已经决定这样做。

在植物王国，这种基因上的改造已经进行了充分的实践。今天，世界上耕地面积的 12% 都种植着转基因作物；转基因种子市场的估价达到 150 亿美元。在保育伦理领域，美洲大栗树（*Castanea dentata*）的基因组已经经过了转基因操作，从而对曾让该树种趋于灭绝的入侵真菌产生了抵抗力。威廉·鲍威尔（William Powell）和查尔斯·梅纳德（Charles Maynard）来自纽约州立大学，他们将抗真菌基因从小麦中剪切粘贴到了美洲大栗树中，创造出一种抗枯萎病的植株，这种植株可以将自己的抵抗力通过种子传递给后代。这种树已经在试验场所证明了自己的价值，所以下一步就是取得法规批准，"放生"到野外去。那么，植物可以这样处理，为什么动物不行呢？

说不定基因编辑技术有助于拯救"塔斯马尼亚恶魔"呢？其实这是一种被卡通漫画歪曲了形象的动物，目前在自己家园的土地上正趋于灭绝，原因是一种通过动物间相互撕咬而传播的传染性癌症；也许蝙蝠的 DNA 可以得到改进，从而更能抵抗白鼻综合征（white-nose syndrome）——一种致命的疾病，由真菌引起，蝙蝠在冬眠时感染。白鼻综合征在北美已经杀死超过 500 万只蝙蝠。在夏威夷，本土鸟类正在遭受一种禽疟疾的重创，这种禽疟疾通过单个蚊子物种致倦库蚊（*Culex quinquefasciatus*）传播。与栖息地的丧失一前一后，这种蚊子正在将夏威夷岛转变为发生灭绝现象的热点地区。人们试图用杀虫剂消灭岛上的这种害虫，但失败了，因此，也许到了开始考虑其他解决方式的时候了。疫苗很难培养，因为这种寄生性病毒非常善于躲藏在寄主的免疫系统中，目前也没有有效的办法给野生鸟类施用疫苗。解决问题的答案也许存在于英国生物技术公司"牛津昆虫技术"

（Oxitec）正在进行的一项试验中。这家公司正在研究一种方法来消灭传播人类登革热病的蚊子。这种方法涉及改变雄性蚊子的基因，然后把改变了基因的雄性蚊子批量放回野生环境。他们的观点是，这些雄性蚊子将和正常的雌性蚊子交配，它们的后代会继承一种设计过的基因，这种基因让蚊子无法发育成成熟体。如果对于携带禽疟疾的蚊子也能以类似的办法来处理，就可能为夏威夷独一无二的鸟类提供救助，或至少减缓疾病的传播速度。

类似地，反灭绝复育物种也可以在基因上做这样的准备，进行重新设计。比如说，不是所有的青蛙都被壶菌杀死了，有一些成功地抵御了感染。研究者们已经对这些幸存青蛙的DNA进行了研究，发现在它们的一组基因里携带有与免疫反应有关的变型。如果这些经科学家们推测是"抵抗型基因"的部分在反灭绝复育过程中被剪切粘贴到胃育溪蟾的基因组中，当胃育溪蟾从"近乎蝌蚪"的阶段发育成青蛙时，经过艰辛的努力，它们就有回到野外生存的可能。

我们再异想天开一点儿怎么样？全球气候正在改变，世界正在变暖。几年前，德国研究者们鉴别出了有助于商品虹鳟鱼（*Oncorhynchus mykiss*）在较暖水域中存活的基因类型。如果某个鱼类群体受到水温上升的威胁，这些基因变型可以被插入鱼卵或鱼类胚胎的基因组，帮助这些鱼群存活下来。如果乔治·丘奇可以通过改变大象基因组来创造一种更适应寒冷环境的动物，又有什么能阻挡我们通过改进其他生物的基因组来使它们适应温度变化的步伐呢？

基因组技术有着深刻影响世界范围内野生动植物未来的潜力。从技术的角度看，基因修饰技术本身不是难点。复杂的特性，比如对某种疾病的抵抗力或是在气温变化条件下生存的能力，受到很多相互作用的不同基因控制。罗默说："鉴别出负责各种特性的基因才是最主要的技术藩篱。"这需要时间。

你是上帝吗？

还有一个非常重要的因素就是要让公众对这个想法买账。科学家们提出的基因手段是全新的，人们并不熟悉。反灭绝复育还未经实验，不知道是什么样子。不是每个人都持赞成态度。参与到这些新技术中的科学家们被人们指责自以为"是上帝"，人们称他们工作的产物"奇怪而又恐怖"。环境伦理学研究者本·明特尔（Ben Minteer）来自亚利桑那州立大学，他认为反灭绝复育尤其代表着一种拒绝接受我们在自然环境中的道德和技术局限的态度。"我们有着不断拨弄和操控自然的冲动，"他说，"这可能是病态的。我对此思考良多，认为这越界了，我很担忧。对所有这些有着不祥的预感。"

正确处理这些担忧是很重要的。1978 年以前，试管授精技术也遭遇过人们同样的忧虑。当时这项技术还很新，人们并不熟悉。很多人认为这项技术奇怪而又恐怖，会制造出怪兽。帕特里克·斯特普托和罗伯特·爱德华兹，两位开创了试管授精技术的英国研究者，被人们指责自以为"是上帝"。但是后来，露易丝·布朗，世界上第一例试管婴儿出生了，公众的态度才有所缓和。如今，露易丝已经有了自已的儿子，在世界范围内，已经有超过 500 万的试管婴儿出生。试管授精技术已经不再被看作"反常"或"奇怪而恐怖"，而是成了一项被广泛接受的生育治疗手段，给数百万不孕不育的夫妇带来了无限的欢乐。

类似地，在 20 世纪 90 年代中期以前，哺乳动物克隆还不为人们所知。伊恩·威尔穆特（Ian Wilmut）和同事们，也就是多莉羊背后的团队，被人们指责自以为"是上帝"。一些人担忧他们的实验是逐渐滑向人类繁殖性克隆的起点。后来，多莉出生了，公众的态度才有所改变。人们在农业中逐渐采用了这项技术，而人类繁殖性克隆还是被广泛禁止。

有时，最初被认为是全新的、人为的且令人忧虑的方法，在变得较为熟悉并证明了其安全性和助益性后，就开始为人们所接受。至于认为这些技术"奇怪而又恐怖"的言论，本·诺瓦克，"旅鸽的华丽回归"工程的首席科学家指出，我们为了辅助生殖和基因编辑所发展的所有技术，都是向自然学习的结果。很多人都知道，单性生殖，一种无性繁殖或者说克隆的形式，发生于一些鲨鱼和蛇类物种，还有人们更为了解的火鸡和科莫多巨蜥当中；在精子贮存的过程当中，雌性在与雄性交配后，通过将精液储存在自己的生殖道中来推迟受精，这种形式在鱼类、爬行类、鸟类及两栖类动物当中较为常见，对于一些蝙蝠物种来说，精子贮存意味着一对雌雄蝙蝠可以在秋天交配，但是它们的后代将会推迟到来年春天出生。其实，人工授精与自然的精子贮存是对等的，对于决定贮存精液以备后用的人类夫妻来说，人工授精和精子贮存的原理和效果没有什么不同；当前的精密基因编辑工具

CRISPR-Cas9 不是由遗传学家发明的，而是根据细菌的原始免疫机制改造的；我们也不是首次在物种间移动基因——杂交经常发生在动物王国里，在该过程中，一个物种与另一个物种交配。诺瓦克说："虽然我们肯定是设计出了我们自己的创新工具，促进繁殖和基因组技术的发展，但是我们可真的不是上帝。"

科学家们不是心血来潮给出这些建议的。他们提出这些建议是因为存在野生生物问题，用我们现有方法无法解决。在这个过程中所做的研究，将产生可能对我们所有人都很有价值的知识。这些研究是对于生命怎样开始以及胚胎怎样发育的理解，关乎单细胞怎样能够以某种方式变成结构完整的动物。在理解这些引导胚胎发育的过程同时，我们努力以某些形式影响这些过程。这样当问题出现的时候，我们就能有所准备。对于生命最早阶段的研究，有助于驱动人类疾病新治疗手段和新疗法的发展。比如说，盘羊克隆背后的伊朗研究团队，利用他们克隆不同哺乳动物的经历制造克隆山羊，这些山羊的羊奶中含有诸如胰岛素之类的药物成分；此外，那个成功让一只鸟产生另一只鸟的性细胞的人——罗伯特·埃切斯（Robert Etches），现在在"加利福尼亚水晶石生物科技公司"（Crystal Biosciences in California）工作。他正在改进小鸡生殖的技术，让鸡蛋含有对治疗疾病有用的抗体。

当然，我们能做一些事并不意味着我们自然而然应该去做——"草坪椅拉里"向我们说明了这一点。他自制的氢气动力飞行器，事后看来真是一个糟透了的点子，但是他飞行"功绩"背后的原因阐明了一个亘古不变的真理："一个人不能（或者说不应该）只是闲坐着。"这种做法可能是危险的。

　　每年，大约有 80 亿美元花在保护生物多样性方面，但是，尽管我们的初衷充满善意，濒危物种的数量还是在持续增长。我们不得不承认，有时传统的保育伦理方法是不够的。开创性的精神确保了世界上的黑足鼬能够集中到一起，得到帮助，在圈养的环境中进行繁殖。这种开创性精神应该得到鼓励。几乎可以确定，这种精神拯救了黑足鼬濒于灭绝的命运，但是这只是一个短期的举措。我们需要新工具。反灭绝复育和遗传拯救提供了部分解决方案，但是如果所需的科学得不到发展，反灭绝复育和遗传拯救无法实现，我们就永远不能对这两项工具的价值进行真实的评估。我们在决定接下来要发生什么的问题上起着关键作用。显然，在可接受和不可接受的范围之间，需要划一条界线。科学家们应该与更广阔的世界联系在一起，对人们可能的担忧表示尊重，给出解释，这非常重要。他们的工作必须是透明的，执行过程必须符合最高、最审慎的道德标准。公众一定要有知情权和决定权，还要有机会施加影响。同时，转基因动物，无论是经过反灭绝复育还是其他过程，任何时候都不会很快淹没我们的野外空间。首先，必须要进行漫长而严格的伦理审批过程，更别提还有很多需要进行的基础科学研究了。但是至少考虑一下这些转基因动物在我们飞速变化的世界中可能扮演的角色，这肯定是值得的。

　　没有人想要在单调的实验室环境中找到解决世界生物多样性危机的答案。我们希望答案存在于自然环境中——肥沃的雨林、灼热的非洲平原、落叶森林，或是花园中的小池塘。我们希望野生动植物能够自然繁殖，以数百万年来一直存在的方式，以进化发生的方式。但在某些实例中，它们的繁殖需要我们的协助。我认为我们应该让自己的选项兼容并包，不应该只是因为不熟悉或是"人造的"，就拒绝接纳任何有潜在助益性的技术。如果我们一味继续我们习惯的做法，那么我们就会丧失更多的物种。还不如让我们从草坪椅上下来，开始探索其他选择。

第九章

我的选择

　　提到搭机旅行，这一次必须是我所经历过的最难忘的。我在希斯罗机场（Heathrow Airport）办理了登机手续，跟我的行李箱挥手告别。空姐注意到我笨重的孕肚，体贴地给我升级为头等舱。我一下子感到如释重负，毕竟，我这么肿的脚踝，估计塞不进经济舱位子下狭小的空间。当时，我的工作还是《自然》杂志的记者，要去柏林参加欧洲人类生殖与胚胎学学会（European Society of Human Reproduction and Embryology）2004 年度年会。令我宽慰的是，我此行可以了解辅助生殖、干细胞等领域的最新进展，然后在杂志网站上发表新闻报道。但是，在 11 千米的高空，我的邻座却强烈地吸引了我的注意。在我挤过他坐下时他看起来还很正常——中年人，穿着体面，脸刮得很干净。但是现在，他沉默地坐着，直直地盯着前方，将一个结实的银色手提箱紧紧搂在胸前。

"需要我帮您把这个放到头顶上的储物仓里吗？"一位空姐经过，问道。

"不，谢谢。"这位绅士回答道，将他手中的东西攥得更紧了，"我想把它带在身边。"

我好奇了，什么东西这么珍贵，让他不能松手？这个手提箱里面藏着什么宝贝，这么重要，这么娇贵，让他像一个母亲抱着新生儿一样小心翼翼？是什么价值连城的传家宝吗？还是个精致的古董花瓶？或者，难道是更凶恶的东西……一把手枪或一颗炸弹？

饮料车叮叮当当地推过来，打断了我的思绪，我接过一小杯伏特加酒。我发现邻座注意到这个我故意预先设计的举动，于是开始跟他喋喋不休地唠叨起来。我告诉他我本来不打算喝酒，之所以接过这一小杯仅仅因为酒是免费的；在飞机上你就得接受免费的东西，这就是我家起居室里有一个放着 87 只呕吐袋的橱柜的原因。我们开始闲聊，他操着一副轻快的爱尔兰腔解释说，他是一名在读医生，也是一名研究人员，要跟我参加同一个会，他希望他的工作能在会上吸引到大家的关注。

"你的工作是什么？"我轻松地问。

他笑了笑，瞥了一眼他的手提箱，真诚地回答道："如果你愿意我可以给你看看。"然后他把箱子在腿上放平，小心翼翼地弹开锁扣。他打开箱盖，我可以看到里面有一层厚厚的黑色泡沫垫料，在垫料的中间，是一个凹进去的特制空间，里面放着的东西我只能描述为一个"物体"。

这个"物体"的长度和厚度大概和一个家庭装的汽水瓶一样，金属质地，银光闪闪，光滑锃亮。一端是圆的，另一端吊着几根金属丝。他小心翼翼地将这个结实的古董拿起来，在手上掉了个个儿，然后朝我靠过来，把东西放在我手上，问道："你知道这是什么吗？"

那一刻，我希望自己要么能给出正确的答案，要么能有一个机智而难忘的对答。事后想起来，我可以告诉你，那个"物体"看起来像一件现代艺术品，或是一颗巨大的子弹。它可以用来挖掉一棵长得过高的小树，也可能是某个巨型金属机器人的金属大雪茄。但我临场发挥不好。事实上，我当时看起来哑口无言，只说了句"呃……不晓得"。

他接下来说的话肯定是地球上整个生命史中任何人所能说出的最不平凡的句子之一。

小菜一碟

大约同时，320 千米以外，一头叫作法图（Fatu）的幼年犀牛正在庆祝她的 4 岁生日。在捷克共和国的克拉洛韦滨河动物园（Dvur Kralove Zoo），这位小寿星狼吞虎咽地吃着一块特制的蛋糕。蛋糕是由西瓜、苹果、胡萝卜和青草做成的。法图已经发育得基本成熟，体重相当于一辆家用轿车。她痛快地享用着生日大餐，毛茸茸的耳朵高兴地来回摆动着。她的母亲纳金（Najin）和姨妈纳比雷（Nabire）在她旁边，无私地吞食每一片食物碎屑，确保不浪费。蛋糕最终被消灭了，这些犀牛们回身去做犀牛最擅长的事情：在泥地里撒欢。

这是一个悲喜交加但前景仍然乐观的时刻。在野外，法图的同伴差不多被尽数捕杀；在圈养地，也剩下不到 12 只。不过，几年后，当法图发育至性成熟，她非常有希望和剩下的几只雄性犀牛之一交配繁殖，帮助这个地球上濒危情况最严重的物种之一——北部白犀牛（*Ceratotherium simum cottoni*）繁衍生息。我们的这个小寿星可能并没有意识到，她宽阔结实的肩膀上已经被委以重担。

北部白犀牛是一种非凡的兽类。它的体形像是一辆俄罗斯坦克，厚厚的兽皮层层叠叠挂在身上，骨架大而有力。它的颜色不像自己的名字所暗示的那样是白色的，而是一种淡淡的、漂亮的灰色。颜料制造商会将这种颜色叫作"鼠须灰"（Shrew Whiskers）或"方尖碑灰"（Obelisk Grey），然后为一小罐这种兑了水的颜料定个天价。人们认为"白"这个字是对南非荷兰语 weit 的误译，weit 的意思是"宽的"，指的是这种犀牛口鼻部方方的。在它长而枯皱的面部两侧，深色的眼睛一闪一闪。它的口鼻部末端，还有两只弯弯的犀牛角。

当人们 1907 年第一次发现北部白犀牛时，这种动物在东非和中非的部分地区还很常见。它常在乍得、苏丹、乌干达、中非共和国和现在的刚果民主共和国的热带稀树大草原上漫步，用它造型独特的口鼻刈草。但是，后来人们突然喜欢上它奇特的犀牛角，开始为了所谓的"乐趣"捕猎北部白犀牛。商业利益驱使下的偷猎也开始了。逐渐地，北部白犀牛在自己的领地上被无情地灭杀了。但是更糟的还在后面。20 世纪 50 年代和 60 年代期间，苏丹和刚果民主共和国的内战爆发了，紧接着是数十年的无政府状态。在一个被暴力搅得天翻地覆的世界，这些动物不可能受到保护。北部白犀牛遭到屠杀，人们想得到它们的肉和犀牛角，因为这些能变现为现金和武器。它们最开始从中非共和国消失，然后是苏丹。2003 年，也就是法图 4 岁生日的前一年，据估计只有 15 只北部白犀牛还留在它们最后的大本营——刚果民主共和国的戈朗巴国家公园（Garamba National Park）。人们酝酿着将它们中的一些运往肯尼亚的安全地带，但是当地媒体将这场行动污蔑为"对国家遗产的偷盗行为"，政客们封杀了这个动议。几年后，所有野生北部白犀牛都死了。

如今，各处的犀牛都濒临灭绝。世界上现存的犀牛共有 5 种：亚洲有着较为独特的独角犀牛[1]、"爪哇犀"和"苏门答腊犀"；非洲有着黑犀牛和白犀牛，白犀牛又可进一步细分为北部犀变种和南部犀变种。这 5 种不同犀牛中的 3 种目前数量严重不足，濒临灭绝，在过去的 40 年中，全世界的犀牛总数丧失了 95%，令人瞠目结舌。

20 世纪 70 年代，克拉洛韦滨河动物园开始进口繁殖不同种类的犀牛，因为很明显，这个物种前景堪忧；也是从那时开始，该动物园就积极投身于犀牛保育事业当中。1975 年，他们从苏丹进口了 6 只北部白犀牛。克拉洛韦滨河动物园"交流与国际项目"（Communication and International Projects）经理扬·斯泰斯卡尔（Jan Stejskal）说："人们已经意识到，如果犀牛待在一个地方不挪窝，它们被偷猎者杀死只是一个时间问题。"所以法图的父亲、祖父还有 4 只雌性犀牛经过 4 000 千米的旅行，从炙热的上尼罗区（Upper Nile）

1　这种犀牛的学名也很特别，叫作独角犀（*Rhinoceros unicornis*）。——原注

河岸来到了气候较为宜人的捷克共和国。他们还从其他地方进口了两只犀牛。过了一阵子，就听到了小犀牛（也不是很小）啪嗒啪嗒的脚步声。在接下来的 20 年当中，4 只健康的北部白犀牛幼仔出生了，包括法图的母亲纳金，和之后的法图。

但是，和其他犀牛种相比，一些犀牛种在圈养环境下繁殖似乎比较困难。例如，克拉洛韦滨河动物园曾繁育出过 40 多只黑犀牛幼仔，但是从法图以后，北部白犀牛幼仔就繁育不出来了，没有人知道原因。养殖人员尝试了各种办法：荷尔蒙治疗，改变饮食结构，改变光照条件；他们甚至建造了一个新的动物馆；南部白犀牛都被引入到北部白犀牛的围场当中，人们希望两个变种至少可以进行种间杂交，但是都徒劳无功。如果北部白犀牛不能自然繁殖的话，克拉洛韦滨河动物园的专家推理，也许该做点儿其他事情了。

那个"物体"

回到飞机上。我拿着这个有一定分量的"物体"翻来覆去地看。它银光闪闪，表面光滑。我用手指敲了敲，想知道它到底是什么。

"您说吧，"我说，"别卖关子了，告诉我这是什么吧。"

然而，我怎么都没料到我旁边这个人接下来对我说的话。我从来没听过这些词可以组合在一起。我确定，这个句子我永远也不会听到第二遍。

"好吧，"他很淡定地说，没有一点轰炸性新闻的意思，"我把这东西塞进犀牛的直肠让它们射精。"

你经历过那种时间静止的时刻吗？那一刻你简直失语了。

故事讲到这儿，我可以告诉你发生了以下三件事之一。你能猜猜是哪一件吗？我有没有：

1. 尖叫："什么？你说这东西曾进入过犀牛的屁股？"尖叫声太大以至于邻排的乘客要求换座位？

2. 把上述"物体"掉在地板上，然后这东西骨碌碌地一直从头等舱滚到了二等舱的尾部，挡住了一位要去洗手间的老太太？

3. 说了句"好有趣"，然后礼貌地递回这个物体，偷偷地用我没法饮用却适时出现的伏特加清洁双手？

答案：我是英国人。当然，我的选择是第三个。我的邻座，最后知道了，是来自华盛顿特区国家康复医院（National Rehabilitation Hospital）的史蒂芬·西格（Stephen Seager）医生。他在职业生涯的大部分时间里，都在往动物的直肠中塞探测器。这些动物不只包括犀牛。

罹患脊髓创伤或是其他疾病的男性，站立和射精有时可能会出现问题，这就剥夺了他们要小孩的能力。不过，电激取精术（上述过程的专业术语）可以有所帮助。在这个过程中，施术者将一个差不多大小的探测器导入患者直肠，然后连通电流，刺激前列腺周围的神经，从而引发射精。然后，采到的精子可以用来进行人工授精或试管授精，或者，这些精子可以被冷冻起来，以备后用。在我和西格最初的邂逅 12 年后，我最终又和他见面了，他对飞机上的事情记忆已经相当模糊。毕竟，他友善地告诉我，他经常坐飞机，而且旅行时也经常带着他的电激取精器，但他很热衷于跟我谈论他最自豪的成就之一。

青少年癌症很可怕。"6 年前，"他告诉我说，"在这个年龄段被诊断出癌症的男孩，95% 都不治而亡。现在，有 95% 能存活下来，但是化疗和放射疗法让他们一生都丧失了生育能力。"所以西格对电激取精术进行了改造，让这项技术能够适用于青少年阶段的男孩。在青少年因癌症而接受手术的同时，西格在他们身上采集精液样本。这个采精的过程给了这些青少年在后来的人生中生儿育女的机会。西格是 15 年前首次开始实践电激取精术的，所以现在已经有超过 10 万个婴儿借由这项技术的干预出生。但是这项技术并没有就此停止发展。

这些探测器的改良版本现在常用于家畜饲养。还记得你在感恩节或圣诞节吃的火鸡吗？这只火鸡很有可能是通过电激取精术和人工授精技术受孕的。在保育伦理的领域，电激取精术已被用来在大量濒危物种中繁育后代，这些物种包括普氏野马（*Equus ferus przewalskii*）、白枕鹤（*Grus vipio*）和麦哲伦企鹅（*Spheniscus magellanicus*）。不过，电激取精程序对两个物种影响尤其深远。大多数生于圈养环境中的大熊猫（*Ailuropoda melanoleuca*）都是通过电激取精术和人工授精繁育来的；最近黑足鼬数量从几近灭绝恢复过来也绝大部分归功于该技术（见第八章）。在西格的一生中，他已经采集到豹子、老虎和北极熊的精液样本，不过我 2004 年遇到他的时候，他不仅是要去参加那个会，还要去柏林动物园讨论辅助生殖技术可能对该动物园的圈养繁殖项目有什么帮助。"我当时很担心，如果我把手提箱暂存到储物仓里，手提箱有可能丢失。"他告诉我说，"当然，现在附加的安保措施如此严格，我必须把我的设备暂存在储物仓里。我要是还把它放在手边，我可能马上就被逮捕了。然后我要是告诉机组人员这设备是干什么的，他们也许会对我进行仔细检查，加速逮捕我。"

在接下来的几年当中，西格从事着多种与人类直接相关的研究，并且逐渐投身其中。而来自柏林的科学家们却在大型哺乳动物辅助生殖领域有所建树，成为这个领域世界级的领军人才。兽医托马斯·希尔德布兰特和他的团队来自德国柏林莱布尼茨动物园与野生动物研究所，他们用了将近 20 年的时间发展、改良和测试电激取精设备和电激取精程序，以便在有需要的时候帮助各种动物在人为干预下生殖。这些动物包括犀牛和大象。希尔德布兰特是一个有决心的研究者，也是一位热心的野生动植物捍卫者，他以科学的态度来应对自己的工作，不断修订着自己永无止境的实验变量清单，以此增加他关照下的动物们生育后代的机会。一旦有可能，他就为他的发明申请专利。他还经常在全球飞来飞去，查看动物园和自然保护区的情况，想要改变一些世界上濒危现象最严重的物种的命运。所以"克拉洛韦滨河动物园"的北部白犀牛出现停止繁育的情况时，动物园方面致电的专家正是希尔德布兰特。

前路漫漫

　　那次英国航空之旅对我有很大影响，我很想了解在旅途中邂逅的那个"物体"到底怎样使用。所以我也给希尔德布兰特打了个电话。你究竟是怎样着手从一头两吨重的雄性犀牛身上采集到精液样本的呢？

　　托马斯·希尔德布兰特是个大忙人，但是毫不吝惜他的时间。他操着浓重的德国口音，显示出坦诚、友善和实事求是的态度。他向我解释了他现在所使用的探测器和我在飞机上见到的那个有多么的不同。"这是一个新概念了。"他说。在过去，这种探测器不是非常可靠，有时会对动物造成伤害，所以希尔德布兰特和他的团队对其重新做了设计。他们过去积累起来的经验和对动物内部解剖构造广博的知识，奠定了新版本的基础。这个新版本使用的电压更低，形状也与原先略有不同。改良后的版本凸显出善意和效率，不会给动物带来危害，而且每次都管用。

　　然而，在使用新探测器之前，这个团队必须对动物进行麻醉，对其体内器官进行超声波扫描检查。他们开创了这个步骤，而且已经在超过 1 000 只犀牛身上实施了这一步骤，所以他们非常了解自己在做什么。希尔德布兰特会穿上手术服，戴上长及肩膀的手套，小心翼翼地将又长又弯的腹腔镜导入犀牛深深的直肠内，然后用顶端的超声波探针查看四周。旁边的手提电脑屏幕上会播放出黑白图像，通过一种改进版的软件程序，精准地显示解剖构造的每个细节。"所有能在全部 5 个犀牛种中找到的正常和异常的结构，我们都了解。"他说，"而且我们可以检查这些结构。"整个过程不到 10 分钟就能完成，只有在科学家们认为犀牛体格强壮、身体健康的情况下，他们才会进行下一个步骤。

在冲走了犀牛膀胱中的尿液和直肠中的大便后，就该电激取精器上场了。这个结实的圆筒形探测器设计时特意没有设置把手。这意味着希尔德布兰特不得不将探测器和自己的整条胳膊都深深地塞进光线照不到的地方，但这样他也能确保仪器最终到达了正确的位置，也就是靠近尿道的顶端，与前列腺很接近。然后他向一位同事点头示意，同事就会啪地按动一个开关，给这个设备输送几个短短的脉冲。"每个脉冲都不超过 15 伏特，"他告诉我说，"你的舌头都几乎感觉不到。"这幅情景让我不由地耸起鼻子：希尔德布兰特的胳膊和这个"物体"还深深地埋在犀牛体内，他感觉不到直接的脉冲，但是能感受到脉冲引发的肌肉收缩。犀牛开始射精了，但是这种侵入式的干预还没有结束。

在野外，雄性犀牛需要经常接受刺激来让事情进行下去。雄性犀牛的阴茎两边有一对像翅膀一样的扁平活瓣，可以在雌性犀牛体内打开，从而让它们在幽会时紧密结合，活瓣打开的时间可以持续将近两个小时，然后雄性犀牛会射精将近 6 次。电激让动物们靠得更近……不过还没那么成功。意思是说要完成电激取精这项工作，希尔德布兰特的一位团队成员必须亲手做，真正意义上的亲手做。希尔德布兰特会叫一位同事"辅助"犀牛，有意并且猛烈地给犀牛按摩阴茎，这样当犀牛确实射精时，新射出的精液就可以被导入一系列管道然后进入一个收集试管。每股射出的精液大约有一杯蒸馏咖啡的量，但是其中包含的精子数量能达到数百万——有数百万次机会能够创造出新生命。从头到尾，这个艰辛的过程只持续不到一小时时间，结束时，犀牛就会从麻醉中被唤醒，然后自由地度过这一天剩下的时光。

这个过程希尔德布兰特在不同的动物包括大象、老虎和熊猫身上每年大约进行 40 次。在世纪之交，法图出生后不久，希尔德布兰特考察了克拉洛韦滨河动物园，从居住在那里的雄性犀牛中选了两只，采集并冷冻了它们的精液样本。然后，在 2006 年和 2007 年，他又回到克拉洛韦滨河动物园，用取得的精子给法图和她的妈妈纳金受精。

就在这个时间段，传来了一系列好消息。通过精液采集和人工授精受孕的第一头犀牛出生了，不是在捷克共和国，而是在匈牙利的布达佩斯动物园（Budapest Zoo）。一年后，另一头小犀牛出生了，这次是使用曾采集并冷冻了 3 年的备用精子繁育的。这就证明了人工授精过程，经过希尔德布兰特和其团队的用心改良，确实奏效了。尽管两头新生犀牛都是南部犀牛而不是北部白犀牛，但它们的降生燃起了希望：这项技术也会在其他犀牛种中发挥作用。

回到捷克共和国，科学家们耐心地等待着，想知道法图或纳金是否已经怀孕。但是随着时间的推移，显然授精失败了。事实很令人失望：到目前为止，在大多数受试物种的精液采集和人工授精过程中，失败的次数都比成功的次数多。"人工授精在某个阶段对于一些哺乳动物非常有效，"来自伦敦动物学会的繁殖生物学家威廉·霍尔特（William Holt）说，"但是目前人工授精作为例行方法适用的物种数量却极少。"有时，这种技术在犀牛中开始起作用——受精所用的精子使卵细胞受精，创造出胚胎，胚胎又开始分裂。但是接下来，由于未知的原因，分裂会停止，胚胎被母体重新吸收。能确定的是，雌性犀牛不生小牛的时间越长，它们就越难怀孕。这是一个如第 22 条军规般矛盾的障碍。如果不能正常怀孕，雌性北部白犀牛的子宫里就会长出囊肿，相应就会更难怀孕。而希尔德布兰特却成功地通过人工授精创造出了共 7 只犀牛幼崽，这真是令人赞叹的功绩。"这项成就令人难以置信，"当时我在飞机上遇到的那个人——史蒂芬·西格说，"从犀牛身上取得精液很不容易，给犀牛授精很不容易，能最终让犀牛怀孕更不容易。"但遗憾的是，这些犀牛中没有一头是北部白犀牛。

最后一线生机

显然，纳金和法图没有怀孕，因此克拉洛韦滨河动物园的饲养员们就面临着一个艰难的决定。这两头犀牛可以待在动物园中，莱布尼茨动物园与野生动物研究所的科研团队可以继续尝试；或者，他们可以将挚爱的犀牛们送往其他什么地方，为了让犀牛们的生殖液流动起来。"这不是一个容易的抉择，"斯泰斯卡尔说，"我们要做的必须是最适合这些犀牛的。"

最终，动物园决定把他们最后 4 只有生育力的北部白犀牛送往非洲。两只雌性白犀牛——法图和纳金，以及两只雄性白犀牛——苏丹（法图的祖父）和苏尼，将以"最后一线生机"工程的名义被重新安置。在理想的情形下，这些白犀牛是要被送回苏丹或乍得或它们曾经栖息过的国家之一，但是情形并不理想。显然对于犀牛来说，这样做不安全。在非洲，犀牛的主要威胁不是栖息地的丧失，而是一帮帮有组织的、跨境行动的罪犯。这些犯罪团伙的走卒们使用高科技设备对广袤开阔草原上的犀牛进行定位，然后让犀牛镇静下来，砍去它们的犀牛角，然后任它们因失血过多而死。对犀牛角的需求来自亚洲和中东地区，在这些地方，犀牛角被切割来制作装饰匕首，被研磨来制作药材。犀牛角被用来治疗各种病，从痛风到癌症，从蛇咬的伤口到"鬼压床"，但讽刺的是，犀牛角当然不会有这些作用。犀牛角的成分是角质素，角质素也能形成毛发和指甲，药用价值为零。犀牛角在黑市上零售价超过每千克 41 000 英镑，其价值远胜于黄金、钻石和可卡因，所以犀牛角成了世界上最昂贵的万金油。

因为犀牛之前的活动区域已经不是安全的庇护所，于是人们决定将克拉洛韦滨河动物园的犀牛送往肯尼亚的一个安全系数最高的野生动植物公园。奥·佩杰塔（Ol Pejeta）自然保护区是一片占地 360 平方千米的热带稀树草原，丰美肥沃，草浪起伏。距内罗毕有 3 小时的车程，依偎在阿伯德尔山脉（Aberdares Mountains）和肯尼亚山（Mount Kenya）之间的山脚下。这里是所有非洲"五大动物"——犀牛、大象、狮子、豹子和水牛——的家园，所以这里吸引着旅游者，也吸引着偷猎者。因此，这里的武装保卫队不舍昼夜地在广阔的周界电栅栏边巡逻。

这似乎是他们最好的办法。于是，2009年圣诞节前不久一个寒冷飘雪的早晨，那4只北部白犀组合被引诱进了大板条箱，在警方的护送下被驱车送往布拉格 – 鲁济涅机场（Prague-Ruzyne airport）。它们在机场被装上了一架飞往内罗毕的巨型喷气机。在旅程开始26小时之后，这些动物到达目的地，在炎炎烈日下被放了出来，它们看起来并没有因旅途劳顿而受到伤害，怯生生地在非洲土地上踏出了它们的第一步。

因为这些动物们太珍贵了——最后4只有生育能力的北部白犀牛，所以它们得到了附加的多层保护。它们的牛栏，或者叫"围场"，处于公园的中心位置，周围是一圈单独的电栅栏，围场中几步一个瞭望塔，还有警犬在巡逻。白犀牛们的角被锉得很光滑，装上了无线电发射器，这样对于偷猎者来说，它们的角就不那么理想了，而且也易于跟踪。它们每只都有自己的贴身保镖，夜以继日地保护着它们。对于苏丹——4只中唯一一只在野外出生的白犀牛来说，这次回归意义重大，因为它回到了自己出生的大洲。对于所有4只白犀牛来说，它们的生命都翻开了崭新的篇章。

人们希望自然的环境能让它们的思想转移到爱情上。几年后，它们的浪漫关系似乎真的开出了灿烂的花朵。人们看到苏尼在和纳金交配，可是随着时间的推移，显然纳金并没有怀孕。所以饲养员又提出一个策略。他们在雌性北部白犀牛和一只雄性南部白犀牛之间包办了一场"相亲"。这个想法很明智。早在20世纪70年代，克拉洛韦滨河动物园就出生过一只半南部白犀、半北部白犀的杂交幼牛。如果法图或者她的妈妈因为这只雄性南部白犀牛怀孕了，那么无论哪只生出的后代都会是一只杂交动物。也许基因上这只动物不是纯种的北部白犀牛，但是至少北部白犀牛的 DNA 会被保存下来，虽然有那么一点儿稀释了。然而，失望情绪日益增加。并没有出现小犀牛。更糟的是，2014 年 10 月，人们发现苏尼在它的围场中断气了，看起来是由于自然原因，他已经 34 岁了。

同年年尾，希尔德布兰特和他的团队考察了奥·佩杰塔，检查了剩下的 3 只北部白犀牛，但是接下来出现的是一个更加灾难性的打击。他们发现苏丹太老、太虚弱，它的睾丸随着年龄的增长发生了退化，已经没有做父亲的能力了。苏丹的女儿纳金，后腿出现了问题，无法再承受怀孕带来的重量。法图，纳金的女儿，子宫出现了问题。更有甚者，基因检测之前已经显示出，苏丹和纳金都携带有一种基因异常，可能会干扰它们的繁殖能力。"我们的评估是，两只雌性北部白犀牛都不能再怀孕了，"和希尔德布兰特一道工作的兽医罗伯特·赫尔墨斯（Robert Hermes）在检查了这些动物后说，"我们认为我们发现的病状是无法治疗的。"

行尸走肉的犀牛

北部白犀牛……还没有灭绝。但是它们的灭绝只是一个时间问题了。如今，地球上任何地方都找不出其他活着的北部白犀牛了，只剩下这 3 只：法图、纳金和苏丹，还栖居在奥·佩杰塔。这 3 只动物不可能自己用交配的方式摆脱濒临灭绝的困境。它们年老多病，又是近亲。保育人士常常谈论卷入了"灭绝旋涡"的物种，灭绝旋涡是一种朝着灭绝方向的螺旋形下沉，这些物种通过自然途径是无法恢复的。这就是北部白犀牛所处的境地，北部白犀牛"功能性灭绝"了。尽管有几头幸存着，但其实这个物种已经消失了。法图、纳金和苏丹都是"鬼魂"，是"行尸走肉"，活生生地体现着人类的贪婪行为和草率举动是如何将物种从我们的地球表面剥离的。

奥·佩杰塔保护区、北部白犀牛的监护者以及希尔德布兰特和他的团队现在面临着一个极其艰巨的任务。怎样拯救一个只剩下 3 只无生育力成员的亚种？还有怎样让那些唠叨着这样做毫无意义的批评家们安静下来？

犀牛很重要，不仅因为它们体形大而优美，具有代表性且令人着迷，还因为它们有助于形成它们所栖居的地理环境。就像之前的旅鸽和原始毛猛犸象一样，犀牛是生态系统的工程师。白犀牛塑造并修整着非洲热带稀树草原的草地，它们块状的口鼻部是完美的修剪器，将它们所吃的草修剪得平平整整，为生长出丰美肥沃的"牧草场"创造了条件，牧草场是其他物种，诸如黑斑羚和牛羚等，赖以生存的地方。在降雨量较大的地区，这一点尤为重要，因为那里的草长得更高，更需要经常修剪。犀牛吃草的行为有助于创造斑驳的热带稀树草原，这样的热带稀树草原既有长长的、没被啃食过的草场带，也有被啃得很短的草坪。在火灾发生时，这样的地貌很重要。每隔几年，火灾就会蔓延过热带稀树草原，但是只要有犀牛，它们帮助创造的牧草场就有天然防火道的作用。因此，火势更小，火情更缓和，火灾再来的频率也更低，犀牛改变着火灾的发生方式。

对于最后一次冰川期的研究向我们显示了，在所有大型食草动物都消失后会发生什么。澳大利亚的大型食草动物消失后，混交雨林变成了杂木丛生的灌木丛；北美的大型食草动物消失后，丰美的猛犸草原被苔藓丛生的冻原所取代。级联效应从生态系统的顶端一直涓滴到底层。如果今天我们丧失了已有的大型食草动物，我们的地貌景观就会面临变得空旷贫瘠的风险。

但是，后果还没说完。到最后一次冰川期末期，世界开始变暖。世界的变暖不像是温度调节器的温度被逐渐调高，而更像是某个人将天然气灶一遍又一遍地打开又关闭。气温起伏不定，冰层开始融化。不过至少暂时，动植物的生长多多少少跟以前是一样的。只有当大型动物群灭绝了，生态系统才会开始发生根本的变化。来自缅因大学的古生态学家杰奎琳·吉尔已经详尽地研究了最后一次冰川期末期气温的突然升高，她认为大型食草动物在当时帮助抵冲了气候变化的效应。吉尔说："现代生物学和古生物学研究表明，本土的大型食草动物如果能以可持续的水平维持生存，它们所栖居的生态系统对气候变化就更有抵抗力，其中的生物多样性水平也更高。"时光匆匆流过了12 000年，到了今天，我们的气候正在发生改变，世界正在变暖。如果吉尔是对的，那么犀牛和其他大型食草动物的存在就可能帮助增强生物多样性，使得生态系统在气候变化面前更具韧性。但是，如果大型食草动物们都消失了，它们就无法做到这一点了。

北部白犀牛仍然活着，但它们迫切地需要反灭绝复育。当我们想到反灭绝复育，我们的思绪在直觉上就会被引到已经不存在的物种身上，但是还有一些物种仍然活着，未来却毫无希望。从功能学的角度看，它们其实已经灭绝。比如长江大型斑鳖（*Rafetus swinhoei*）就处于类似的困境中。作为世界上最大的淡水鳖类，斑鳖在东南亚的部分地区曾很常见。但就像犀牛一样，斑鳖因药用价值而被偷猎，数量急剧下降。现在，这种鼻吻突短的大型动物只剩下 3 只了：一只保护在越南的一个湖泊中；还有一对在中国的苏州动物园。它们不时地下蛋，但是没有一只蛋能孵化出来。尽管科学家们尝试了人工授精，但结果也是失败。

拓宽我们的视野，将这些物种纳入反灭绝复育的领域中，是很有意义的。从实际的角度看，一个物种消失的时间越长，反灭绝复育就越困难；生态系统一变化，这个物种的现存亲属就变得更稀少。所以，尽管成功的可能性很低，存活着的动物还是较为完美的选择。因为活着的物种成员还存在，我们就能够在它们仍然在场时研究它们的生物节律和生态关系，并积累起让它们反灭绝复育所需的知识，而不是在它们消失后瞎忙活。

如果我们不干预，北部白犀牛必灭绝无疑。不过对于接下来的事情，人们的意见产生了分歧。一些人认为，我们应该用世界上最恼人的歌来唱，"随它吧"，认为做任何事都已经太迟。但是确实有物种曾经陷入灭绝旋涡，但在旋涡的另一边又挣扎着浮上来的先例。这些灭绝旋涡不总是人们想象中的黑洞，在人类创造力和科学技术的帮助下，我们努力地将物种从灭绝状态中拉出来，在此过程中，我们大大增加了物种恢复繁育的可能性。其他人认为，拯救北部白犀牛会让我们分神。他们说，投入到保育伦理工作中的资金，如果能花在确实可以生育的动物身上会更好。"我们过去已经在北部白犀牛身上花了钱，"国际犀牛基金会（International Rhino Foundation）的执行理事苏茜·埃利斯（Susie Ellis）表示，"但是这已经不再是我们这个机构关注的焦点。"一些人建议，因为北部白犀牛有一个近缘亲属——南部白犀牛，南部白犀牛"仅仅"被国际自然保护联盟划定为"近危"级别，所以也就是说，北部白犀牛是否灭绝没什么关系。然而，其实是有关系的，而且有很大关系。人们就北部和南部白犀牛的相关性已经争论了很长时间。一些人认为北部白犀牛和南部白犀牛是相互独立的"亚种"，这个术语很模糊，缺乏精确的定义来指明基因相似但地域分离的亲缘动物。[1] 在这一点上，这些人认为，北部白犀牛在基因上并不是足够特别，所以不值得去拯救。但是，一份最近的研究详细检查了两个变种的 DNA，发现它们之间的差异与它们和黑犀牛之间的差异同样显著。

　　我们应该反灭绝复育北部白犀牛，因为它们在基因上是特别的，在生态上是重要的。作为基石物种，北部白犀牛通过它们对周围地理环境的影响以及与周围物种的互动，显示出自己的重要价值。如果我们让北部白犀牛溜掉，原因是还有其他存活着的犀牛看起来"有点儿像北部白犀牛"，那么也就是说，我们下一次不会再有适用同样逻辑的机会了……让爪哇犀牛消失因为爪哇犀看起来"有点儿像"较为独特的独角犀；让苏门答腊犀牛消失因为苏门答腊犀看起来"有点儿像"黑犀牛。我们的大型食草动物就这样一个个溜走了。大型食草动

1　北部白犀牛的学名是 *Ceratotherium simum cottoni*，而南部白犀牛的学名是 *Ceratotherium simum simum*。——原注

物中的 6%，包括犀牛、大象和大猩猩，都面临灭绝的危险。一定要适可而止了。

我们也不应该对那些仍然以较大数量存在的犀牛漠不关心。确实还有大约 2 万头南部白犀牛和 5 000 头黑犀牛生活在野外，但是最近几年，日益猖狂的偷猎行为已经使得犀牛群体的数量急剧减少。2015 年，偷猎者在非洲杀死了 1 315 头犀牛，对于这种动物来说，2015 年成为它们死亡数量最多的一年。专家们害怕，不久，犀牛群体将达到一个倾覆点。它们的死亡数量将超过出生数量，之后，傻瓜都能想出会发生什么。根据犀牛保护协会的估算，到 2026 年，世界上所有的犀牛完全有可能都陷于野外灭绝。

你觉得你的卵子怎么样？

既然北部白犀牛的前景如此暗淡，怎样拯救它们呢？ 2015 年，社交媒体突然间被"苏丹"的照片刷屏了，照片上的"苏丹"周围是它的武装警卫队。这些图片上的情景美好而辛酸。图片的背景是广袤的非洲热带稀树草原和辽阔的蓝天；"苏丹"骄傲地站着，呈现出巨大、雄壮的侧影；它周围站着的哨兵如柱子般笔直，身着卡其色军服，脚蹬军靴，攥着来复枪。哨兵们目视地平线，定睛注意着最有可能出现危险的地方，而"苏丹"则温柔地低头致意。社交媒体的关注点瞬息万变，不过"苏丹"还是在一段较短的时间内成了网红——地球上最著名的犀牛。

　　媒体热衷于指出，"苏丹"这次出了风头是由于很辛酸的原因，它是地球上所剩的唯一一只雄性北部白犀牛。媒体说，这个物种整体的命运，都落在苏丹的肩膀上。但是，现实并不如此简单。苏丹已经四十多岁了，不再是年轻的小伙。它不久后就会死亡，而当它死亡后，人们也会深切地怀念它。但是，它是否实实在在地存在对北部白犀牛的未来没有丝毫的影响。多亏了希尔德布兰特的电激取精器，苏丹和其他几头雄性北部白犀牛的精液样本已经被采集到，现在低温储存在精子银行中待用。"大家都认为危机来自最后一只雄性北部白犀牛，"奥·佩杰塔的首席执行官理查德·瓦因（Richard Vigne）说，"但其实我们储存了很多的精子。更大的危机来自雌性北部白犀牛和它们卵细胞的短缺。"地球上最后两只雌性北部白犀牛，法图和纳金，才真正应该处于媒体的聚光灯下。

　　保育人士、细胞生物学家和其他有关方面人士定期碰面，以讨论拯救北部白犀牛的最佳方式，而且有一些措施可供选择。不幸的是，每一项措施都依赖于取得并储存北部白犀牛的卵子。多年来，人们认为这个任务不可能完成。首先，辨别出一只雌性北部白犀牛在什么时候排卵可能是非常困难的。一些犀牛，比如说较为独特的独角犀和苏门答腊犀，在排卵时会"唱歌"——它们的嘴里会发出其他时候听不到的奇特叫声。而北部白犀牛没有这么大惊小怪，尽管雄性北部白犀牛也许可以在雌性排卵时分感觉到荷尔蒙的变化，对我们人类的感官来说，这些变化并不明显。用物理方法"进入"以取得卵子同样问题重重。雌性北部白犀牛的生殖道不仅有超过 1 米长，而且，我得到的可靠信息是，它的生殖道还是一个"迂回曲折的结构"，到处是 90°的拐弯和死胡同。这就使得雌性北部白犀牛的卵巢和卵子只能通过最专业的腹腔镜仪器才能探及。然后又出现了储存的问题。卵子取得后要立刻使用，否则就需要妥善保存。但是冷冻过程很困难，因为卵细胞很大，一冷冻就碎裂了；其他的储存方法也被证明问题重重。所以目前，人们只能认为，要储存犀牛卵子，几乎是不可能的。

不过，托马斯·希尔德布兰特和他的团队在过去的 15 年当中，一直在改良克服这些问题所需的技术。希尔德布兰特说："我的人生观一直是，一步一个脚印，踏踏实实地迈出一步，再向下一步前进。"他们所发展的方法是融合各种高科技干预手段，以及在适当的时机退后一步，顺其自然。

要辨别出雌性犀牛何时排卵，希尔德布兰特已经争取到了最关心犀牛的人群即犀牛饲养员的帮助。在奥·佩杰塔自然保护区、克拉洛韦滨河动物园以及其他地方，饲养员与他们所照料的犀牛形成了非常密切的感情纽带。他们不仅饲养犀牛，给犀牛洗澡，清扫犀牛粪，还跟犀牛柔声细语地说话，在它们的耳后呵痒，用扫帚给它们搓肚皮。作为回报，他们获得了犀牛的信任，而且能够监测到犀牛身体上发生的任何改变。希尔德布兰特和饲养员一道工作，发现在白犀牛排卵前的一到两天，它们的阴道中会排出一块胶状物。这是北部白犀牛的方式，清空一下身体，提升一下状态，排掉一些死亡的细胞，这样，雌性就为交配做好了准备。通过对雌性北部白犀牛的排卵进行记录，希尔德布兰特和莱布尼茨动物园与野生动物研究所的专家团队就能计算出每只雌性个体的月经周期长度，进而准确

地预测出雌性北部白犀牛下一次排卵的时间。结果极为精确，精确
度高到这个研究队伍预测好了排卵时间后能提前预订他们的飞机票。

我想跟希尔德布兰特聊聊他的工作，于是就了解到他的行踪，当
时他刚从捷克共和国回来。在捷克他已经进入了下一个阶段：采集
犀牛卵子。因为犀牛体内的导管系统比一套斯堪的纳维亚黑色电影
（Scandi-noir）剧集的情节还要曲折复杂，所以希尔德布兰特设计了
一条到达卵巢的备选路线。在全身麻醉下[1]，希尔德布兰特将一根2米
长，经过专门设计并申请了专利的取卵装置导入雌性北部白犀牛的直
肠，然后在直肠壁的另一侧刺了个洞直通卵巢。这样他就能够将卵子
吸取出来。听起来可能很粗暴，但是因为在整个过程中十分小心，操
作精确，而且用了适当剂量的抗生素，感染和并发症的风险就降到了
最低。希尔德布兰特和同事们最近通过这种方法从克拉洛韦滨河动物
园的雌性南部白犀牛身上收获了五枚卵子。不过，这些卵子发育得还
不够成熟，所以下一步，就是将卵子浸泡在培养皿中一种精心调制的
混合营养液里。这个过程需要严谨的操作，该过程已经由两位专家
进行了优化，一位叫作塞萨雷·加利（Cesare Galli），另一位叫作乔
凡娜·拉扎里（Giovanna Lazzari），他们来自一家叫作"阿万泰亚"
（Avantea）的意大利生物技术公司，这家公司正与莱布尼茨动物园与
野生动物研究所合作。这个过程很重要，卵子在该过程中变得成熟，
只有卵子成熟了才能被冷冻，或是用来造出小犀牛。

在与法图和纳金的饲养员的密切合作下，莱布尼茨动物园与野生

1　是犀牛，不是希尔德布兰特。——原注

动物研究所的专家团队现在计划着每年两次考察奥·佩杰塔，只要那里的雌性犀牛能继续排卵，他们就会一直采集这些雌性犀牛的卵子。白犀牛的月经周期为 30~35 天，所以这些白犀牛有足够的时间在考察间隙恢复健康，维持正常周期。希尔德布兰特说："我们一切就绪了。"为保险起见，第一批卵子将被培养成熟，然后冷冻起来，但以后，希尔德布兰特就会踏入未知的领域。这个团队已经尝试了通过人工授精来繁育北部白犀牛，但是很不走运，他们失败了。他们本来是将精液直接引入雌性的生殖道，现在，他们将尝试下一个最优选项：造一个"试管犀牛"胚胎，然后把这只试管犀牛胚胎移植回代孕犀牛的子宫。

2015 年，他们朝着这个目标的努力有了实质性进展。阿万泰亚的科学家们已成功地从法图当时死亡不久的姨妈纳比雷身上收获了 4 枚卵子。他们认为这次收获给了他们成功的绝佳机会，于是决定尝试用来自南部白犀牛的精子使这些卵子受精。令他们欣喜的是，他们成功地创造出了一个小小的试管授精胚胎。尽管这只胚胎在仍然是一小束细胞的时候就停止了发育，但是这次尝试使那些试图拯救北部白犀牛的人受到鼓舞。"这是第一次有人成功地在培养皿中让北部白犀牛的卵母细胞（卵子）受精，"希尔德布兰特说，"这是一个很大的成就。"他说得很对，结果也许不是他所渴望的北部白犀牛幼崽，但是每次进步一点点正是细胞生物学研究的特点。期待犀牛试管授精技术的早期尝试就能繁育出活生生的小犀牛，很令人振奋，但完全不现实。不过同时，在希尔德布兰特和他的伙伴们继续进行系统工作，完善他们的技术，最大限度利用他们所拥有的有限资源时，法图和纳金的生物钟并没有停止工作，还在滴答作响。

团队成员罗伯特·赫尔墨斯解释说，问题在于，莱布尼茨动物园与野生动物研究所的专家团队需要精炼他们的科学实验计划，但是生物资源是有限的，而且充满变数。"如果我的研究对象是奶牛，"他说，"我可能会去屠宰场找 100 头牛……200 只卵巢……然后采集数百个卵子。"这样就可以提供足够的基础研究材料，进而尝试很多不同的科学实验计划，选出至少对奶牛来说最有效的计划。但是犀牛的科学实验计划需要用犀牛卵子来设计，而这些卵子跟其供体犀牛一样很短缺。正是由于这个原因，该团队一直在用濒危情况不那么严重的犀牛种，比如黑犀牛和南部白犀牛来精炼他们的科学实验计划。但是即使如此，还是存在问题。大约有 50% 的犀牛处于圈养环境中，所以赫尔墨斯和希尔德布兰特所利用的犀牛群有着某些生殖问题。因此尽管雌性犀牛可能还在排卵，它们的卵子质量却是不能保证的。要是北部白犀牛的精子和卵子有其他来源就好了……

Y 因子（山中因子）

很多年前，我还是一名在伦敦精神病学研究所（London's Institute of Psychiatry）实验室工作的细胞生物学研究者。我们辛苦工作的同时有两个误区：首先，我们以为定时的、几乎天天有的茶歇会极大提升科学生产率；其次，我们以为制造干细胞问题重重。那时，人们非常热衷于制造干细胞，因为干细胞在医学研究方面很有潜质。但是怎样得到干细胞？早在那时，唯一取得真正人类干细胞的方式是就在受孕后几天，胚胎还是一小团细胞的时候，将试管授精创造出的胚胎取出来，用一根极细的针管从中吸出干细胞。但是很多人觉得这个想法令人难以接受，因为在这个过程中胚胎被毁掉了，这些"多余的"胚胎不可能让一位母亲感到子宫舒适。就算不考虑这一点，反堕胎游说团还是憎恶这个想法，因为"制造"干细胞十分困难不说，在道德上还是受到指责的。

然后从日本京都大学（Kyoto University）来了个叫作山中伸弥（Shinya Yamanaka）的人，他不仅解决了这个道德难题，还提出了一种容易的干细胞制造方法。他通过皮肤细胞制造干细胞，根本不需要胚胎。2006年，山中从一只成年老鼠身上取得皮肤细胞，加入了少量基因，将皮肤细胞内的DNA重新编程为一种类似干细胞的状态。他称自己所制造出的细胞为"诱导多功能干细胞"（induced pluripotent stem cells），或者简称iPS细胞，这种细胞被制造出来后，可以被诱导成其他细胞类型，包括神经和心脏细胞，这说明他的iPS细胞活动特征很像干细胞。这是细胞层面的炼金术，一块赢得了诺贝尔奖的金子。伊恩·威尔穆特，多莉羊的创造者，其时工作于爱丁堡MRC再生医学中心（MRC Centre for Regenerative Medicine），他将这一成就描述为"10年间，或许甚至是本世纪的重大实验之一"。时不我待，其他实验室都开始采用山中的方法。他们在成熟细胞中加入了同样的4个基因，或者按人们逐渐熟悉的叫法——"山中因子"，开始制造他们自己的iPS细胞。不仅老鼠皮肤细胞可以进行iPS

翻新，科学家们很快证明，不同物种的细胞都可以产生 iPS 细胞，包括大老鼠、猴子和人类。同时，在别处独立进行的不同实验中，科学家们已经揭示出了如何利用由干细胞产生的卵子和精子创造出健康的活老鼠。这些研究使得未来的前景变得明朗：科学家们也许可以取得一个皮肤细胞，把这个皮肤细胞变成干细胞，然后用这个干细胞来生发出卵子和精子，进而帮助不孕不育的夫妇生育出试管婴儿。有趣的是，如果这种方法对人类有效，也就有可能对其他物种奏效，包括濒危物种。

干细胞研究者珍妮·洛林（Jeanne Loring）来自加利福尼亚州拉霍亚的斯克里普斯研究所（Scripps Institute），她正在思索的正是这样一种方法。于是，她想找一个借口，带她实验室里的研究员们外出一天。"我想带他们去圣地亚哥动物园，"她说，"那里是我最喜欢去的地方之一，但是我们需要一个前往的理由。"所以他们决定去拜访圣地亚哥动物园遗传学研究部的主任奥立佛·莱德（Oliver Ryder），跟他讨论干细胞是否能以某种方式应用于野生动植物保护。对洛林来说，这个问题的答案是显而易见的。理论上说，从濒危动物身上采集到的皮肤或其他细胞可以进行重新编辑，变成 iPS 细胞，然后用来产生卵子和精子，然后用来生育幼仔。洛林有着数十年与干细胞打交道的经验，她懂得技术知识，而莱德拥有原材料。

40 多年前，莱德和同事们就开始采集来自稀有和濒危动物的皮肤样本，为的是有一天这些样本可以派上用场。这些年来，他们的收集品，也被称为"冷冻动物园"（Frozen Zoo），已经扩充为世界上最大的细胞银行之一。

在这个"冷冻动物园"中，有很多大桶，装着冒泡的液态氮，里面储藏着超过 7 万个样本，来自超过 700 个不同的物种。有哺乳动物、鸟类、爬行动物、两栖动物和鱼类。这些细胞已经被用在数百例科学研究当中，帮助研究者们了解物种怎样进化，以及基因变型怎样随着时间而改变。在对黑足鼬的基因组进行序列测定时，科学家们使用的细胞就来自"冷冻动物园"。当务之急是法图和她同类的未来。其实，莱德一直在储存来自北部白犀牛的细胞，他从一只名叫露西（Lucy）的雌性着手，于 1979 年冷冻了她的细胞。从那以后，"冷冻动物园"积累起的白犀牛细胞真的快要"崩盘"了，包括莱布尼茨动物园与野生动物研究所的专家团队所捐赠的法图细胞样本。[1] 12 只不同北部白犀牛的细胞被冷冻在小玻璃瓶中：8 只无亲缘关系的个体犀牛和 4 只它们的后代。据莱德所说，这些细胞是关于基因多样性的重要采样，如果善加利用，应该能够有助于拯救这种濒临灭绝的亚种。保存在这些小试管中的基因库很全面，比现存所有北部白犀牛放在一起能得到的基因库完善得多。

就在他们的圣地亚哥动物园之旅不久后，洛林的一个博士后，因巴尔·弗里德里希·本－努恩（Inbar Friedrich Ben-Nun）解冻了一些法图的细胞，开始在一个培养皿中进行培养。通过在其中加入适量的似乎很神奇的"Y"因子，这些细胞被变成了具有多种用途的干细胞状态。洛林和她的团队在世界范围内首次从濒危物种中造

---

1 "崩盘"是描述犀牛的集合名词。其他非洲动物集合名词包括一群跳跃的豹子、一群尖笑的土狼和我最喜欢的：一群炫目的斑马。——原注

出了 iPS 细胞，而且各种迹象显示这些细胞与团队所期望的一样全能，丝毫不差。在组织培养的过程中，它们能进行分裂，被诱导成很多种不同的细胞类型。洛林说，下一步，就是试图将这些细胞变成犀牛卵子和精子。

研究者们并没有放弃他们开始的想法：使用直接从纳金或法图身上收获的卵子。不过，他们意识到，他们需要一个备用方案。克拉洛韦滨河动物园的扬·斯泰斯卡尔说："我们意识到，既然要拯救北部白犀牛，我们就不得不使用一些先进的细胞技术，如 iPS 细胞。"于是新的选择也随之而来。

如果功能完善的犀牛精子和犀牛卵子可以通过 iPS 细胞造出来，它们就可以在培养皿中"结合"，用来造出胚胎。因为冷冻动物园中已经有犀牛的皮肤细胞样本了，所以不必让纳金和法图再承受一年两次的卵子采集之痛。洛林的团队现在希望能从已有的其他 11 只北部白犀牛的冷冻皮肤细胞中制造出 iPS 细胞。如果这项技术是可靠的，研究者们将得到几乎无限数量的北部白犀牛卵子和精子，从而优化他们的研究方法，使他们能够随心所欲地混合和匹配不同犀牛的基因组，最大限度地扩充极其重要的基因多样性。

得到的胚胎会在培养皿中培养几天，然后移植入代孕犀牛的子宫。法图和纳金由于健康状况问题不会被用作代孕体。事实上，世界的下一代北部白犀牛将经由它们的表亲——南部白犀牛生出。在奥·佩杰塔，科学家们已经指定了 4 头年轻且能生育的雌性南部白犀牛承担此项工作。它们大群大群地栖居在一个辽阔的牧场上，希尔德布兰特认为这是很重要的，因为自然的行为方式和群居互动对于保持犀牛的愉快心情和生育能力来说是关键因素。在胚胎植入之前，代孕犀牛将获得允许跟一头绝育了的雄性犀牛进行最后一次交配，因为科学家认为雄性犀牛不带精子的射精行为会使得雌性犀牛的子宫对胚胎更加耐受，为其身体做好怀孕的准备。大家都希望能够增加胚胎成活的可能性。虽然过去从没有过这样的尝试，希尔德布兰特并没有因此而气馁。"我们曾成功地将胚胎移植到很多其他哺乳动物体内，"他说，"犀牛的生殖道当然有它自己的划分类属，但是我对于在不远的将来成功跨越这一步感到很乐观。"

渐渐地，所有所需的拯救北部白犀牛的技术都将过时，而 iPS 细胞，这种易于制造的万用细胞，可能改变着这种具有代表性的异兽的命运。不过，可以从这项技术中受益的不只是北部白犀牛。

洛林的团队还通过黑面山魈（*Mandrillus leucophaeus*），一种短尾巴，长得像大狒狒的猴类动物，制造出 iPS 细胞，这种猴类的数量在过去的 30 年中减少了一半多。在泰国，圈养大象体弱多病，很多还患有溃疡和关节炎，清迈大学（Chiang Mai University）的阿努查·撒森阿旺（Anucha Sathanawongs）已经制造出了大象的 iPS 细胞，最直接的目标就是设计出疗法。但是撒森阿旺还希望诱导大象 iPS 细胞变成卵子和精子。如果这个技术可行，放之四海而皆准，那么对于那些对复活原始毛猛犸象或类似动物很感兴趣的人来说，就有了现成的卵子。iPS 细胞已经从濒危的雪豹（*Panthera uncia*）中制造出来，也从黑猩猩、大猩猩（*Gorilla gorilla*）和猩猩（皆为猩猩属）中制造出来。iPS 细胞的发展意味着诸如冷冻动物园之类的样本库现在比以前任何时候都重要。这些样本库不仅保存着全世界野生动植物的细胞和基因组，它们还是新生命的起点，基因多样性至关重要的储备要素；如果小心加以利用，不仅有着复活个别动物的潜力，还能复活整个具有繁殖力的物种群。我们不应只是试着拯救野生动植物。有可能的话，我们应该还要拯救它们的细胞。

王者归来

我第一次听说反灭绝复育技术的时候很感兴趣但是对此不甚了解。从那时起我就决心完全支持科学家们发展新技术，目的不仅是放缓灭绝的脚步，而且还可以逆转灭绝的脚步。我们需要审慎地前行，我们需要确保候选的动物是安全、有效、公众接受的，而且这些选项还有巨大的潜力值得探索。我已经意识到，如果我们要让一种生物从过去重回世界，那么我们最好选择一种我们非常了解的生物，我们了解它的繁殖生理过程，并可以操控它的细胞。它最好是我们所喜爱的动物，我们为它留有空间，念其不在、哀其不存。我们应该十分了解这种生物的生态关系，这种动物应该是一个基石物种，它的归来将对生态有积极影响。它还应该很暖人，可以鼓舞未来的一代又一代人照顾好这个星球，防止将来各种灭绝现象的发生。

人人都听说过当前的生物多样性危机，我们都知道，植物圈和动物圈正陷于麻烦之中。但是，因为绝大多数物种的灭绝都将是悄无声息、隐介藏形的，发生于我们日常生活之外的隐蔽处，所以我们就太过轻易地陷入了这样一个误解——灭绝现象的发生不由我们负责。物种在过去常常灭绝，物种在将来也会灭绝。而且现在，我坐在集中供暖的家中，品咂着我的咖啡，浏览着互联网，事情没有任何改变。就在你读这一章的时候，又有一个物种消失了；就在我写这本书的时候，至少有 2 万个物种灭绝了。不过，除了不同寻常的少数上了国际自然保护联盟的红色名录以外，这些物种中大多数都完全不为人知。我们生活在第六次大灭绝时期，但是这一点大体上没有为我们所察觉，或是被我们忽略了。

我刚开始思考关于反灭绝复育的问题时就问自己，我最希望看到哪一个生物从灭绝状态中重回世界呢？当然，在现实世界，我们不会像这样受到限制。我也许不会选择原始毛猛犸象或是胃育溪蟾或是旅鸽来作为我清单上的首要选项，但是我祝致力于让它们重回世界的研究者们好运。我们有充分确凿的理由让这些特定的生物重回世界。第一只健康的反灭绝复育动物的出生，将是一项着实令人难以置信的成就。我期待着那一天，但是，如果我只能选择一个生物呢……

当我写下这最后的几页时，我意识到自己就这个问题得到了从未预想过的答案。我最想从灭绝状态中拯救回来的动物，是仍然存活着的动物……不过如此。因为我们的贪婪以及对自然的轻视，北部白犀牛消失了。"苏丹"，最后一只现存的雄性北部白犀牛，正在进入暮年。他的一只眼睛患了白内障，当他与其他犀牛在一起的时候，会受到欺负。这让他的健康状况每况愈下。所以他在奥·佩杰塔的饲养员就为苏丹单独创设了一个新的围场。法图和纳金就住在隔壁。尽管苏丹看不到她们，但他可以闻到她们的味道，知道她们在那里。希尔德布兰特说："我的驱动力就是，在最后一只北部白犀牛消失之前把北部白犀牛创造出来。"法图是 3 只北部白犀牛中最年轻的，也许正是那最后一只北部白犀牛。希尔德布兰特说："我们希望法图无论如何能够遇见一个与他同类的新成员。"现在唯一可以拯救北部白犀牛的事物就是科学。如果我只能选择一个动物进行反灭绝复育，那么这种脸部皱巴巴、眼睛一眨一眨的北部白犀牛会是我的选择。

我们要对北部白犀牛的丧失而负责，不过，我们有辅助生殖技术、干细胞科学和基因组编辑技术，这些是我们所掌握的一些这个星球上最强有力的技术。这门科学可以拯救物种、塑造进化史并创造地球上生命的未来。用些方法来造出消失已久的物种的复制品，完善仍与我们共存的动物的基因组，并为濒危物种提供一条生命线，已经不是遥不可及的事情。决定怎样利用这些知识取决于我们自己。我认为正是蜘蛛侠的叔叔，那位已故的伟大叔叔本，做出了最好的总结。影片中他转向他善于吐丝结网的侄子然后说："记住，有多大能力就有多大责任。"

当我写本书时，这个星球上还存活着 3 只北部白犀牛。到你读到本书时，它们也许已经全部消失了。

附言 ————

好了，就是这些。

到此结束。

完成了。

埃尔维斯已经离开了舞台。

现在你可以回家了……

……

什么意思？

……

你本来就在家里。你已经读完了这本书但是还在想着渡渡鸟和恐龙，以及反灭绝复育技术；你思考着这个星球处于多么糟糕的境况之中；你多么渴望苏丹、纳金和法图能够摆脱死亡的命运，你又多么希望科学家会用某种办法拯救北部白犀牛还有所有其他需要我们帮助的动物……

我知道。

我也一样。

拥抱一下。

　　如果你感兴趣，而且愿意的话，你可以通过互联网向德国柏林莱布尼茨动物园与野生动物研究所进行捐赠，网址为：www.izw-berlin.de/SaveTheNorthernWhiteRhino.html。你的钱将直接流向他们的项目，用来发展包括北部白犀牛在内的濒危物种辅助繁殖技术。不过如果你对旅鸽和黑足鼬更感兴趣，而且愿意的话，你可以向"复兴与复原"的项目进行捐赠，网址为：www.reviverestore.org/。别有压力，你不是必须要捐赠。我只是觉得我应该提到这一点。

致谢 ————

你的奇迹

几年前，我最好的朋友之一——极优秀的托妮·哈林顿（Toni Harrington）曾问我，是否愿意为诺丁汉史上第一个童书节——"来自河岸的故事"做点什么。她答应给我买啤酒，所以，须臾过后，我便已经在郊区的一所教堂的大厅里主持着一场仓促策划，以化石为主题的儿童活动了。名字叫作"恐龙归来"，参与者是一群兴高采烈的学龄儿童。[1] 他们活跃极了，吓人得很，哦，他们还激烈喧哗（这些儿童，不是恐龙）。我从来没遇到过这么坚定想要参与进来的观众！我都不知道自己怎样成功地从这次经历中活了下来，在诺丁汉成功举办了这次童书节，而不是跟渡渡鸟一样不复存活。然后，过了一段时

1　我认为"一群兴高采烈的"，是非常适于形容学龄儿童的集合名词。还有"一群闹脾气的"学步儿童和"一群欠收拾的"青少年。——原注

间，随着这次私活的喧嚣杂闹带给我的情感（和身体）创伤开始消退，"恐龙归来"这场活动逐渐演变成为《王者归来》这本书。我希望你喜欢它。

这本书也许快结束了，但是在完成前，我想借此机会感谢所有在成书过程中伸出援手的人。首先，也是最重要的，我想真诚地、大声地对所有已经灭绝的动物们说声谢谢。没有你们，就没有《王者归来》。我注意到你们无私地从地表消亡如何为我自己自私自利的随笔铺平道路，这真讽刺。旅鸽和塔斯马尼亚虎，我欠你们更大的篇幅；猛犸象和恐龙，同上。如果你们真的回来了，我保证给你们买山毛榉坚果、啮齿类动物、毛茛、新鲜猪肉……

吉姆·马丁（Jim Martin），我的出版社编辑，你没有灭绝，但还是谢谢你。谢谢你在那个晴朗的夏日给我买午餐，让我相信这本书是值得写下去的。谢谢你在整个过程中的不懈支持和乐观态度。从头到尾，你给我的可以说是一种荣幸和特权。你、安娜·麦克迪尔米德（Anna MacDiarmid）和出版社的伙伴们都是最棒的。

马特·道森（Matt Dawson，个人网站是 www.matt-dawson.co.uk），我天才的插画师，同样没有灭绝。不知怎的，你用寥寥几幅恰到好处的铅笔画就成功地抓住了《王者归来》的精华。我不知道你是如何做到的，但你称得上杰出的插画师。谢谢你。没有人能像你一样画出"活泼泼的"渡渡鸟和"情深深的"袋狼。你的画作使我快乐，我喜欢，非常喜欢。

科学家们，我向你们致敬。在写这本书的过程中，我曾通过走访、聊天软件、邮件、电话、短信、信鸽、跟踪等方式，总的来说就是烦扰了一大群理论扎实的研究者，以及其他带给我帮助的人。你们的洞见、评论和亲切的话语让我受益良多，感激不尽。[1] 谢谢你们，阿尔伯托·费尔南德斯－阿里亚斯、乔治·波因纳尔、罗杰·艾弗里、迈克尔·本顿、本·科伦、罗斯·巴尼特、赖安·费伦、斯图尔特·布兰德、戴伦·纳什、约翰·哈钦森、玛丽·施薇兹、迈克·巴克利（Mike Buckley）、菲尔·曼宁（Phil Manning）、塞尔焦·贝尔塔佐、苏茜·梅德门特（Susie Maidment）、杰克·霍纳、阿热哈特·阿布扎诺夫、谢苗·格里戈里耶夫、谢尔盖·齐莫夫、迈克尔·麦格鲁、入谷秋良、神崎吉见（Yoshimi Kanzaki）、贝丝·夏皮罗、亚当·沃尔夫（Adam Wolf）、黄寅生、罗伊·韦伯、凯文·坎贝尔、亚瑟·卡普兰、朱利安·休姆、杰奎琳·吉尔、刘兢（Jing Liu）、马克·艾弗里、克里斯·斯特林格（Chris Stringer）、安德鲁·弗伦奇、迈克尔·马奥尼、迈克尔·泰勒、扬·斯泰斯卡尔、科比·巴尔哈德（Koby Barhad）、加雷思·亨普森（Gareth Hempson）、理查德·弗里曼（Richard Freeman）、约翰·格登、鲍勃·麦耶（Bob Meyer）、琼尼·梅布、吉尔·麦克韦恩（Gil McVean）、马克·埃文斯（Mark Evans）、罗伯特·普洛明、本·约翰逊（Ben Johnson）、尼尔·霍尔、丹·戈尔多威茨（Dan Goldowitz）、马克·帕伦（Mark Pallen）、格尔德·肯佩曼、克里斯·史密斯（Chris Smith）、本·明特尔、里安农·劳埃德、萨曼莎·韦斯利、巴斯·温

1　对于研究者们没有既定的集合名词，但是合理的建议包括"一大波理论扎实的"、"一大波频繁修正的"以及"一大波像本生一样的"（译者注：本生是发明家）。多亏了马修的创造 @MetaFatigue。（译者注：@MetaFatigue 是马修的推特账户名）。

特曼、约翰·齐奇－沃伊纳尔斯基（John Zichy-Woinarski）、保罗·米克（Paul Meek）、罗伯·埃切斯（Rob Etches）、赛义德－莫尔塔扎·侯赛尼（Sayed-Morteza Hosseini）、穆罕默德·H. 纳斯尔－伊斯法哈尼、史蒂芬·西格、罗伯特·赫尔墨斯、迈克尔·布拉福德（Michael Bruford）、安德鲁·托兰斯、玛莎·戈麦斯（Martha Gomez）、山姆·特维（Sam Turvey）、菲尔·塞登（Phil Seddon）、珍妮·洛林、阿努查·撒森阿旺、理查德·瓦因、罗宾·洛弗尔－巴杰（Robin Lovell-Badge）、苏西·艾利斯、约书亚·阿基、奥立佛·莱德、罗伯特·埃切斯、休·麦克拉克伦（Hugh McLachlan）、盖瑞·罗默、马修·海沃德（Matthew Hayward）、马克·乔布林（Mark Jobling）、马克·威顿（Mark Witton）、史蒂夫·布鲁塞特（Steve Brusatte）、洛夫·达伦（Love Dalen）、伊恩·巴恩斯（Ian Barnes）、汤姆·吉尔伯特、威廉·霍尔特、托尼·吉尔（Tony Gill）和休·亨特。谢谢你们所花的时间、付出的热情、秉持的耐心和写作的论文。

另外，要把大红花送给本·诺瓦克、托马斯·希尔德布兰特、杰克·普赖斯（Jack Price）、迈克尔·阿彻、乔治·丘奇、玛高莎·诺瓦克－肯普、马尔科姆·洛根、杰夫·克雷格、托马斯·韦恩、迈克尔·谢兰和蒂曼德拉·哈克尼斯（Timandra Harkness），我一定邀请你们喝一杯，因为你们不远万里抽出时间对我写出的每一稿进行校对和评论。虽然听起来像是做作的演员在颁奖典礼上的讲话，但是，没有你们，我不可能完成这本书。

至于我的朋友们，谢谢你们一直支持我。当我说："我刚采访了一个家伙，他的专长是胚胎期四肢发育的表观遗传控制。"你们听到的是："吧啦吧啦吧啦"。当我说："我有一种感觉，诱导下的多功能干细胞会成为未来高科技保育策略的中坚力量。"你们听到的是："吧啦吧啦，肉赘，吧啦吧啦。"但是这并不重要。房间安静了一小会儿，然后会话又开始了。托妮·哈林顿和乔恩·哈林顿夫妇、阿利森·博塔（Allison Botha）、贾斯汀·马拉德（Justine Mallard）、伊芙（Eve）、杰里米和哈利、卡洛琳·福尔曼（Caroline Forman）、莎拉·"小斯托布斯"·斯托布斯（Sarah 'Stobbsy' Stobbs）、特雷西·马费（Tracey Mafe）、安德烈·沃伦纳（Andrea Warrener）、简·班尼特（Jane Bennett）、杰斯·森普尔（Jess Semple）、伊泽贝尔·柯林斯（Isobel Collins）、苏·史密斯（Sue Smith）、雷切尔·沃特斯（Rachel Waters）以及乔·布罗迪（Jo Brodie），谢谢你们。谢谢你们在麻麻亮的傍晚陪我喝酒，谢谢你们的友情和支持。谢谢你们，布莱恩（Brian）、克雷尔（Clare）和米莉（Milly），你们辛劳地每日照顾着我的家。菲尔·戴维森（Phil Davidson）和梅雷尔·惠茨（Meirel Whaites），谢谢你们对我的孩子们这么好，鼓舞我们所有人在侏罗纪岩中寻找欢乐。萨拉·阿布杜拉（Sara Abdulla），你引领我走进了所有这些领域，谢谢你信任我。谢谢你，保罗·特里奇，我想念你。还要感谢川宁公司（Twinings），你们制造了最好的格雷伯爵茶袋。我可以宣告，在写作过程中，我已经喝了不下 2 160 杯加了牛奶的无糖茶了。有本事就超过我，哈克尼斯。

　　对于任何我也许忘记了的其他人：抱歉。你们很棒。下次我们见面时我会给你泡上一杯茶。我可以为你在杯里丢上一块奶油冻。

最后……致我的丈夫乔（Joe）。致我的孩子们，艾米（Amy）、杰斯（Jess）和山姆。致我的母亲尼约尔（Nijole），以及我非常亲密的猎狗希格斯（Higgs）。谢谢你们一直在我身边。谢谢你们的温暖、爱和欢笑。谢谢你们时不时地让我放松一下，给我泡上一杯又一杯茶，还在我每个晚上和周末在书房中工作时支持我不打搅我。你们永远让我挂念在心。